AF293996

Dietrich Barsch   Roland Mäusbacher
Karl-Heinz Pörtge   Karl-Heinz Schmidt (Hrsg.)

Messungen in fluvialen Systemen

Feld- und Labormethoden zur Erfassung
des Wasser- und Stoffhaushaltes

Mit Beiträgen von

Dietrich Barsch   Michael Bauer   Roland Baumhauer
Michael Becht   Regine Blättler   Dagmar Bley
Ralf Bußkamp   Peter Jürgen Ergenzinger
Gerhard Gerold   Dorothea Gintz   Horst Hagedorn
Thomas Höfner   Ulrich Jordan   Robert Jüpner
Elly Kaspar   Roland Mäusbacher   Peter Molde
Klaus-Martin Moldenhauer   Karl-Heinz Pörtge
Karl-Heinz Schmidt   Brigitta Schütt   Gerd Schukraft
Achim Schulte   Karl-Friedrich Wetzel

Springer-Verlag
Berlin Heidelberg GmbH

Prof. Dr. Dietrich Barsch
Geographisches Institut, Universität Heidelberg
Im Neuenheimer Feld 348, 69120 Heidelberg

Prof. Dr. Roland Mäusbacher
Institut für Geographie, Universität Jena
Löbdergraben 32, 07740 Jena

Dr. Karl-Heinz Pörtge
Geographisches Institut, Universität Göttingen
Goldschmidtstraße 5, 37077 Göttingen

Prof. Dr. Karl-Heinz Schmidt
Geomorphologisches Laboratorium, Freie Universität Berlin
Altensteinstraße 19, 14195 Berlin

Mit 92 Abbildungen

ISBN 978-3-642-84984-8   ISBN 978-3-642-84983-1 (eBook)
DOI 10.1007/978-3-642-84983-1

Die Deutsche Bibliothek − CIP-Einheitsaufnahme
Messungen in fluvialen Systemen: Feld- und Labormethoden zur Erfassung des Wasser-
und Stoffhaushaltes/Dietrich Barsch ... (Hrsg.). Mit Beitr. von Dietrich Barsch ... −
Berlin; Heidelberg; New York; London; Paris; Tokyo; Hong Kong; Barcelona; Budapest:
Springer 1994

NE: Barsch, Dietrich [Hrsg.]

Hersteller: Herta Böning, Heidelberg
Satz: K+V Fotosatz GmbH, Beerfelden
32/3130-5 4 3 2 1 0 − Gedruckt auf säurefreiem Papier

Vorwort

Im Rahmen einer schonenden Nutzung unserer Umwelt kommt der Kenntnis naturnaher, aber auch anthropogen gestörter Geosysteme eine große Bedeutung zu. Einen ersten Schritt zur besseren Kenntnis bildet die konzeptionelle und modellhafte Erfassung der betrachteten Geosysteme. Durch Stoff- und Energiebilanzen, die auf Naturmessungen beruhen, müssen jedoch Modelle ergänzt und überprüft werden.

Naturmessungen sind nicht immer einfach. Dies gilt besonders für komplizierte Geosysteme, wie sie in Flußlandschaften repräsentiert sind. „Messungen in fluvialen Systemen" stellen daher eine besondere Herausforderung dar. Im vorliegenden Band sind Erfahrungen aus mehrjährigen Messungen in Fließgewässern unterschiedlicher Größe dargestellt worden. Autoren und Herausgeber möchten mit dieser Publikation eine methodische Einführung in die geoökologische Erfassung von Fließgewässern und ihrer Dynamik durch die Darstellung und Diskussion in der Praxis bewährter Methoden geben.

Wir danken allen Kolleginnen und Kollegen, die diesen Band ermöglicht haben. Insbesondere sind wir Herrn Prof. Dr. Frank Ahnert (Aachen) und Herrn Prof. Dr. Jürgen Hagedorn (Göttingen) verpflichtet, die das Manuskript kritisch durchgesehen und wertvolle Anregungen für seine endgültige Gestaltung gegeben haben. Großen Dank schulden Autoren und Herausgeber der Deutschen Forschungsgemeinschaft (Bonn), welche die mehrjährigen Untersuchungen im Rahmen des Schwerpunktprogrammes „Fluviale Geomorphodynamik im jüngeren Quartär" finanziert hat. Den Mitgliedern der Prüfungsgruppe der DFG, die dieses Schwerpunktprogramm konstruktiv begleitet haben, schulden wir alle Dank für Anregungen und weiterführende Diskussionen.

Heidelberg, Jena, Göttingen, Berlin 1994
Dietrich Barsch
Roland Mäusbacher
Karl-Heinz Pörtge
Karl-Heinz Schmidt

Inhaltsverzeichnis

3   Bodenfeuchte, Oberflächenabfluß und Stoffaustrag
Untersuchungsmethoden und Meßtechnik dargestellt
am Beispiel des Einzugsgebietes Wendebach/Südniedersachsen
Gerhard Gerold, Peter Molde und Karl-Heinz Pörtge

4   Hochwasserdynamik und Sedimenttransport
Meßmethodik in einem Einzugsgebiet mittlerer Größe
(Elsenz/Kraichgau)
Dietrich Barsch, Roland Mäusbacher, Gerd Schukraft
und Achim Schulte

5 Bilanzierung der Erosionsleistung
am Beispiel eines jungen Mittelgebirgsflusses
(Wutach/Schwarzwald)
Elly Kaspar, Ulrich Jordan und Michael Bauer

Autorenverzeichnis

Barsch, Dietrich, Prof. Dr., Geographisches Institut,
Universität Heidelberg, Im Neuenheimer Feld 348,
69120 Heidelberg

Bauer, Michael, Dr., Im Werth 13,
79312 Emmendingen/Mundingen

Baumhauer, Roland, Prof. Dr., Fachbereich Geographie/
Geowissenschaften, Physische Geographie,
Universität Trier, 54286 Trier

Becht, Michael, Dr., Institut für Geographie,
Universität München, Luisenstraße 37 II, 80333 München

Blättler, Regine, Dr., Hauptstraße 1, 97218 Gerbrunn

Bley, Dagmar, Dipl.-Geogr., Geomorphologisches Laboratorium,
Freie Universität Berlin, Altensteinstraße 19, 14195 Berlin

Bußkamp, Ralf, Dr., Sonnenallee 92, 12045 Berlin

Ergenzinger, Peter Jürgen, Prof. Dr.,
Institut für Geographische Wissenschaften,
Freie Universität Berlin, Grunewaldstraße 35, 10823 Berlin

Gerold, Gerhard, Prof. Dr., Geographisches Institut,
Universität Göttingen, Goldschmidtstraße 5,
37077 Göttingen

Gintz, Dorothea, Dipl.-Geogr., Kaiserin-Augusta-Straße 12b,
12103 Berlin

Hagedorn, Horst, Prof. Dr., Geographisches Institut,
Universität Würzburg, Am Hubland, 97074 Würzburg

Höfner, Thomas, Dr., Ringstraße 5, 94234 Viechtach

Jordan, Ulrich, Dr., Deuzenbergstraße 29, 72074 Tübingen

Jüpner, Robert, Dr., Tieplitzer Str. 27, 18276 Groß-Upahl

Kaspar, Elly, Dipl.-Geol., Geologisches Institut,
    Universität Tübingen, Sigwartstraße 10, 72076 Tübingen

Mäusbacher, Roland, Prof. Dr., Institut für Geographie,
    Universität Jena, Löbdergraben 32, 07740 Jena

Molde, Peter, Dr., Reginastraße 16, 34119 Kassel

Moldenhauer, Klaus-Martin, Dr., Gutenbergstraße 43,
    64289 Darmstadt

Pörtge, Karl-Heinz, Dr., Geographisches Institut,
    Universität Göttingen, Goldschmidtstraße 5,
    37077 Göttingen

Schmidt, Karl-Heinz, Prof. Dr.,
    Geomorphologisches Laboratorium,
    Freie Universität Berlin, Altensteinstraße 19, 14195 Berlin

Schütt, Brigitta, Dr.,
    Fachbereich Geographie/Geowissenschaften,
    Physische Geographie, Universität Trier, 54286 Trier

Schukraft, Gerd, Dipl.-Geol., Geographisches Institut,
    Universität Heidelberg, Im Neuenheimer Feld 348,
    69120 Heidelberg

Schulte, Achim, Dr., Geographisches Institut,
    Universität Heidelberg, Im Neuenheimer Feld 348,
    69120 Heidelberg

Wetzel, Karl-Friedrich, Dr., Lehrstuhl für Physische
    Geographie, Universität Augsburg, Universitätsstraße 10,
    86159 Augsburg

Einführung

Im vorliegenden Buch werden methodische Erfahrungen dargelegt, die im Rahmen von Messungen zur aktuellen fluvialen Geomorphodynamik gemacht wurden. Die aktuelle fluviale Geomorphodynamik umfaßt das gegenwärtig ablaufende Prozeßgeschehen in einem fluvialen System beliebiger Größe unter Einschluß der Rückkoppelungen und Wechselbeziehungen von Gerinnebett und Einzugsgebiet. Ihre Erfassung sollte quantitativ sein; sie ist auf die exakte Darstellung des Systems in seinen mittleren und extremen Zuständen gerichtet. Veränderungen, die das System erfährt, sobald Belastungen oder Eingriffe bestimmte Schwellenwerte überschreiten, gehören als der meist sichtbare Ausdruck des Prozeßgeschehens ebenfalls in die Diskussion der aktuellen fluvialen Geomorphodynamik.

Die Erfassung der aktuellen fluvialen Geomorphodynamik erfordert die Einrichtung von Sondermeßnetzen, da die Aufnahme der benötigten Daten im Rahmen der offiziellen Landesmeßstellen (Pegel etc.) viel zu weitständig ist. Einrichtung und Betrieb der Sondermeßnetze, die in der Regel für eine begrenzte Zeit eingerichtet sind, werden intensiv überwacht, um kurzfristige Spitzen voll zu erfassen. Sie erfordern deshalb auch nicht den baulichen Aufwand, der an Landespegeln üblich ist. Sie gestatten daher Anpassungen an regionale Gegebenheiten und an die gewünschte Fragestellung. Im vorliegenden Buch sind deshalb die methodischen Erfahrungen im regionalen Kontext wiedergegeben.

Die Lage der einzelnen Untersuchungsgebiete sowie die Hochschulstandorte der Gruppen, die aktuelle fluviale Prozesse messen und zu diesem Buch beitragen, sind in Abb. 1 dargestellt. Die Untersuchungsgebiete befinden sich in der Bundesrepublik Deutschland und in Österreich, wobei das Spektrum der Naturräume von Hügelländern über die Mittelgebirge und Voralpen bis zu den Alpen reicht.

Hauptproblem bei unseren Arbeiten war stets die Tatsache, daß viele Meßmethoden erst entwickelt werden mußten oder daß häufig die in der Fachliteratur erwähnten Meßanordnungen aus logistischen, arbeitstechnischen, größenmäßigen oder anderen Gründen nicht direkt zu übernehmen waren. Beim Treffen in Heidelberg im April 1990 wurde deshalb beschlossen, die gesammelten Erfahrungen als „Methodenbuch" zu publizieren. Die Verwirklichung dieses Beschlusses ist nach mehr als fünfjähriger Tätigkeiten von genereller Bedeutung, da sich die Beobachtungen nicht nur auf die Messungen und die eingesetzten, z. T. selbst entwickelten Geräte, beschränken, sondern auch Beispiels-

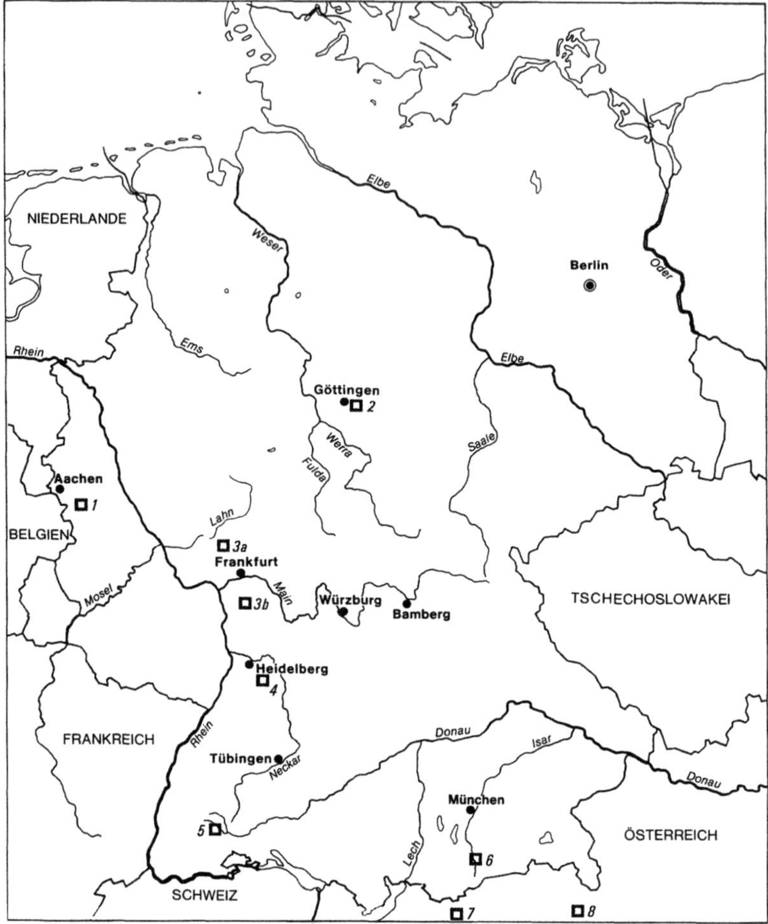

Lage der Untersuchungsgebiete und beteiligte Arbeitsgruppen

1.	*Kall (Nordeifel)* Ahnert, Aachen	5.	*Wutach (Südschwarzwald)* Einsele, Tübingen
2.	*Wendebach (Südniedersachsen)* Gerold u. Pörtge, Göttingen	6.	*Lainbach (Bayerische Kalkvoralpen)* Becht, München ; Ergenzinger u. Schmidt, Berlin
3	*a.Taunus , b.Odenwald* Nagel, Frankfurt	7.	*Stubaital (Stubaier Alpen) , Ventertal (Ötztaler Alpen)* Hagedorn, Würzburg
4.	*Elsenz (Kraichgau/Odenwald)* Barsch, Heidelberg	8.	*Glatzbach (Hohe Tauern)* Garleff, Bamberg

Abb. 1. Verteilung der Untersuchungsgebiete in Deutschland und Österreich, auf die in den einzelne Kapiteln zurückgegriffen wird. Für die einzelnen Arbeitsgruppen sind jeweils die hauptverantwortlichen Antragsteller genannt

räume unterschiedlicher Größe und Naturraum-Ausstattung umfassen. Dieses Vorhaben hat im deutschsprachigen Raum keinen Vorläufer. Hier steht bisher nur die kurze Einführung in die hydrogeographische Forschungspraxis von Schmidt (1984) zur Verfügung, die allerdings eher morphometrische und meß-konzeptionelle Schwerpunkte setzt. Im angelsächsischen Sprachraum existiert zwar eine große Fülle von Literatur zur fluvialgeomorphologischen Prozeßforschung, angefangen mit dem Klassiker von Leopold et al. (1964) gefolgt von weiteren Standardwerken wie Gregory und Walling (1973), Schumm (1977), Richards (1982) oder Knighton (1984). Jedoch konzentrieren sich diese Autoren auf eine lehrbuchhafte Darstellung von Inhalten und Konzeptionen der Fluvialgeomorphologie. Meßmethoden spielen entweder gar keine oder nur eine periphere Rolle. Lediglich Gregory und Walling (1973) widmen den im Einzugsgebiet anzuwendenden Meßmethoden ein Unterkapitel. Auch die Aufsatzsammlung zu *Catchment Experiments* in der Fluvialgeomorphologie (Burt und Walling 1984) hat ihren Schwerpunkt in der Vermittlung von Meßergebnissen und nicht in der Beschreibung von Meßmethoden. Ausschließlich auf die Präsentation von Meßmethoden ausgerichtet ist hingegen die von Hadley und Walling (1984) herausgegebene Sammlung von Artikeln, die sich allerdings auf Meßtechniken zur Bestimmung von Erosion und Sedimenttransport beschränkt. Eine umfassende Beschreibung der Methoden zur Erfassung der wichtigsten Wasser- und Stoffhaushaltsgrößen auf der Grundlage von Erfahrungen in unterschiedlichen Einzugsgebieten steht auch im englischen Sprachraum noch aus. Die in diesem Buch präsentierten Methoden sind zudem auch in Gebieten außerhalb des logistisch noch relativ einfachen Mitteleuropas angewendet worden (z. B. auf N-Spitzbergen, in der Hochkordillere Argentiniens, sowie in der Antarktis).

Wie bereits betont, spiegelt die vorliegende Zusammenstellung die Erfahrungen der einzelnen Gruppen in ihrem landschaftlichen oder geoökologischen Kontext wider. Die Autorengruppen berichten daher getrennt über ihre jeweiligen meßmethodischen Erkenntnisse, die allerdings durch den Filter einer intensiven Diskussion zwischen den einzelnen Projekten, aber auch zwischen den Herausgebern und den Autoren gegangen sind. Um Redundanzen zu vermeiden, sind die Verfahren, die in einem Projekt besonders intensiv erprobt worden sind, dort auch generell behandelt. Das Inhaltsverzeichnis und ein differenziertes Schlagwortverzeichnis sollen dem Nutzer zudem einen leichten Zugang ermöglichen. Die Anordnung der verschiedenen Beiträge ergibt sich aus den folgenden Prinzipien: Generell sind Erfahrungen aus weniger reliefierten vor denen aus stärker reliefierten Einzugsgebieten, Erfahrungen aus kleinen vor denen aus größeren dargestellt worden.

Die Größe der betrachteten Einzugsgebiete reicht von Kleinsteinzugsgebieten im Taunus ($0{,}07 - 0{,}14 \, km^2$, vgl. Moldenhauer, Kap. 1), über das Einzugsgebiet des Glatzbaches ($1{,}3 \, km^2$, vgl. Höfner, Kap. 10), das System das Lainbaches in Oberbayern ($18{,}8 \, km^2$, vgl. Becht und Wetzel, Kap. 6; Bley und Schmidt, Kap. 7; Jüpner und Ergenzinger, Kap. 8; Busskamp und Gintz, Kap. 9), das des Wendebaches bei Göttingen ($37 \, km^2$, vgl. Gerold et al., Kap. 3) und das der Kall in der Eifel ($76 \, km^2$, vgl. Schütt, Kap. 2), bis hin zu den mesoskaligen Einzugsgebieten der Wutach ($551 \, km^2$, vgl. Kaspar et al., Kap. 5) und der Elsenz im Nordkraichgau ($542 \, km^2$, vgl. Barsch et al., Kap. 4).

Nach dem Relief gehören die Einzugsgebiete von Wendebach und Elsenz überwiegend zum Typ der lößbedeckten Hügelländer, die Systeme im Taunus sowie die der Kall und der Wutach zum Mittelgebirge, während Glatzbach, Lainbach und die fluvialen Systeme im Stubai Hochgebirgscharakter aufweisen.

In den Einzugsgebieten stellt die Erfassung der Variablen, die die fluvialen Prozesse beeinflussen, eine besondere Herausforderung dar. Hier sind an erster Stelle der Niederschlag als Eintrag und der Abfluß als Austrag zu nennen. Ihrer problemangepaßten Erfassung kommt deshalb auch im vorliegenden Band vorrangige Bedeutung zu. So ist die Messung des Niederschlages als Auslöser für extreme Ereignisse zwar in allen Einzugsgebieten wichtig, sie gewinnt jedoch im Lainbach einen herausragenden Stellenwert. Daher ist sie in diesem Einzugsgebiet (vgl. Kap. 6) zusammenfassend unter Einschluß der Extrapolation der Punktmessungen zum Gebietsniederschlag behandelt.

Die Abflußbestimmung hat in allen Projekten dieselbe Bedeutung wie die Niederschlagsmessung. Mit der Größe der Vorfluter wachsen allerdings die Probleme. So wird die Abflußmessung mit Kleinwehren (Kap. 1), durch Querschnittsmessungen an der Elsenz (Kap. 4) und durch Tracermessungen in den extrem turbulent fließenden Gerinnen des Lainbachgebietes (Kap. 6) behandelt. Die für die Abflußgenerierung häufig entscheidende Bodenfeuchte mit ihren meßtechnischen Problemen wird in Kap. 3 diskutiert.

Lösungs-, Schweb- oder Geschiebefracht (Bett- oder Bodenfracht) sind von grundlegender Bedeutung als Hinweis auf die durch den Abfluß geleistete Arbeit zur Charakterisierung der natürlichen oder anthropogen beeinflußten Dynamik in einem Einzugsgebiet. Sie stellen meßtechnisch und konzeptionell eine große Herausforderung dar. Transporte in Lösung werden direkt als Lösungsfracht in Kap. 2 sowie als Ionenbilanzen in Kap. 5 behandelt. Die Bestimmung der Schwebfracht erfolgt zum einen über den Zusammenhang zwischen Trübung und Schwebkonzentration (Kap. 7), zum anderen über die Schwebkonzentration in gezielt genommenen Proben (Kap. 4). Messungen der Geschiebefracht verursachen große methodische und technische Probleme. Im Lainbach erfolgt die Bestimmung des Geschiebetriebes durch Tracermessungen (Kap. 9), in dem kleinen Hochgebirgseinzugsgebiet des Glatzbaches durch Volumenbestimmungen im Sedimentfang (Kap. 10). Rauhigkeitsveränderungen im Flußbett, die mit dem Geschiebetrieb verbunden sind, werden durch spezielle Sondiertechniken am Lainbach erfaßt (Kap. 8). Da Flußsysteme nicht nur aus dem eigentlichen Gerinnebett bestehen, sondern mit der Fläche eng verknüpft sind, wird auch die Mobilisierung der Sedimente im Einzugsgebiet diskutiert (Kap. 11).

Die vorgestellten Meßmethoden und Meßeinrichtungen sind in fünfjährigem Feldeinsatz geprüft. Sie umfassen den weiten Bereich des Wasser- und Stofftransportes in Fließgewässern und gestatten eine Erfassung der aktuellen fluvialen Dynamik, die die Grundlage einer Bewertung fluvialer Systeme darstellt.

Literatur

Burt TP, Walling DE (eds) (1984) Catchment Experiments in Fluvial Geomorphology. Geo-Books, Norwich
Gregory KJ, Walling DE (1973) Drainage basin – form and process. Arnold, London
Hadley RF, Walling DE (eds) (1984) Erosion and sediment yield: some methods of measurement and modelling. Geo-Books, Norwich
Knighton D (1984) Fluvial forms and processes. Arnold, London
Leopold LB, Wolman MG, Miller JP (1964) Fluvial processes in geomorphology. Freeman, San Francisco
Richards K (1982) Rivers – form and process in alluvial channels. Methuen, London
Schmidt K-H (1984) Der Fluß und sein Einzugsgebiet – Hydrogeographische Forschungspraxis. Steiner, Wiesbaden
Schumm SA (1977) The fluvial system. Wiley, New York

1 Meßmethodik der Abtragungsvorgänge
in bewaldeten Kleinsteinzugsgebieten im Odenwald und Taunus

Klaus-Martin Moldenhauer

1 Einführung und Arbeitsansatz

Seit 1985 werden vom Institut für Physische Geographie der Universität Frankfurt quantitative Untersuchungen zur fluvialen Morphodynamik in den Mittelgebirgsregionen von Odenwald und Taunus durchgeführt.

Untersuchungsobjekte sind die Einzugsgebiete von aktiven Hangrunsen, deren Tiefenlinien von perennierenden und intermittierenden Quellgerinnen entwässert werden. Bei diesen relativ jungen Hohlformen handelt es sich um mittelalterliche, landwirtschaftliche Erosionsschäden, die durch die Wiederaufforstung konserviert wurden (vgl. Richter und Sperling 1967; Richter 1976; Bork 1983; Thiemeyer 1988; Bauer 1992).

Von zentraler Bedeutung für die Untersuchungen ist die Frage nach der Größe des gegenwärtigen fluvialen Sedimentsaustrags unter der Dauervegetation eines Kulturforstes. Menge und Varianz des Feststoff- und Lösungaustrags werden daher als Maß und Indikator für den Ablauf aktueller morphodynamischer Prozesse in den zugehörigen Einzugsgebieten betrachtet.

Als vorteilhaft erweist sich die geringe Größe der Gebiete von nur 7 – 14 ha, denn dadurch ergibt sich eine weitgehend homogene Geofaktorenkonstellation innerhalb der Arbeitsgebiete. So läßt sich der komplexe Vorgang des Sedimentaustrags, der von den hydrometeorologischen Input- und Outputgrößen Niederschlag und Abfluß gesteuert wird, über eine „Black-Box"-Analyse quantifizieren (vgl. Bossel 1987). Der mögliche Einfluß naturräumlicher Parameter soll aus Gebietsvergleichen abgeleitet werden. Darum wurden jeweils geologisch und hydrologisch verschiedene Gebiete instrumentiert (eines im Kristallinen Odenwald, drei im Bereich der unterdevonischen Taunusschiefer), wobei die Auswahl so getroffen wurde, daß von Einzugsgebiet zu Einzugsgebiet immer nur möglichst wenige Parameter variieren.

Um Erklärungshinweise auf die jahreszeitliche Dynamik von Abflußgenerierung und Sedimentaustrag zu erhalten, werden in einem zweiten Schritt systeminterne Teilprozesse (Einsele 1986, S. 80) und steuernde Faktoren anhand ausgewählter, 10 – 15 m^2 großer Testflächen untersucht. An den Runsenflanken auftretender Oberflächenabfluß wird über Rinnen aufgefangen und enthaltene mineralische Inhaltsstoffe quantitativ bestimmt. Begleitend werden Versuche zur Grobmaterialverlagerung durchgeführt, wofür fluoreszierende Mineralsande als Tracer auf die Runsenhänge aufgebracht werden. Außerdem wird die Veränderung der Bodenfeuchte mit Tensiometern gemessen, da bei gleicher Vegetationsbedeckung neben den Reliefeigenschaften die ungesättigte Bodenzone maßgeblich das kurzfristige Retentionsvermögen kleiner Einzugsgebiete bestimmt (vgl. Gerold und Molde 1989, S. 82).

2 Arbeitsmethodik

2.1 Konzeption der Meßstellen und Meßprogramm

Um die Einhaltung homogener Meßbedingungen über längere Zeiträume zu gewährleisten, wird der weitaus größte Teil der Daten (Niederschlag, Abfluß, Sedimentfracht) mittels fester Meßeinrichtungen gewonnen (Deutsches IHP/OHP-Nationalkomitee 1985, S. 9). Die hierfür notwendigen Einbauten wurden aus Kostengründen in Eigenhilfe erstellt. Um einen problemlosen Transport und eine rasche Installation im Gelände zu ermöglichen, wurden die Meßeinrichtungen größtenteils in Modulbauweise vorgefertigt. Besondere Aufmerksamkeit verlangte dabei die exakte Ausführung der Schnittstelle zwischen Eigenkonstruktion und dem jeweiligen Registriergerät. Für die Errichtung einer Meßstelle im Gelände benötigten dann bei gutem Wetter 2–3 Personen ca. 3 Wochen. Die verwendeten Materialien (Sperrhölzer, PVC-Platten, Schläuche, Kleinteile) stammen fast ausschließlich aus dem Sortiment des spezialisierten Großhandels und aus Baumärkten. Die einmaligen Kosten für die Einrichtung einer solchen Meßstelle belaufen sich auf 2500–5000 DM; die Ausstattung mit Meßgeräten erfordert zusätzliche Kosten von 5000–10000 DM. Der jährliche Aufwand für den Unterhalt (Ersatzteile, Zubehör, Verbrauchsmaterial) beträgt ohne Personalkosten pro Meßstelle etwa 500 DM.

Um reproduzierbare und möglichst allgemeingültige Ergebnisse zu erzielen, erfolgten Aufbau und Betreuung der Meßeinrichtungen in enger Anlehnung an bestehende DIN-Vorschriften, nach den DVWK-Regelwerken und den Empfehlungen des Deutschen IHP/OHP Nationalkomitees. Hiervon abweichende Arbeits- und Meßmethoden, die zur Anwendung kamen, und solche, für die noch keine allgemeinverbindlichen Vorschriften existieren, werden gesonert beschrieben. Die Meßeinrichtungen sind so konzipiert, daß alle anfallenden Tätigkeiten (Wartung, Probenentnahme etc.) von einer Person ausgeführt werden können.

Bei den Ausführungen zur Meßgenauigkeit handelt es sich im allgemeinen um relative Fehlerbetrachtungen, da für exakte Vergleichsmessungen bspw. mehrere baugleiche Geräte nötig sind, was hier nur im Einzelfall gegeben ist. Soweit möglich, werden die automatisch gewonnenen Proben und Meßwerte durch diskontinuierliche und ereignisorientierte Beprobungen abgesichert.

2.2 Quantifizierung der Inputgrößen

2.2.1 Niederschlagsmessung

Der Freilandniederschlag wird mittels handelsüblicher Regenschreiber nach Hellmann aufgezeichnet.

Im Taunus kam ein Gerät der Firma Seba (Typ RGB 100) mit Kippwaagensystem, im Odenwald ein nach dem Saugheberprinzip arbeitender Niederschlagsschreiber (Fa. Thies) zum Einsatz.

Die Meßhöhe beträgt bei beiden Geräten 1 m über der Geländeoberfläche. Aufgrund der geringen Ausdehnung der Arbeitsgebiete können räumliche und zeitliche Varianzen des flüssigen Niederschlags vernachlässigt werden, so daß pro Arbeitsgebiet ein Gerät ausreicht. In der Praxis wiesen beide Geräte typbedingte Mängel auf. So neigt der Saugheber zum Verklemmen und ist etwas schwierig zu justieren, während bei dem Gerät der Fa. Seba vor allem der Diagrammpapiertransport öfter streikte. Dieser Fehler soll nach Auskunft der Firma mittlerweile behoben sein.

Wegen der geringen Flächenrepräsentativität punktueller Niederschlagsmessungen in Waldbeständen, wie sie mit herkömmlichen Regenmessern erzielt werden, wird der Bestandsniederschlag in beiden Arbeitsgebieten mittels großflächiger Sammelrinnen aufgefangen. Quantitativ erfaßt wird der vom Kronendach abtropfende und der durchfallende Niederschlag ohne Berücksichtigung des Stammabflusses.

Im Odenwald wurde ein einfacher Totalisator bestehend aus zwei handelsüblichen kastenförmigen PVC-Dachrinnen konstruiert. Diese sind parallel am Meßstellenzaun angebracht und über ein Ablaufrohr mit einem Sammelgefäß verbunden. Damit sich die in Liter anfallenden Meßergebnisse direkt mit den Niederschlagshöhen der Regenschreiber vergleichen lassen, wurde die Auffangfläche auf insgesamt 1 m^2 dimensioniert.

Anfertigung und Aufbau der 12 m langen und 16 cm breiten Sammelrinne im Taunus erfolgten in enger Anlehnung an die DVWK-Empfehlungen (1986). Die Prämisse der kostengünstigen Materialbeschaffung machte jedoch einige Abweichungen von diesen Richtlinien erforderlich.

Die aus V2A-Stahl gefertigte Auffangrinne besitzt ein V-förmiges, um 90° gespreiztes Querprofil mit nach innen gekröpften Oberkanten, um Meßverluste durch herausspritzendes Wasser zu unterbinden. Die Meßhöhe beträgt 25 cm, wobei die Rinne, dem natürlichen Gefälle folgend, oberflächenparallel aufgestellt wurde. Über einen Ablaufschlauch wird angefallener Niederschlag in ein Pegelhäuschen geführt und hier in einer großvolumigen Pegeltonne aufgefangen. Ein Schwimmer überträgt die Änderungen des Wasserstands auf einen Bandschreiber (Fa. Seba, Typ Delta). Die Entleerung kann mit einem Ablaufhahn bei der regelmäßigen Meßstellenkontrolle vorgenommen werden.

Während winterlicher Schneedeckenperioden werden in den bewaldeten Einzugsgebieten zusätzlich detaillierte Schneemessungen mittels einer aus einem PVC-Rohr bestehenden Ausstechsonde durchgeführt (vgl. Brechtel 1970). Die in der Schneedecke gespeicherte Niederschlagsmenge wird durch die Ermittlung des Wasseräquivalents gemäß DIN 4049, Teil 1 bestimmt.

Fehlerabschätzung

Neben Fehlern und Aufzeichnungslücken, die aus Geräteausfällen und Störungen der Schreibmechanik resultieren, muß bei den eingesetzten Niederschlagsmessern mit meßmethodisch bedingten Verlusten von 5–10% am Gesamtniederschlag gerechnet werden (vgl. Keller 1979). Gemäß den Vorschlägen von Sokollek und Hamann (1986; S. 58 f.) wurde kein Schneekreuz verwendet.

Abhängig von Lufttemperatur, Luftfeuchte und Windeinfluß können insbesondere bei den großflächig dimensionierten Anlagen zur Erfassung des Bestandsniederschlags Verdunstungsverluste von etwa $0{,}1\ \mathrm{mm}\cdot\mathrm{d}^{-1}$ auftreten (Keller 1979, S. 49).

Während des gleichzeitigen Betriebs der beiden Niederschlagsmeßeinrichtungen im Taunus zeigte sich, daß es hinsichtlich des zeitlichen Verlaufs eines Niederschlagsereignisses zu keinen größeren Abweichungen zwischen Freiland- und Bestandsniederschlag kommt. Dies gilt vor allem für Niederschläge mit hohen Anfangsintensitäten.

2.3 Erfassung ausgewählter systeminterner Prozesse und Faktoren auf den Testparzellen

2.3.1 Oberflächenabfluß

Die Auffangeinrichtung für den Oberflächenabfluß besteht aus hangparallel verlegten Rinnen, die über ein Ablaufrohr mit einem Sammelgefäß verbunden sind. Zwei preiswerte Konstruktionen wurden hier eingesetzt.

Im Odenwald wurde der Anschluß einer 2 m langen PVC-Rinne an die Bodenoberfläche über eine steife Kunststoffolie hergestellt, die ca. 5 cm unter die Oberfläche der am Hang anstehenden Lößlehmdecke eingeschoben ist. Damit sich in diesem kritischen Bereich kein Bodenmaterial ablöst, wurde die Oberfläche am Anschluß zur Rinne mit kieselsaurem Natrium ($\mathrm{NaO}\cdot4\,\mathrm{SiO}_2$, sog. „Wasserglas") getränkt und so gegen Abbruch gefestigt. Die Rinne ist mit einer Abdeckung gegen unmittelbaren Niederschlagseintrag versehen.

An den zwei Parzellen im Taunus wurden 3 m lange Auffangrinnen aus aneinandergeschraubten, 1 m langen, U-förmig gebogenen Stahlblechprofilen konstruiert. Mit einem jeweils gegensinnig abgewinkelten Schenkel sind sie fest in der Hangfläche verankert. Um einem Aufstauen des oberflächennahen Hangabflusses zu begegnen, wurden die Ankerbleche mit Bohrungen versehen. Alle Rinnen sind mit leichtem Gefälle verlegt, so daß der Abfluß an einem Ende in einen Sammelbehälter laufen kann.

2.3.2 Versuche zur gravitativen Materialbewegung

Für die Messung der aktuellen Materialbewegung auf der Oberfläche der Runsenflanken wurde ein Tracer verwendet, denn die natürlichen Schuttdecken weisen keine geeigneten Identifizierungsmerkmale auf, aus denen sich hinreichend genaue Rückschlüsse auf kurzfristige Lageveränderungen ableiten lassen. Um möglichst zuverlässige Ergebnisse zu erhalten, sollte sich der Tracer wie das zu beobachtende Bodenmaterial verhalten und dessen natürliche Bewegung nicht beeinflussen. Zudem muß er jederzeit nachweisbar sein.

Als geeignet erwies sich Scheelitsand ($CaWo_4$), der fluoreszente Eigenschaften besitzt. Der Hauptreflexionsbereich des Minerals liegt mit $4000-4600$ Å im Bereich von kurzwelligem UV-Licht (Härte: $4,5-5$ n. MOHS; spez. Gew.: $5,9-6,1$ g·cm^{-3}).

Das gemahlene und fraktionierte Material wurde auf den Testflächen in Form hangparallel verlaufender, ca. 10 cm breiter Streifen, ausgelegt. Da der Tracer, ebenso wie die an der Oberfläche befindlichen Einzelkörner des Verwitterungsschutts, den natürlichen Prozeßabläufen am Hang unterworfen ist, wird davon ausgegangen, daß er sich bei seiner Bewegung wie die autochthonen Bodenpartikel verhält. Der Bewegungsnachweis erfolgt mit einer tragbaren UV-Lampe, mit der der Tracer in bestimmten Zeitintervallen bei Dunkelheit aufgespürt und die eingetretene Ortsveränderung vermessen werden kann.

Probleme

Als problematisch erwies sich jedoch, daß manchmal auch organisches Material in der Streuauflage lumineszente Eigenschaften besitzt, was die Identifizierung des Scheelits erschwert, und daß bei starker Laubakkumulation eine Beobachtung des Tracers über einen längeren Zeitraum nicht möglich ist. Besonders geeignet für das Tracing-Verfahren sind deshalb vor allem die gröberen Kornfraktionen oder das Fehlen einer organischen Bodenauflage. Aber auch hier ergeben sich nach einigen Monaten Beobachtungszeit Nachweisschwierigkeiten durch die starke Verstreuung des begrenzten Tracermaterials auf der Testfläche, was sich bei der Auswertung in einer scheinbaren Bewegungsverlangsamung äußert.

2.3.3 Bestimmung der Bodenfeuchte

Die Bodenfeuchte wird mit einem elektronischen Einstichtensiometer (Fa. Thies) indirekt über die Messung des Matrixpotentials bestimmt. In Verbindung mit wassergefüllten PVC-Rohren, die in der Nähe der Ao-Meßparzellen in 20, 40, 60, 80 und 100 cm Tiefe in die lößlehmhaltigen Deckschutte eingesetzt wurden, können Veränderungen der Saugspannung sowohl periodisch als auch ereignisorientiert (nach Niederschlägen) relativ schnell und einfach ermittelt werden. Eine umfassende Darstellung des Meßprinzips geben Frede et al. (1984).

Soll die reale Bodenfeuchte (Vol.-%, Gew.-%) bestimmt werden, ist eine Eichung der Tensiometermeßwerte erforderlich. Mit dem Pürckhauerbohrer werden hierzu parallel Bodenproben aus den verschiedenen Meßtiefen entnommen und der Feuchtegehalt der Bodenproben gravimetrisch nach DIN 19683 (Bl. 4, 1973) ermittelt. Der Zusammenhang zwischen Saugspannungs- und Bodenfeuchtewerten läßt sich für einzelne Profilabschnitte recht gut über eine Regressionsgleichung beschreiben. Der engste statistische Zusammenhang ergab sich

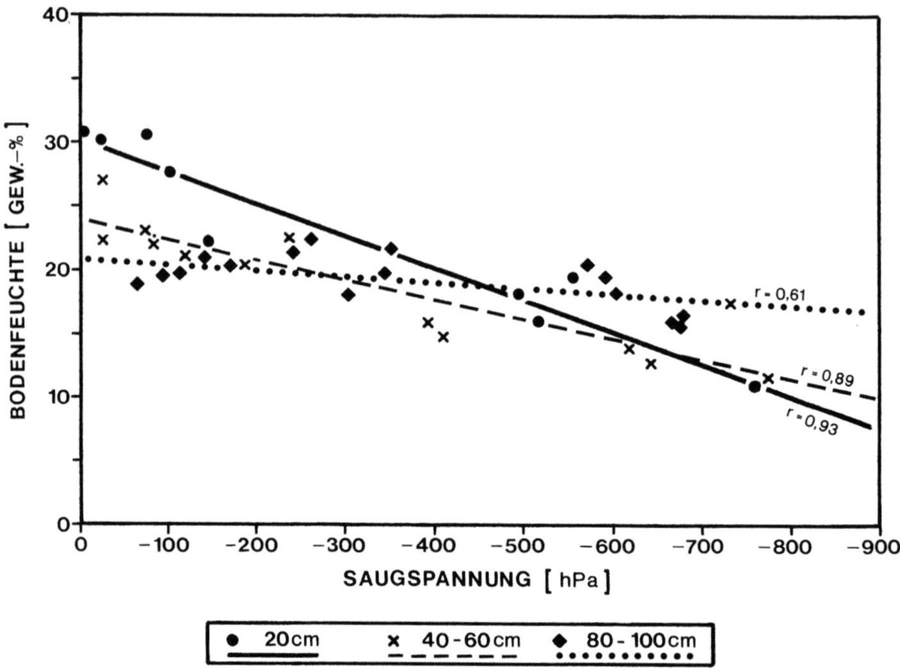

Abb. 1. Zusammenhang von Saugspannung (Tensiometermessung) und Bodenfeuchte in einem Kolluvium aus Lößlehm

für Wertepaare aus geringer Meßtiefe (r = 0,93). Mit zunehmender Tiefe werden die Abweichungen wegen der stärkeren natürlichen Bodenfeuchteschwankungen im Unterboden und ausgeprägter Hystereseeffekte größer (vgl. Renger et al. 1970; Treter 1970) (vgl. Abb. 1).

Probleme

Einen Überblick möglicher meßtechnischer Probleme geben Albert und Gonsowski (1987) in einer vergleichenden Untersuchung verschiedener Tensiometersysteme. Die häufigsten Störungen, die bei den eigenen Untersuchungen auftraten, betreffen die wassergefüllten Tensiometerrohre. Sie neigen während sommerlicher Trockenheit zum Leerlaufen, was regelmäßige Füllstandskontrollen erfordert. Soll auch während Frostperioden gemessen werden, müssen gefrierpunktsenkende Mittel (Glykol) zugesetzt werden. Bei Böden mit ausgeprägter Quellungs- und Schrumpfungsdynamik kann es gerade bei geringen Meßtiefen, also kurzem Tensiometerrohr, zum Abriß des Kontaktes zwischen keramischer Kerze und Boden kommen. So eignen sich für den Tensiometereinsatz vor allem Böden, die in homogenen Sedimenten entwickelt sind. Dies erleichtert auch die gravimetrische Eichung, denn mit zunehmender Inhomogenität des Bodenmaterials steigt auch die natürliche Variabilität des Raumgewichts und des Feuchtegehalts.

2.4 Quantifizierung der Outputgrößen

2.4.1 Abflußmessung

Zur Erfassung des Abflusses mußte das natürliche Gerinnebett in einen definierten Meßquerschnitt überführt werden. Hierzu wurden aus Sichtbetonschalplatten verschiedene Typen von Meßkanälen vorgefertigt und an den vier Meßstellen jeweils unterhalb der Sedimentfallen horizontal ins Gewässerbett eingelassen. Über seitlich am Kanal angeschlossene Schreibpegel erfolgt die Analogaufzeichnung der Wasserstände. Die vorgenommenen Einbauten gestatten in Verbindung mit den geringen Dimensionen der Gerinne (Länge: ca. 200–300 m; Breite: zw. 0,5 und 1 m; Tiefe: einige cm) die Messung vergleichsweise geringer Abflußmengen von 0,5 bis 30 $l \cdot s^{-1}$. Allen Meßkanälen liegt das gleiche Bauprinzip zugrunde. Dem eigentlichen Meßwehr, welches die Konstruktion in Gefällerichtung abschließt, ist ein Beruhigungsbecken zur Dämpfung von Wasserturbulenzen vorgeschaltet. Durch Absperren des Wehres mittels einer Platte entsteht ein Absolutmeßbecken. Da die von den Meßwehren modifizierten Wasserstands-Abflußverhältnisse nicht linear steigen und stark von der Bauart und den Abmessungen der Wehre abhängig sind, kann so bei verschiedenen Wasserständen eine volumetrische Abflußmessung gemäß

$$Q = V \cdot t^{-1}$$

mit: Q = Abflußmenge $[l \cdot s^{-1}]$
$\quad\;\; V$ = Volumen $[l]$
$\quad\;\; t$ $\;$ = Zeit $[s]$

zur Kalibrierung vorgenommen werden.

Das verwendete Material (10-fach wasserfest verleimtes Sperrholz, 20 mm stark) erwies sich als ein äußerst geeigneter, leicht zu verarbeitender und dabei kostengünstiger Werkstoff. Selbst nach nunmehr fünfjährigem Geländeeinsatz zeigen die Holzeinbauten an der Meßstelle im Odenwald, bis auf kleine Beschädigungen durch Nagetiere, keinerlei funktionsbeeinträchtigende Mängel.

2.4.1.1 Abflußmeßkanäle

a) Venturi-Meßkanal

Das geringe Gefälle an der Meßstelle im Odenwald schließt eine Überfallmessung aus. Daher wurde ein auf dem Venturi-Prinzip basierendes Meßwehr konstruiert.

Mittels einer seitlichen Verengung wird der Abflußquerschnitt am Auslauf des Meßkanals stark reduziert, was eine Erhöhung der Fließgeschwindigkeit bewirkt. Dadurch geht der strömende Abfluß in schießenden über, so daß das zu messende Oberwasser nicht durch einen Rückstau des Unterwassers beeinflußt wird. Zudem wird durch die Düsenwirkung ein Zusetzen des Meßprofils mit Schweb- und Schwimmfracht weitgehend verhindert.

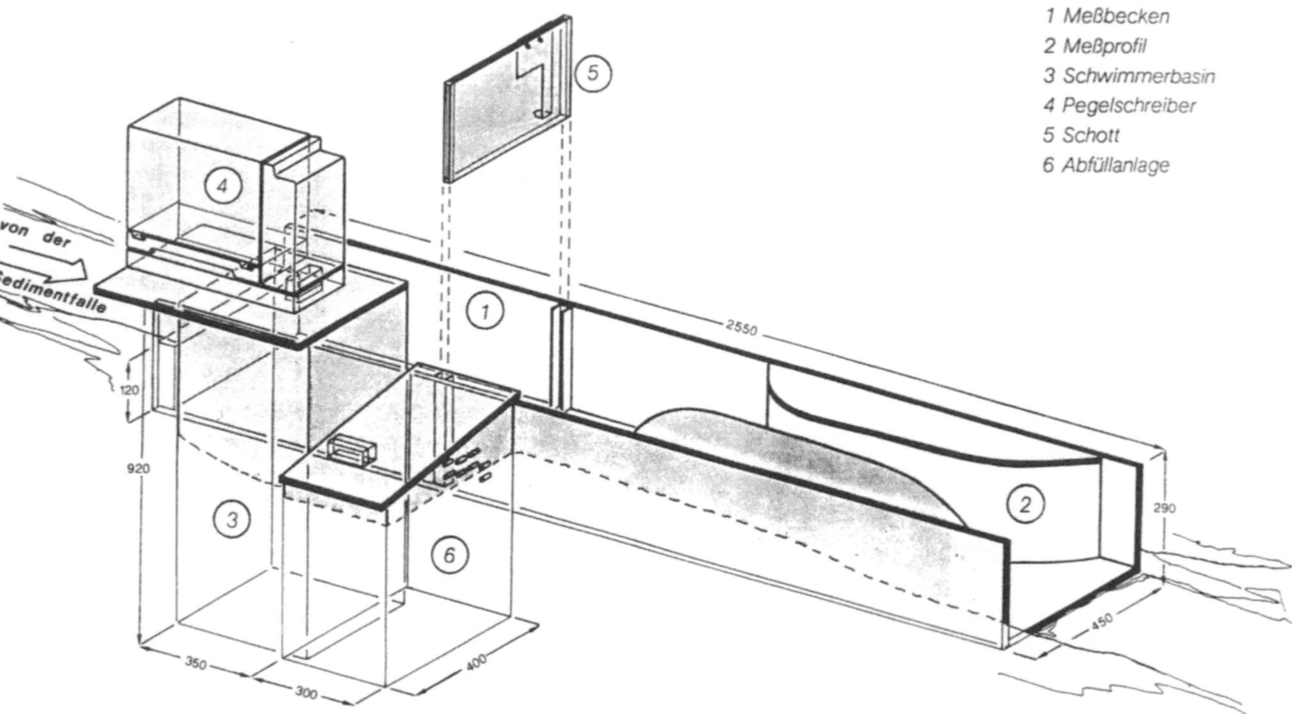

Abb. 2. Abflußmeßstelle mit Venturi-Kanal

Der Meßkanal wurde an zwei großen Eichenbohlen befestigt, die ihrerseits quasi „schwimmend" im relativ standfesten Gerinnesediment gelagert sind. Die Pegelmessung wird mit einem Bandschreiber-Pegel (OTT, Typ R 20) vorgenommen (vgl. Abb. 2).

Die 1 : 1-Übersetzung am Pegel erbringt in Verbindung mit dem günstigen Verhältnis von Wasserstand zu Abfluß eine gute Auflösung der Meßwerte (1 mm WS entsprechen $Q = 0,05 \, l \cdot s^{-1}$). Geringfügige Wasserstandsänderungen liegen so noch innerhalb des Meßfehlers, der bei Venturi-Wehren konstruktionsbedingt bei größeren Abflußmengen auftritt (vgl. Gewässerkundliche Anstalten des Bundes und der Länder 1971).

b) Meßkanäle mit 90° Thompson-Wehr

Die günstigen Gefällsverhältnisse ermöglichten an den perennierenden Gerinnen im Taunus den Einsatz von THOMPSON-Wehren mit scharfkantigem Meßüberfall, die sich durch eine einfach herzustellende und robuste Konstruktion auszeichnen.

Die Meßkanäle wurden an ihren vier Eckpunkten auf im Bachbett einbetonierte Gewindebolzen gelagert. Durch Unterlegen von Distanzscheiben konnte so beim Einbau im Gelände für eine absolut horizontale Justierung der Kanäle gesorgt werden. Das Überfallblech (aus korrosionsresistenter Al-Mg-Legierung) weist einen Dreiecksausschnitt (Öffnungswinkel $\alpha = 90°$) auf (vgl. Abb. 3). Um den erforderlichen sauberen Abriß des überströmenden Wassers sicherzustellen, ist die Blechkante selbst in einem Winkel von 45° angeschärft. Damit eine ausreichend große Auflösung der Meßwerte auch bei geringen bis normalen Wasserständen gewährleistet ist, wurde der Ausschnitt recht klein gehalten. Er erstreckt sich also nicht über die gesamte Blechbreite, so daß bei hohen Wasserständen ein rechteckiger Meßquerschnitt wirksam wird. Um Störungen des Wasserspiegels, die durch den Überfall entstehen und sich auf die Meßgenauigkeit auswirken, zu minimieren, werden die Wasserstände in einer Entfernung vom Blech, die das 3-fache seiner Höhe beträgt, abgenommen (Dracos 1980, S. 90).

Zur Aufnahme des Schwimmers befindet sich im seitlich angebrachten Pegelhäuschen eine mit dem Becken verbundene PVC-Tonne. Die Wasserstandsaufzeichnung erfolgt mit Bandschreiberpegeln (Fa. Seba, Typ Delta).

(Auflösungsvermögen: WS < 5 cm ca. $Q = 0,02 \, l \cdot s^{-1}$ pro mm WS; bei WS $\approx$ 10 cm entsprechen 1 mm WS noch $0,1 \, l \cdot s^{-1}$; WS > 15 cm entsprechen 1 mm WS ca. $0,2 \, l \cdot s^{-1}$; Aufzeichnungsungenauigkeiten ca. $\pm 2 - 3$ mm). Abflüsse, die über einen Wasserstand von 20 cm hinausgehen, werden mit zwei Formeln (Dracos 1980, S. 89 und WMO 1980, S. 230) berechnet.

Relativ aufwendig gestalteten sich die Maßnahmen, mit denen einer Unterläufigkeit der Meßstellen entgegengewirkt werden sollte. Die grobe und sehr wasserwegsame Sedimentzusammensetzung der Gerinnesohlen im Taunus erforderte eine massive Betonverbauung (vgl. Abb. 3). Dennoch gelang es bei beiden Meßstellen nicht, Undichtigkeiten vollständig zu unterbinden.

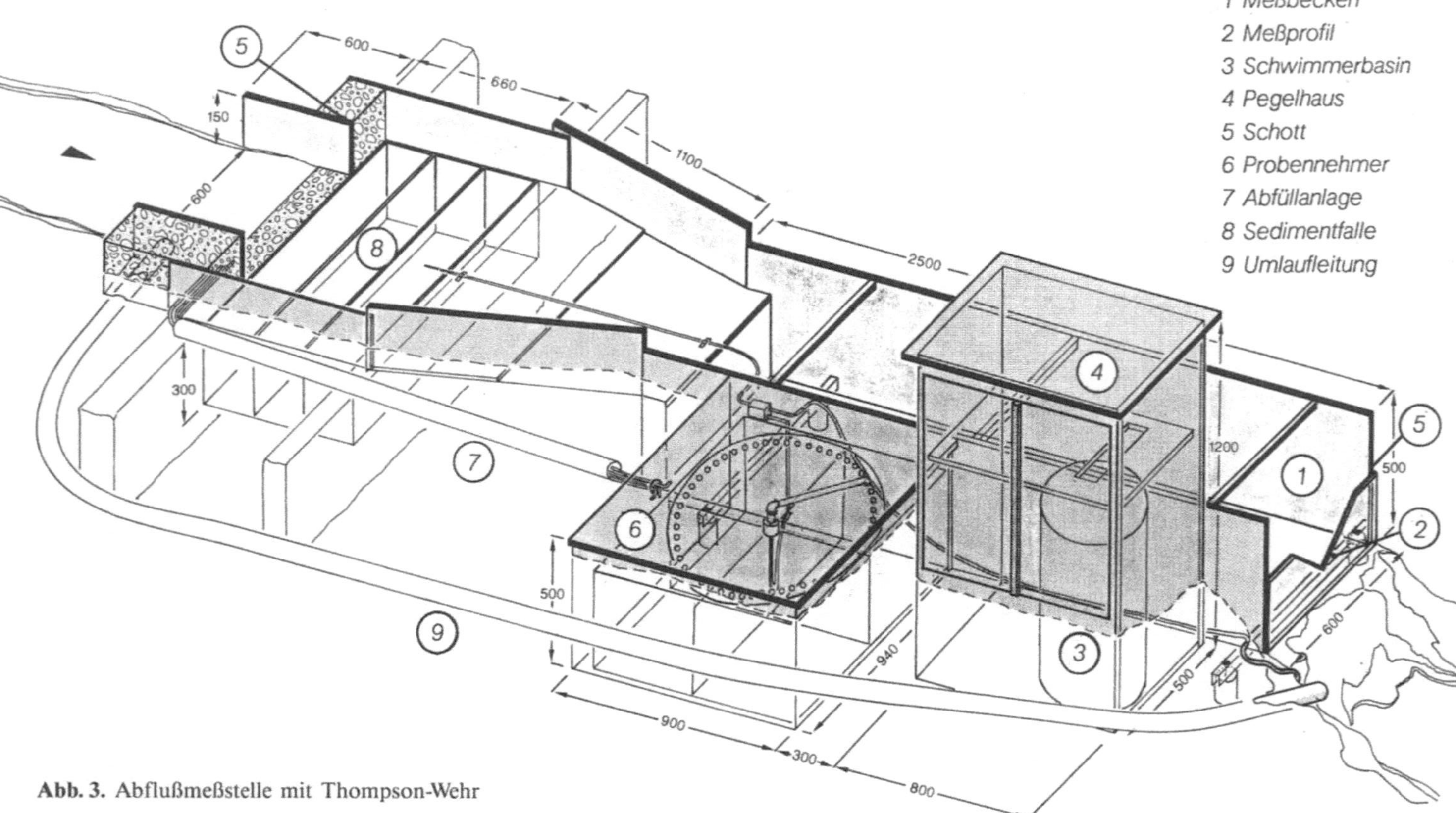

Abb. 3. Abflußmeßstelle mit Thompson-Wehr

c) Meßkanal zur Erfassung episodischer Abflüsse

Nur episodisch auftretende Abflüsse lassen die Verwendung üblicher Pegelanlagen nicht zu. Zur Erfassung derartiger Ereignisse in einem Teileinzugsgebiet im Taunus wurden Schwimmerschacht und Meßbecken als geschlossene Einheit konstruiert. Damit wird verhindert, daß der Schwimmer beim häufigen Trockenfallen der Meßstelle den Grund des Meßkanals berührt und sich festsetzt.

Das Schwimmerbasin enthält bis zu einer vom Meßwehr bestimmten Nullmarke immer Wasser. Während trockener Perioden können eventuell auftretende Verdunstungsverluste im Basin durch vorsichtiges Auffüllen bis zur Nullmarkierung korrigiert werden.

Die sehr ruckartig einsetzenden Abflußereignisse erfordern eine geeignete Dämpfung, weshalb ein relativ großer Schwimmer ($\varnothing = 20$ cm) Verwendung fand. In Verbindung mit dem sehr spitzwinkligen, scharfkantigen V-Wehr (Öffnungswinkel $\alpha = 1°$) gelingt es aber, die Wasserstände derart zu modifizieren, daß auch noch Abflüsse von $< 0{,}05\,\mathrm{l\cdot s}^{-1}$ vom Horizontalpegel (Fa. Seba, Typ XI) aufgezeichnet werden können (vgl. Abb. 4).

(Auflösungsvermögen: WS 1 mm ca. $Q = 0{,}001\,\mathrm{l\cdot s}^{-1}$ bei niedrigen, und WS 1 mm ca. $Q = 0{,}004\,\mathrm{l\cdot s}^{-1}$ bei extremen Wasserständen). Als etwas problematisch erweist sich das extrem spitzwinklige Meßprofil, das leicht verstopft. Nachteilig wirkt sich auch die Trägheit des großen Schwimmers aus. Sie ermöglicht zwar eine ruhige Aufzeichnung der Ganglinie, aber das Mißverhältnis von hoher Schwimmermasse zum gerätetechnisch bedingten geringen Umfang der Umlenkrolle des Pegelschreibers führt bei starken Abflüssen regelmäßig zur Verschiebung des einjustierten Nullpunkts. Zudem ist selbst beim größten vorwählbaren Vorschub die Aufteilung der Zeitachse auf dem Diagrammpapier mit 2,5 cm pro Tag recht grob. Dies erfordert häufige Funktionskontrollen. Im Vergleich zu den anderen Wehren ist die Abflußmessung hier mit den größten Ungenauigkeiten behaftet (Abb. 5). Dennoch stellt der beschrittene Weg eine praktikable und kostengünstige Lösung dar, um unter den gegebenen schwierigen Bedingungen zu einer einigermaßen sicheren Datenaufzeichnung zu gelangen.

2.4.2 Erfassung des Sedimentaustrags

2.4.2.1 Geschiebefracht

Zur Erfassung der Geschiebefracht wurde eine Sedimentfalle eingesetzt (vgl. Abb. 3, Punkt 8). Sie besteht aus einem stabilen, 1 m breiten Rahmenkasten, der aus PVC-Platten angefertigt wurde. Die Abmessungen wurden mittels vorgelegter Flügelmauern der natürlichen Gerinnebettbreite an den Meßstellen angepaßt. Da die Sedimentfallen den Einlauf zu allen Meßkanälen bilden, wurden sie innerhalb des Gerinnelängsprofils so plaziert, daß sie möglichst am Wechselpunkt zwischen der Erosions- und der Akkumulationsstrecke des Gerinnes zu liegen kamen. Damit sollen Störungen des Geschiebetransports und

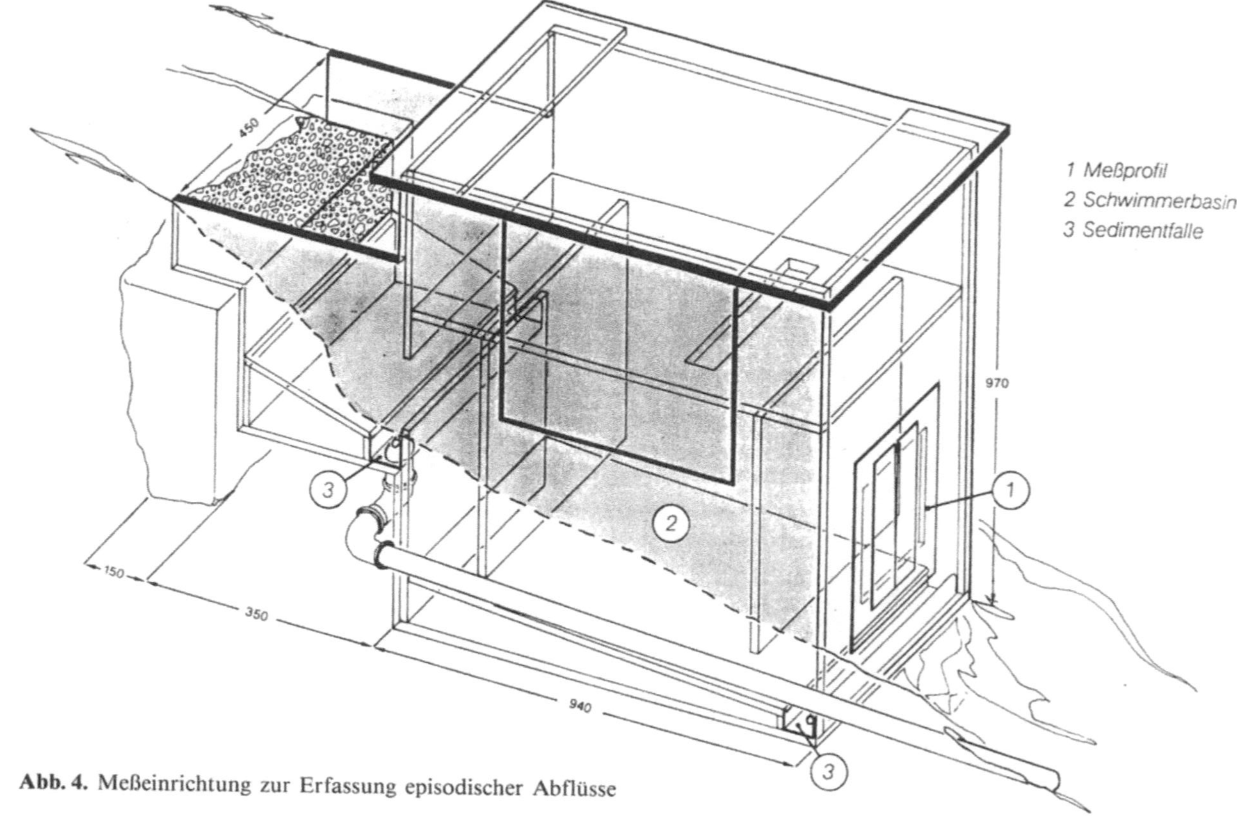

Abb. 4. Meßeinrichtung zur Erfassung episodischer Abflüsse

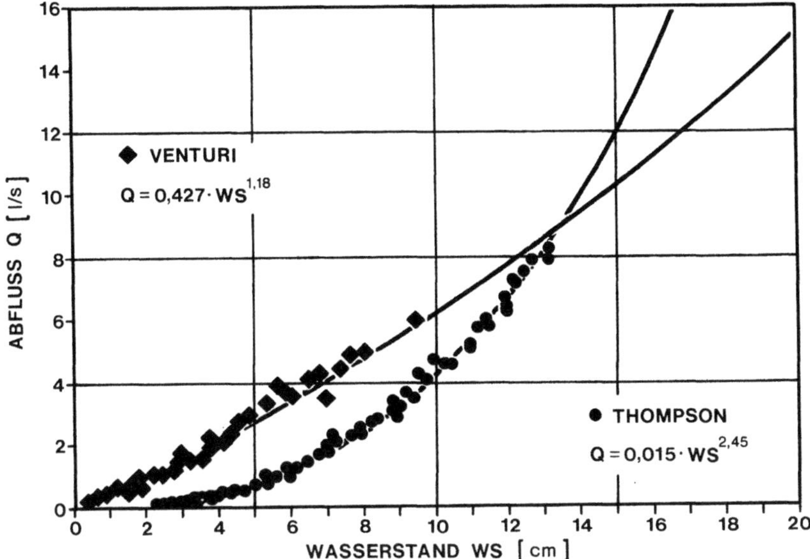

Abb. 5. Abflußkurven für Venturi-Kanal und Thompson-Wehr

Auskolkungen, die zwangsläufig an den starren Meßeinrichtungen auftreten, minimiert werden. Die Rahmenkästen sind derart in das Gerinnebett eingelassen, daß die Rahmenoberkante bündig mit den Gewässersohlen abschließt, womit ungehinderter Abfluß über die Sedimentfallen hinweg möglich ist. Die Fugen zwischen Kunststoff und Betonverbauung sind mit einem wasserfesten Silikondichtmittel versiegelt.

Die Rahmenkonstruktionen sind mit je drei 54 l fassenden, herausnehmbaren rechteckigen PVC-Behältern bestückt, in denen sich das vom Gewässer mitgeführte Geschiebematerial infolge seiner großen Sinkgeschwindigkeit absetzt. Die Tiefe der Geschiebefangkästen ist mit rd. 30 cm so ausgelegt, daß kein abgesetztes Sediment herausgespült wird. Während der Sedimentfallenleerung können die Gerinne mit einer geeigneten Vorrichtung abgesperrt und über ein Drainagerohr um die Meßstelle herumgeführt werden.

Abweichend hiervon erfolgt die Erfassung der Geschiebefracht bei dem nur episodisch durchflossenen Gerinne. Die geringeren Mengen an mitgeführtem Grobgeschiebe werden direkt in einer schmalen, im Meßkanal integrierten Sedimentfalle aufgefangen (vgl. Abb. 4, Punkt 3). Darüber hinausgetragene, feinere Fracht wird im Abflußmeßbasin selbst abgesetzt. Über verschiedene Revisionsöffnungen kann das hier sedimentierte Material bei der Leerung entnommen werden.

Fehlerabschätzung

Durch die mit zunehmender Fließgeschwindigkeit steigende Schleppkraft des Abflusses können Sedimentpartikel schwebend transportiert werden, die bei

geringeren Fließgeschwindigkeiten in Abhängigkeit von Kornform und -größe
nur als Geschiebe bewegt werden. Zwischen den beiden Transportformen existiert also je nach Fließgeschwindigkeit und Strömugszustand ein Übergangs-
bereich, der sich nicht exakt definieren läßt (Raudkivi 1982, S. 67; Zanke 1982).
Bei geringen bis mittleren Abflußhöhen wird daher in die Sedimentfallen neben Kies und Sand ein quantitativ nicht bestimmbarer Anteil feinerer Fracht
eingetragen, der im natürlichen Gerinne in Suspension gehalten wird. Dabei
spielt die Länge der Sedimentationsstrecke über die Falle hinweg ebenso eine
Rolle, wie die fehlende Sohlenrauhigkeit, die im natürlichen Gerinne für turbulente Strömungsverhältnisse sorgt. Dieser Problematik werden die eingesetzten
Methoden nur bedingt gerecht. Damit die beim Meßstellenbau unvermeidli-
chen Eingriffe im Bereich der Gerinnesohle nicht zu Fehlmessungen führen,
wurden alle innerhalb einer achtwöchigen Vorlaufzeit anfallenden Geschiebe-
proben verworfen.

2.4.2.2 Schwebstoff- und Lösungsfracht

Die Bestimmung der in Suspension und Lösung transportierten Sedimente erfolgt über die Analyse des mineralischen Substanzgehalts von Wasserproben.
Neben einer diskontinuierlichen Entnahme durch Schöpfproben bei verschiedenen Wasserständen, werden vor allem zur Probengewinnung bei Abflußspitzen, zwei selbsttätig arbeitende Entnahmesysteme eingesetzt.

a) Abfüllanlage

Diese einfache Abfüllanlage (Single-stage sampler, WMO 1981, S. 22) besteht
aus einem Satz von vier Probenflaschen, die sich unterhalb des Wasserspiegels
befinden und über Schläuche mit Einlaßöffnungen an einer der Seitenwände
des Meßgerinnes verbunden sind. Die Bohrungen in der Seitenwand liegen ver-
tikal gestaffelt im Abstand von zwei Zentimetern über dem Mittelwasserspie-
gel, so daß die Flaschen nur beim Durchgang von Abflußspitzen gefüllt werden. Jede der Probenflaschen besitzt eine Wassereinlauföffnung und eine
ebenfalls im Meßkanal mündende Druckausgleichsöffnung (vgl. Abb. 2, Punkt
6). Bei ansteigendem Wasserstand strömt nun so lange Wasser in die Flasche,
bis der Abfluß die Ausgleichsöffnung verschließt, worauf die an der nächst
höher gelegenen Einlauföffnung angeschlossene Flasche gefüllt wird, usf. Auf
diese Weise werden, je nach Größe des Abflußereignisses, wasserstandsabhän-
gig in Einzelschritten aus dem ansteigenden Ast des Abflußscheitels eine oder
mehrere Durchschnittsproben mit einem Volumen von 1000 cm^3 gewonnen.

b) Automatischer Probennehmer

An Meßstelle Taunus „A" wurde zusätzlich zur Abfüllanlage ein automatischer
Probennehmer installiert (netzunabhängige Stromversorgung mit 12 u. 6 V
Trockenakkus). Es handelt sich hierbei um eine Eigenkonstruktion, die ähnlich

der bei Herrmann und Rau (1985) beschriebenen weitaus leistungsfähiger und
dabei kostengünstiger als vergleichbare handelsübliche Geräte ist.

Außer einer kontinuierlichen Probennahme in festen Zeitintervallen erlaubt
die Anlage mittels einer automatischen Steuerung gezielte Beprobungen einzelner Abflußspitzen mit großer Probenanzahl. Die hohe zeitliche Auflösung läßt
damit differenziertere Aussagen zu Varianzen der Stoffkonzentration zu, als
dies mit den Einzelproben aus der Abfüllanlage möglich ist (vgl. Abb. 3, Punkt
6).

Ebenso wie die Abfüllanlage arbeitet der Probennehmer ohne Pumpe nur
mit der Druckhöhendifferenz, die durch die Installation der Anlage in einem
separaten Schacht neben dem Meßkanal erzeugt wird. Der Einlauf befindet
sich im Stromstrich des Fließgerinnes an der Sedimentfalle. Über einen
Schlauch mit 8 mm Innendurchmesser wird permanent Wasser abgezweigt und
durch ein Zwei-Wege-Ventil im Probennehmer geleitet. Das Kernstück der Anlage ist ein von der Achse einer Uhr angetriebenes Verteilerrohr, das schrittweise an 60 kreisförmig angeordnete Einlauföffnungen zu 500 cm^3 fassenden
Probenflaschen herangeführt wird. Befindet sich der Füllarm über einer der
Öffnungen, bewirkt ein Kontakt, der von einer auf der Uhrachse sitzenden
Nockenscheibe ausgelöst wird, das Umschalten des Ventils und damit das Be-
füllen einer Probe (vgl. Abb. 6). Das Entnahmevolumen läßt sich an einem Re-
lais, das die Füllzeit kontrolliert, einstellen. Ein Endabschalter verhindert nach
Entnahme der letzten Probe Doppelbefüllungen. Die Füllintervalle von
24 min., 3 und 12 Std. sind durch die verwendete Uhr (Fa. Seba) vorgegeben.
Sie lassen sich mittels verschiedener Programme über eine elektronische Steue-

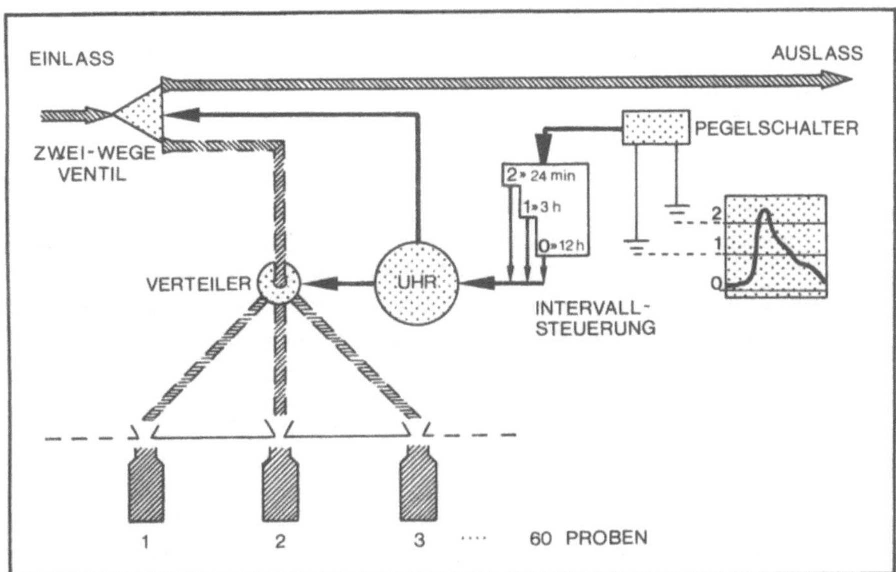

Abb. 6. Funktionsschema des automatischen Wasserprobennehmers

rung vorwählen und zusätzlich durch zwei Pegelschalter untereinander modifizieren. Die Pegelschalter (Reedschalter mit Schwimmer) sind in der Pegeltonne regulierbar installiert und bewirken wahlweise die selbsttätige Verkürzung der Entnahmeintervalle bei einem Wasserstandsanstieg, wodurch die Beprobungsdichte beim Durchgang einer Abflußspitze automatisch erhöht wird.

Fehlerabschätzung

Da der Schwebstofftransport in einem Fließgewässer großen natürlichen Schwankungen unterliegt (Nippes 1986, S. 43), ist es von vornherein schwierig, eindeutige Fehlmessungen zu erkennen.

Inhomogenitäten der Stoffkonzentration, die sich während eines Ereignisses durch Störungen in den Zuführungen bilden, lassen sich jedoch nicht vermeiden und selten erkennen. Groben Verstopfungen des Probennehmereinlaufs wurde durch Anbringen eines Drahtstrumpfs (Maschenweite = 1,5 mm) entgegengewirkt. Einer Verschlammung der Schläuche kann nur durch möglichst kurz gehaltene Distanzen und mit regelmäßiger Spülung begegnet werden.

Bei der geringen räumlichen Ausdehnung, die die Gerinne am Meßquerschnitt aufweisen, stellt sich die korrekte Wahl des Entnahmeorts relativ unproblematisch dar. Vergleiche von Parallelproben aus der Abfüllanlage (Einlauföffnung an der Seitenwand) und dem Probennehmer (Einlauf im Stromstrich) ergaben für die Lösungsfracht keine, und für die Schwebstofffracht nur unwesentliche Abweichungen. Von Nachteil bei der Abfüllanlage ist, daß bei fallender Ganglinie keine Proben gezogen werden und bei kurzer Ereignisfolge immer nur die erste Abflußspitze beprobt wird. Hystereseeffekte (vgl. Müller 1986; Nippes 1986) können mit dieser Methode also nicht erfaßt werden.

3 Laborarbeiten

3.1 Geschiebefracht

Die Analyse der Geschiebefrachtproben umfaßt die Trennung der mineralischen und organischen Probenbestandteile, die Ermittlung des Trockengewichts der Probe (Trocknung bei 105°C) und die Bestimmung der Korngrößenverteilung. Die Analysen beruhen im wesentlichen auf dem Verfahren nach DIN 51033 (1962) unter Berücksichtigung der Normen jüngeren Datums, DIN 19682, Bl. 1 u. 2 (1973), DIN 6111 (1983) und DIN 66115 (1983).

3.2 Bestimmung des Schwebstoff- und Lösungsgehalts

Die Schwebstoffe werden nach Ermittlung des Probenvolumens durch Filtration (Blauband- und Schwarzbandpapierfilter von Schleicher und Schüll) abgetrennt. Über die Bestimmung des Glühverlusts nach DIN 19684 (Teil 3) wird der mineralische Schwebstoffgehalt (DIN 4049, Teil 1) der Probe berechnet.

Nach Abfiltrieren der Proben wird der Abdampfrückstand (ADR) als Summenparameter des Gesamtlösungsgehalts im Trockenofen bei 105 °C bestimmt.

Darüber hinaus wird eine quantitative Untersuchung der Wasserproben auf ihren Gehalt an einigen häufigen gesteinsbildenden Ionen durchgeführt, um Aufschluß über deren veränderliche Anteile bei verschiedenen Abflüssen zu gewinnen.

Die Bestimmung der Erdalkalien Ca^{2+} und Mg^{2+}, und der Alkalien Na^+ und K^+ wird am AAS (Perkin-Elmer) vorgenommen. Der quantitative Nachweis des SiO_2-Gehalts erfolgt durch eine spektralphotometrische Analyse bei 650 nm mit der „Molybdänblau-Methode" nach Köster (1979, S. 39 ff.).

4 Datenauswertung und -bearbeitung

Bei der Auswertung der Registrierstreifen wird nach den Empfehlungen des Deutschen IHP/OHP-Nationalkomitee (1985) verfahren. Die Analogaufzeichnungen werden digitalisiert und mit gängigen Tabellenkalkulationsprogrammen weiterverarbeitet. Dabei werden die Tagessummen des Niederschlags so berechnet, daß sie mit den Niederschlagsdaten des Deutschen Wetterdienstes vergleichbar sind, da diese zum Abgleich der eigenen Meßwerte herangezogen werden. Bei der Untersuchung von Einzelereignissen kann aufgrund der unterschiedlichen Registriermaßstäbe von Pegel- und Niederschlagsschreiber eine hinreichend seriöse Auswertung nur in 0,25 h-Intervallen vorgenommen werden. Kürzere Zeitabstände sind in Abhängigkeit von der Niederschlagsstruktur nur in Einzelfällen sinnvoll. Eine Analyse der Niederschlags-Abfluß-Ereignisse im vom DVWK gesteckten Rahmen ist nur möglich, wenn eine ausreichend große Zahl ähnlicher Ereignisse vorliegt, da die Abflußganglinien in Abhängigkeit von der wechselnden Struktur des auslösenden Niederschlags teilweise sehr differenziert sind. So gelang es bisher nicht, eine befriedigende Einheitsganglinie für die beiden Pegel im Arbeitsgebiet Taunus aufzustellen.

Wie sich bei Auswertung der mehrjährigen Meßreihen (im Odenwald 5 Jahre, im Taunus 3 bzw. 2 Jahre) zeigt, ist bei Niederschlags- und Abflußmessung eine gute Vergleichbarkeit gegeben (insbesondere beim Abgleich mit den Niederschlagsdaten des DWD). Sehr gute Ergebnisse liefert auch die Methode zur Erfassung der Geschiebefracht. Leider fehlen hier Vergleichsmöglichkeiten mit anderen Untersuchungen, was auch für das Tracerverfahren mit den Scheelitsanden gilt. Obwohl sich die Gewinnung der Wasserproben auf gebräuchliche und erprobte Verfahren stützt, zeigen die Meßwerte der Schwebfracht eine große, stark ereignisabhängige Variabilität, so daß hier die größten Unsicherheiten in bezug auf eine allgemeine Übertragbarkeit liegen. Hingegen erwies sich die Lösungsbelastung sowohl im Taunus als auch im Odenwald als außerordentlich gleichförmig.

Literatur

Albert W, Gonsowski P (1987) Einsatz von Tensiometern zur Steuerung der Beregnung. Wasser Boden 39; 12:637–642

Bauer A (1992) Bodenerosion in den Waldgebieten des östlichen Taunus in historischer und heutiger Zeit. Frank. geowiss. Arb., 14, Frankfurt a. M.

Bork H-R (1983) Die holozäne Relief- und Bodenentwicklung in Lößgebieten. Catena Suppl 3:1–93

Bossel H (1987) Systemdynamik. 1. Aufl. Vieweg, Braunschweig

Brechtel H-M (1970) Wald und Retention – Einfache Methoden zur Bestimmung der lokalen Bedeutung des Waldes für die Hochwasserdämpfung. DGM 14; 4:91–103

Deutsches IHP/OHP-Nationalkomitee (Hrsg) (1985) Empfehlung für die Auswertung der Meßergebnisse von kleinen hydrolog. Untersuchungsgebieten. IHP/OHP-Berichte 5. IHP/OHP Sekretariat bei d. Bundesanst. f. Gewässerkunde, Koblenz

Deutscher Verband für Wasserwirtschaft und Kulturbau e. V. (Hrsg) (1982) Arbeitsanleitung zur Anwendung von Niederschlags-Abfluß-Modellen in kleinen Einzugsgebieten, Teil 1: Analyse. Regeln zur Wasserwirtschaft 112, Hamburg

Deutscher Verband für Wasserwirtschaft und Kulturbau e. V. (Hrsg.) (1984) Arbeitsanleitung zur Anwendung von Niederschlags-Abfluß-Modellen in kleinen Einzugsgebieten, Teil 2: Synthese. Regeln zur Wasserwirtschaft 113, Hamburg

Deutscher Verband für Wasserwirtschaft und Kulturbau e. V. (Hrsg) (1986) Ermittlung des Interzeptionsverlusts in Waldbeständen bei Regen. DVWK Merkblätter zur Wasserwirtschaft 211, Hamburg

Dracos Th (1980) Hydrologie, 1. Aufl. Springer, Wien

Einsele G (Hrsg) (1986) Das landschaftsökologische Forschungs-Projekt Naturpark Schönbuch. DFG-Forschungsber, VCH, Weinheim

Frede H-G, Weinzierl W, Meyer B (1984) Kurzmitteilung – Ein tragbares elektronisches Einstichtensiometer. Pflanzenernähr Bodenkd 147:131–134

Gerold G, Molde P (1989) Einfluß der pedo-hydrologischen Einzugsgebietsvarianz auf Oberflächenabfluß und Stoffaustrag im Einzugsgebiet des Wendebachs. In: Pörtge K-H, Hagedorn J (Hrsg) Beiträge zur aktuellen fluvialen Morphodynamik. Göttinger Geogr Abh 86:81–94

Gewässerkundliche Anstalten des Bundes und der Länder (Hrsg) (1971) Richtlinien für Abflußmessungen, 5. Aufl. Bundesanst. f. Gewässerkunde, Koblenz

Herrmann A, Rau R-G (1985) Instrumentierungs- und Organisationskonzept für ein tracerhydrologisches Forschungsvorhaben in den Oberharzer Untersuchungsgebieten. Landschaftsökologisches Messen Auswerten (LÖMA) 1.2/3:209–241

Keller R (Hrsg) (1979) Hydrologischer Atlas der Bundesrepublik Deutschland. Textband. Boppard, Bonn

Köster HM (1979) Die chemische Silikatanalyse. Springer, Berlin Heidelberg New York

Müller HE (1986–89) Beziehungen zwischen Abfluß und Konzentration gelöster Stoffe in kleinen Gewässern Südbadens. Beitr Hydrol 11; 1:59–70

Nippes K-R (1986–89) Dynamik der Schwebstofführung im Schwarzwald. Beitr Hydrol 11; 1:39–49

Raudkivi AJ (1982) Grundlagen des Sedimenttransports, 1. Aufl. Springer, Berlin Heidelberg New York

Renger M, Giesel W, Strebel O, Lorch S (1970) Erste Ergebnisse zur quantitativen Erfassung der Wasserhaushaltskomponenten in der ungesättigten Bodenzone. Z Pflanzenernähr Bodenkd 126:15–32

Richards K (1982) Rivers. Methuen, New York

Richter G (Hrsg) (1976) Bodenerosion in Mitteleuropa. Wege der Forschung Wiss Buchges, Darmstadt

Richter G, Sperling W (1967) Anthropogen bedingte Dellen und Schluchten in der Lößlandschaft. Untersuchungen im nördlichen Odenwald. Mainzer Naturwiss Arch 5/6:136–176

Sokollek V, Hamann H (1986) Probleme einer Bestimmung der wahren Niederschlagshöhe in kleinen Mittelgebirgs-Einzugsgebieten. Landschaftsökologisches Messen Auswerten (LÖMA) 2.1:55–70

Thiemeyer H (1988) Bodenerosion und holozäne Dellenentwickung in hessischen Lößgebieten. Rhein-Mainische Forsch 105, Frankfurt

Treter U (1970) Untersuchungen zum Jahresgang der Bodenfeuchte in Abhängigkeit von Niederschlägen, topographischer Situation und Bodenbedeckung an ausgewählten Punkten in den Hüttener Bergen (Schleswig-Holstein). Schr Geogr Inst Univ Kiel 33

World Meteorological Organization (1980) Manual on stream gauging, vol I. Fieldwork. Operational hydrology, Rep 13, Genf

World Meteorological Organization (1981) Measurement of river sediments. Operational hydrology, Rep 16, Genf

Zanke U (1982) Grundlagen der Sedimentbewegung, 1. Aufl. Springer, Berlin Heidelberg New York

2 Ermittlung des Stoffhaushaltes
Datenerhebung und Datenauswertung
am Beispiel des Kalltales/Eifel

Brigitta Schütt

1 Hintergrund der Methoden zur Prozeßmessung

Die aktuelle fluviale Morphodynamik von Flußeinzugsgebieten läßt sich durch Untersuchungen des Stoffhaushaltes erschließen. Statt der pauschalen Bilanz des gesamten Einzugsgebietes als Einheit oder lokaler Bilanzen an einzelnen Geländepunkten bzw. Meßfeldern steht hier die räumliche Differenzierung in der chorologischen Dimension im Vordergrund. Betrachtet wird die Beziehung zwischen dem Stoffhaushalt und räumlich differenzierten Eigenschaften von Form, Material und hydrologischen Bedingungen.

Die Lösung geogener Stoffe aus silikatischen Ausgangsgesteinen wird in den gemäßigten Mittelbreiten im Vergleich zu den Lösungsprozessen in salz-, gips- und kalkhaltigen Gesteinen als unbedeutend eingestuft und ist wohl deshalb bisher vernachlässigt worden. Dieser Beitrag soll den Stoffhaushalt von Flußeinzugsgebieten in silikatischen Ausgangsgesteinen erfassen.

Durch Verknüpfung des über den relativ kurzen Beobachtungszeitraum von 24 Monaten – Juli 1989 bis Juni 1991 – erfaßten Stoffhaushalts mit weiter zurückreichenden Meßreihen zu Niederschlags- und Abflußverhalten sollte eine Möglichkeit erschlossen werden, die Bedeutung des Lösungs- und Feststofftransportes für die Formenentwicklung im Untersuchungsgebiet besser zu verstehen. Der Stoffhaushalt wird in einem parameterischen Modell beschrieben (Abb. 1), in das die – für kleinere Teileinzugsgebiete – ermittelten Erkenntnisse über Lösungs- und Abtragsprozesse eingehen.

Das Einzugsgebiet der Kall/Nordeifel (Abb. 2) wurde für diesen Zweck ausgewählt, weil es in seiner Größe von etwa 76 km^2 überschaubar bleibt, geringe Siedlungsdichte, d. h. wenig Heterogenität anthropogener Einflüsse, besitzt und es mit seiner Formengesellschaft von Talzonen und Hochflächen charakteristisch für mittelgroße Täler der Nordeifel ist.

Es kann als sicher gelten, daß im kurzfristigen (aktuellen) Zeitmaßstab die Einzugsgebietsparameter den Wasserhaushalt und über den Wasserhaushalt auch die Lösungsvorgänge und den Stofftransport wesentlich beeinflussen. Längerfristig tragen diese Vorgänge in umgekehrter Wirkungsrichtung zu morphologisch relevanten Veränderungen der Einzugsgebietsparameter bei. Die Untersuchung des Stoffhaushaltes im Kall-Einzugsgebiet als Funktion der Einzugsgebietsparameter verknüpft somit Hydrologie, Stoffhaushalt und Morphodynamik, mit möglichen Implikationen auch für die Morphogenese.

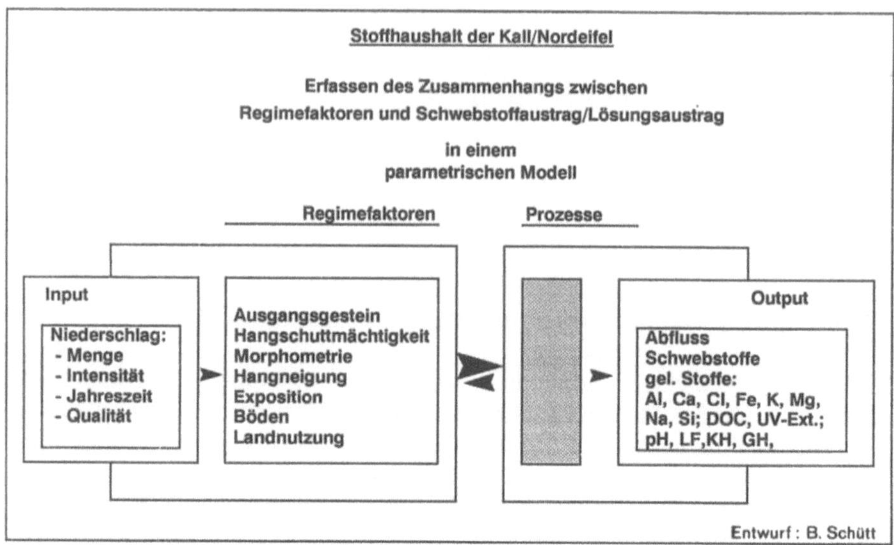

Abb. 1. In die Untersuchung eingehende Meßgrößen

2 Die Einzugsgebietsparameter

Das Einzugsgebiet der Kall wurde mit Hilfe des Strahlerschen Ordnungs-
systems (Strahler 1957) untergliedert. Den einzelnen Flußsegmenten wurden
insgesamt 162 Teileinzugsgebiete zugeordnet, welche sowohl einzeln als auch
zusammenfassend durch die in Abbildung 1 aufgeführten Einzugsgebietsparameter beschrieben werden. Die Aufnahme der Einzugsgebietsparameter erfolgte auf der Grundlage bereits vorhandenen Karten- und Datenmaterials. Die in
das parametrische Modell einfließenden Einzugsgebietsparameter stellen nur
eine Auswahl der Geofaktoren dar.

2.1 Niederschlag

Eigene Meßeinrichtungen zur Erfassung der Input-Größe Niederschlag waren
nicht erforderlich, da:

- im Arbeitsgebiet zwei amtliche Niederschlagsmeßstationen des Deutschen
  Wetterdienstes betrieben werden (Roetgen/Filterwerk, 362 m NN; Kall-Talsperre, 434 m NN),
- als Grundlage für die Extrapolation dieser Daten Niederschlagskarten zur
  Verfügung stehen,
- von der Landesanstalt für Ökologie, Landschaftsentwicklung und Forstpla-
  nung/Recklinghausen im Einzugsgebiet der Kall (Station Monschau/Lam-
  mersdorf) Depositionsmessungen durchgeführt werden.

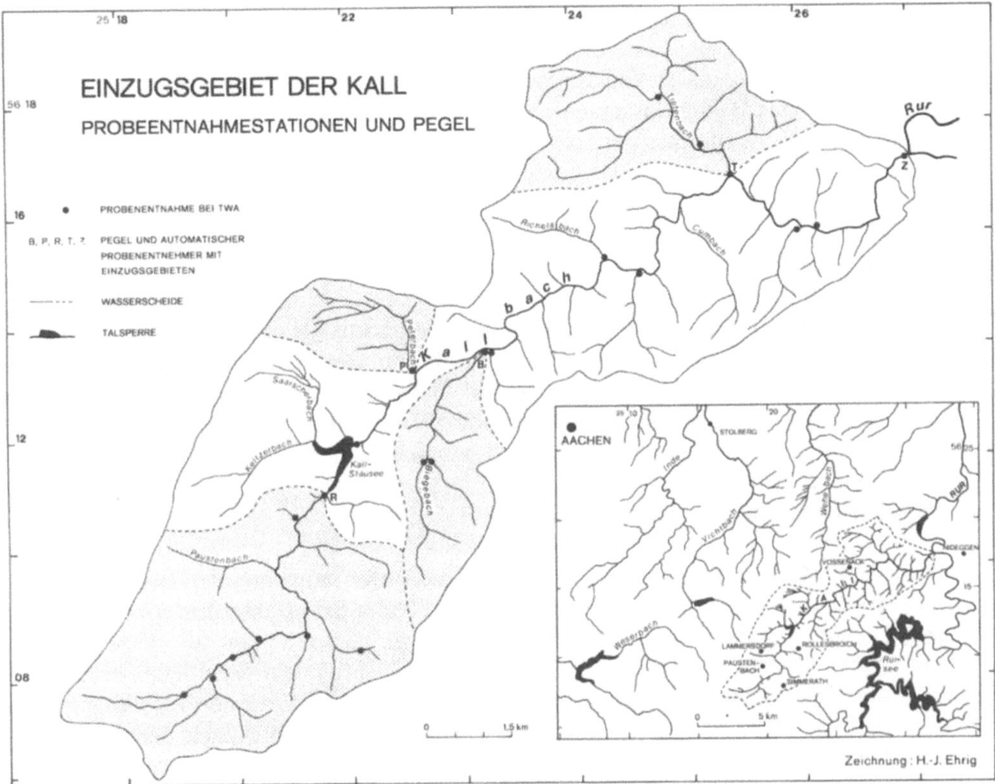

Abb. 2. Karte des Einzugsgebietes der Kall/Nordeifel; Lage von Pegeln und Probenentnahmestationen

2.2 Ausgangsgestein und Hangschuttdecken

Die Modifikation des Ausgangsgesteins durch überlagernde pleistozäne Hangschuttdecken wurde durch eine zusätzliche Kartierung der Hangschuttmächtigkeiten berücksichtigt. Neben den geologischen Karten standen für die Erfassung dieser Parameter petrochemische Detailuntersuchungen zur Verfügung, die vom Institut für Mineralogie und Lagerstättenkunde der RWTH Aachen und vom Geologischen Institut der RWTH Aachen im Rahmen verschiedener Arbeiten im Kall-Tal durchgeführt wurden.

2.3 Hangneigung und Exposition

Die Hangneigung ist als ein wesentlicher steuernder Faktor von Lösungsvorgängen und Abtragungsprozessen zu berücksichtigen. Sie wurde durch Auswertung der Isohypsen aus der DGK 1:5000 ermittelt.

Der SW-NE-Verlauf des Kall-Tals bedingt deutliche Unterschiede für die Strahlungsbilanzen der Hänge. Die daraus resultierenden mesoklimatischen Unterschiede beeinflussen die Evapotranspiration und damit den Bodenwasserhaushalt. Das Bodenwasser ist als Medium aktueller Lösungsvorgänge zu betrachten. Die Aufnahme der Exposition erfolgte aus der TK 25 in vier Klassen.

2.4 Morphometrie

Die Charakterisierung von Flußeinzugsgebieten kann gleichfalls mittels morphometrischer Eigenschaften erfolgen. Die komplexen Zusammenhänge zwischen den Formeigenschaften deuten auf Beziehungen zu den betrachteten Prozessen hin (vgl. Horton 1932; Schmidt 1984, 1988; Kim 1988).

2.5 Verbreitung hydromorpher Böden

Eisen (Fe), Mangan (Mn) und Schwefel (S) sind unter reduzierenden Bedingungen, wie sie im anaeroben Milieu eines Grund- oder Stauwasserhorizontes gegeben sind, vergleichsweise leicht löslich (vgl. Scheffer et al. 1984, S. 338–339). Für Stoffhaushaltsuntersuchungen in Flußeinzugsgebieten erfordern diese Zusammenhänge eine besondere Berücksichtigung der Verbreitung hydromorpher Böden. Die Kartierung erfolgte als Auswertungskarte der vorliegenden Bodenkarten.

2.6 Landnutzung

Eine Aufnahme der Bodenbedeckung in elf Klassen erfolgte durch Auswertung der Kanäle 3, 4 und 5 der TM-Szene 196-25 vom 30. 7. 1984. Rechenanlage und das Softwarepaket UPSTAIRS wurden zu diesem Zweck freundlicherweise von der DFVLR/Oberpfaffenhofen zur Verfügung gestellt. Ein Schwerpunkt dieser Klassifizierung lag in der Differenzierung der verschiedenen land- und forstwirtschaftlichen Nutzungsformen.

3 Die Prozesse

Die Erfassung aktueller Prozesse erfolgte durch Geländearbeiten. Diese bestanden aus zwei Schwerpunkten:

– bodenkundliche Untersuchungen,
– hydrologische Untersuchungen.

Beide Komplexe wurden parallel über einen Zeitraum von 24 Monaten – Juli 1989 bis Juni 1991 – bearbeitet. Die saisonalen Schwankungen des Einflusses der einzelnen Regimefaktoren auf das Prozeßgeschehen konnten über diese mittelfristig angelegte Beobachtungsreihe abgeschätzt werden.

3.1 Bodenkundliche Untersuchungen

Die bodenkundlichen Untersuchungen wurden an Hanglängs- und Hangquerprofilen durchgeführt. Sie sollten die aus der Literatur bekannten Zusammenhänge der Lösungsprozesse ergänzen und deren Übertragung auf das Kall-Einzugsgebiet erleichtern.

Entlang einer ausgewählten Toposequenz im Kall-Mittellauf wurden zeitlich parallel zu den hydrologischen Untersuchungen (s. 3.2.2 u. 3.2.3) Bodentemperatur, Bodenfeuchte, Boden-pH und wasserlösliche Salze im Boden in regelmäßigen Abständen aufgenommen. An weiteren repräsentativen Toposequenzen wurden ausführliche geochemische und mineralogische Untersuchungen durchgeführt.

3.1.1 Bodentemperatur

Die Zusammenhänge zwischen Bodentemperatur, Grundwassertemperatur und chemischen Grundwassereigenschaften sind ansatzweise bekannt (vgl. Matthes 1973). Im Rahmen der Stoffhaushaltsuntersuchungen im Kall-Tal wurde versucht, diese Zusammenhänge in die Prozeßmodellierung einzubeziehen.

Entlang der Toposequenz wurden an vier Stationen Bodentemperatursonden installiert. Die im Geomorphologischen Labor des Geographischen Institutes der RWTH Aachen konstruierten und gebauten Bodentemperatursonden (vgl. Brauers und Pasenau 1984) erlauben eine Abfrage der Bodentemperaturen in den Tiefen von 1 cm, 3 cm, 6 cm, 11 cm, 16 cm und 31 cm. Bei der auf saisonale Unterschiede des Stoffhaushaltes angelegten Untersuchung werden für die Datenauswertung ausschließlich die Werte aus 16 cm und 31 cm Tiefe herangezogen, da in den oberen Zentimetern des Bodenkörpers ein ausgeprägter Tagesgang der Bodentemperatur zu beobachten ist (Richter 1986, S. 18−20).

3.1.2 Bodenfeuchte

Neuere Untersuchungen über die physikalischen, chemischen und biochemischen Vorgänge bei der Grundwasserneubildung haben ergeben, daß die Grundwasserbeschaffenheit vorwiegend von Prozessen in der wasserungesättigten Zone beeinflußt wird. Das Vorhandensein gelöster organischer Substanzen fördert dabei die Lösung und den Transport geogener Stoffe (vgl. Pekdeger 1977; Matthes und Pekdeger 1980; Holthusen 1982).

Unter Ausklammerung mechanischer Verwitterungsvorgänge in den gemäßigten Mittelbreiten ist das Bodenwasser das Medium aktueller Verwitterungsprozesse. Sein Gewichtsanteil am Bodenkörper wird als relative Bodenfeuchte bezeichnet (Gew.-%). Analog zu den Tiefen der abgefragten Bodentemperaturen wurde die Bodenfeuchte erfaßt. Die Messung der Bodenfeuchte erfolgte gravimetrisch (vgl. Kap. 3).

3.1.3 Boden-pH-Wert

Der Boden-pH-Wert wurde als Indikator biologischer Stoffumsätze herangezogen. Diese Indikatoreigenschaft rechtfertigt sich aus der Abhängigkeit des Boden-pH-Wertes vom Vorhandensein von Humin- und Fulvosäuren. Die Bildung dieser organischen Säuren steht wiederum in enger Verbindung zu Bodenlebewelt, Vegetationsbedeckung und Stand der Vegetationsperiode. Im pH-Wert des Bodens kommt der ausgeprägte saisonale Wechsel biologischer Aktivität zum Ausdruck. Eine damit zusammenhängende Beeinflussung des Stoffhaushaltes von Flußeinzugsgebieten ist über hydrochemische Analysen (3.2 ff.) des Abflusses (= Output) zu überprüfen.

Die Bestimmung des Boden-pH-Wertes wurde nach DIN 19684, Teil 1 durchgeführt. Die Probenentnahme an den Meßstationen erfolgte in Anlehnung an die Bodenhorizonte, nicht nach der absoluten Bodentiefe wie bei der Erfassung von Bodentemperatur und Bodenfeuchte. Der Zeitpunkt der Probenentnahme richtete sich nach dem Witterungsgeschehen und liegt etwa zehn bis vierzehn Tage nach dem letzten Niederschlagsereignis (vgl. 3.2.1).

3.1.4 Wasserlösliche Salze im Boden

Im Boden vorkommende H_2O-lösliche Salze setzen sich im wesentlichen aus Kalium-, Natrium-, Magnesium- und Calcium-Verbindungen zusammen. Sie können autochthon als Produkte chemischer Verwitterung vorliegen, über trockene und feuchte Depositionen mit dem infiltrierenden Niederschlagswasser in den Boden gelangen oder anthropogen als Düngemaßnahmen eingebracht werden.

Die Probenentnahme erfolgte wie unter 3.1.3 beschrieben. Die Bestimmung des Gehaltes wasserlöslicher Salze im Boden wurde verändert nach den Angaben bei Schlichting und Blume (1966, S. 105–106) durchgeführt. Die Extraktion geschah wie dort empfohlen. Die Bestimmung erfolgte vereinfacht mit Hilfe eines Konduktometers und wird als elektrische Leitfähigkeit in der Einheit [µS] erfaßt.

3.2 Hydrologische Untersuchungen

Voraussetzung für eine Bilanzierung ist neben der Erfassung von Stoff-Eintrag (2.1) und von Stoff-Umsetzungen im Einzugsgebiet (3.1 ff.), daß die Abflußmenge Q [l/s], der Schwebstoffgehalt [mg/l], der Gehalt an gelösten Stoffen [mg/l] sowie die Bodenfracht [kg/s] bekannt sind.

Der Feststofftransport in Form von Geschieben fand im Rahmen dieser Arbeit keine weitere Beachtung (vgl. Kap. 9). Näher betrachtet wurden hingegen Schwebstoffe und gelöste Stoffe. Bei ihnen wurde zunächst ein unmittelbarer Zusammenhang zwischen den von den Einzugsgebietsparametern gesteuerten Vorgängen der Verwitterung und Abtragung im Einzugsgebiet und ihrem Austrag aus dem Einzugsgebiet über den ebenfalls von den Einzugsgebieten gesteuerten Abfluß angenommen.

Die hydrologischen Untersuchungen waren auf wenige Teileinzugsgebiete der Kall beschränkt. Die Einzugsgebietsparameter bildeten die Auswahlkriterien für die Testgebiete. Mit Hilfe der Kartierung der Einzugsgebietsparameter wurde versucht, alle Einzugsgebiets-„Typen" abzudecken. Abflußmessung und Probenentnahme erfolgten nach zwei Systemen:

- bei Trockenwetterabfluß durch manuelle Beprobung (22 Stationen),
- ereignisabhängig durch automatische Probennehmer (5 Stationen).

3.2.1 Abflußmessung

Grundlage für Stoffhaushaltsuntersuchungen von Fließgewässern ist eine Erfassung des Output-Faktors Abfluß. Dies erfolgt in der Regel über Wasserstandsaufzeichnungen mit Hilfe von Pegeln und der Erstellung einer Abflußkurve.

Im Arbeitsgebiet stehen zwei amtliche Pegel, installiert und gewartet vom Staatlichen Amt für Wasserwirtschaft, Aachen (Abb. 2):

- der Pegel Zerkall an der Mündung der Kall in die Rur ($F_N = 76\ km^2$),
- der Pegel Kall-Talsperre-Zulauf/Rollesbroich (Kall-Oberlauf,
  $F_N = 26,2\ km^2$).

Um eine größere Dichte der Untersuchungen zu ermöglichen, wurden vom Geographischen Institut der RWTH Aachen drei weitere Pegelschreiber installiert: an den Kall-Zuflüssen Peterbach ($F_N = 3,32\ km^2$), Biegebach ($F_N = 5,34\ km^2$) und Tiefenbach ($F_N = 10,19\ km^2$) kurz vor der Mündung der Bäche in die Kall (Abb. 2).

3.2.1.1 Installation der Pegelschreiber

Voraussetzung der amtlichen Genehmigung für die Installation der Pegelschreiber war, daß keine wesentlichen Veränderungen im Fließgerinne vorgenommen werden durften und die Anlage jederzeit demontierbar sein mußte. Damit wurde die Einrichtung von Meßkanälen und festen Meßquerschnitten (z. B. Überfallwehre) ebenso ausgeschlossen wie die Möglichkeit, die Pegelschreiber einzubetonieren.

Die eingesetzten Geräte der Firma Ott, Kempten (R16/20.250) funktionieren nach dem Prinzip von Schwimmerpegeln. Die mechanische Übertragung

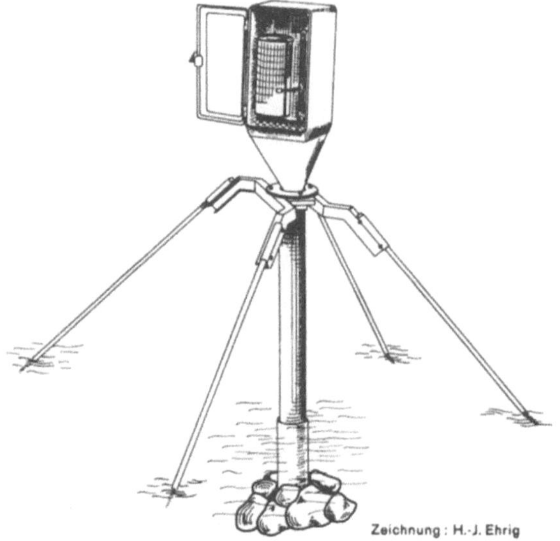

Abb. 3. Pegelschreiber

und Aufzeichnung des Wasserstandes erlaubte einen netzunabhängigen Einsatz der Geräte. Für den Einsatz der Pegelschreiber wurde eine Hilfskonstruktion aus Eisenträgern mit der Form eines vierseitigen Pyramidenstumpfes gebaut (Abb. 3). Die Schnittebene (26 cm · 52 cm) wird aus 6 cm-U-Eisen gebildet, die den Pegelschreiber tragen. Die U-Eisen sind zu den Kanten hin um 45° abgewinkelt und bilden auf etwa 40 cm Länge die Seitenkanten. Auf die U-Eisen aufgeschweißt wurden Hohleisen mit einem Innendurchmesser von 3 cm und einer Länge von 20 cm. In sie wurden Rundeisen mit einem Außendurchmesser von 2,8 cm und einer Länge von 2 m geschoben: die „Beine" der Konstruktion. Hiermit war eine variable Verlängerung der Seitenkanten des Pyramidenstumpfes möglich – Voraussetzung für eine nivellierte Montage des Pegelschreibers. Dazu wurden die Hohleisen in den Gerinneboden oder die Ufer gerammt. Durch Arretier-Schrauben wurden die den Pegelschreiber tragenden U-Eisen nivelliert.

Diese Konstruktion mit den um 45° abgewinkelten Seitenkanten des Pyramidenstumpfes ermöglichte bei einer empfohlenen Höhe des Pegelschreibers von einem Meter über dem Tiefstwasserstand des Gerinneabschnittes (Angabe des Herstellers) eine Montage der Eisenträger ohne nennenswerte Beeinflussung der Gerinne:

– die Rundeisen boten nur geringen Fließwiderstand,
– die Abstände zwischen den Beinen maßen im Gerinnebett ca. 2 m, so daß auch gröbere Schwimmstoffe passieren konnten.

Ausreichende Standfestigkeit wurde durch die pyramidenförmige Konstruktion gewährleistet, die sich auch bei den Unwetterereignissen im Spätwinter/Frühjahr 1990 bewährte! Probleme ergaben sich bei diesen extremen Ereignissen jedoch mit durch Windbruch in die Bäche gelangtem Holz, das an Menge und Größe so umfangreich war, daß es sich in den Eisenkonstruktionen verfing und zu Wasseraufstau führte. Dies bewirkte eine Verfälschung der Aufzeichnungen.

Der Schwimmer wurde in einem PVC-Rohr untergebracht, das unter den Pegelschreiber montiert war. Ein Bohrloch ($\varnothing$ 0,5 cm) am Fuß des PVC-Rohrs sorgte für den Wasserstandsausgleich. In dem PVC-Rohr konnte der Schwimmer Wasserstandsänderungen folgen, ohne durch die Wellenbewegung des fließenden Wassers gestört zu werden. Die Einrichtung der Pegelschreiber erfolgte außerhalb des Stromstrichs, um einer Beschädigung der Anlagen durch bei Hochwässern mitgeführten Schwimmstoffen und Geröllen weitgehend vorzubeugen.

3.2.1.2 Eichung der Pegel

Zur Eichung der Pegel wurden Behältermessungen und Messungen mit dem hydrometrischen Flügel durchgeführt. Behältermessungen boten sich bei Niedrigwasser an (Q 1 – 4 l/s). Als Auffanggefäß diente eine Regentonne (Vol. 40 l). Die Messung erfolgte an in unmittelbarer Nähe der Pegelschreiber gelegenen Rohrdurchlässen, wobei Zeit und Füllmenge gemessen wurden. Der Abfluß wurde durch Mittelwertbildung aus den wiederholt erfolgten Messungen berechnet.

Bei Abflußmengen größer als 4 l/s wurden Messungen mit dem hydrometrischen Flügel (auch: Woltmann-Flügel) notwendig (vgl. Kap. 4). Bei der Erstellung der Abflußkurve war zu berücksichtigen, daß bei der Erhebung der Wertepaare in natürlichen Gerinnebettabschnitten größere Schwankungen auftreten können. In Abbildung 4 ist die Abflußkurve für den Pegel Peterbach aufgezeichnet. Die Beziehung der n = 19 Wertepaare (Abfluß Q [l/s], Wasserstand W [cm]) kann in der Regressionsgleichung

$$Q\ [l/s] = 16{,}76 \cdot W\ [cm]^{0{,}171}\ ,\quad r = 0{,}98 \tag{1}$$

ausgedrückt werden. Über den Test auf Unabhängigkeit (Basler 1981, S. 130 – 131) kann bei Zugrundelegung einer Sicherheitswahrscheinlichkeit von $\beta = 99\%$ ($t_{99\%}$) und n – 2 Freiheitsgraden eine Abhängigkeit der beiden Zufallsgrößen Wasserstand und Abfluß angenommen werden. Die Streuungen der Regressionsgeraden liegen innerhalb des 95%-Konfidenzintervalls der Restvarianzen.

Für die funktionale Anpassung der Abflußkurve am Pegel Tiefenbach bot sich eine Zweiteilung an (Abb. 4):

für Wasserstände < 15 cm in der Regressionsgleichung:

$$Q\ [l/s] = 8{,}97 + 0{,}16 \cdot W\ [cm] \tag{2}$$

$$r = 0{,}99\ ,\quad n = 10\ ,\quad |t| > t_{99\%}\ ;\quad f = 8$$

und für Wasserstände > 15 cm in der Regressionsgleichung

$$Q\ [l/s] = 15{,}41 \cdot W\ [cm]^{0{,}032} \tag{3}$$

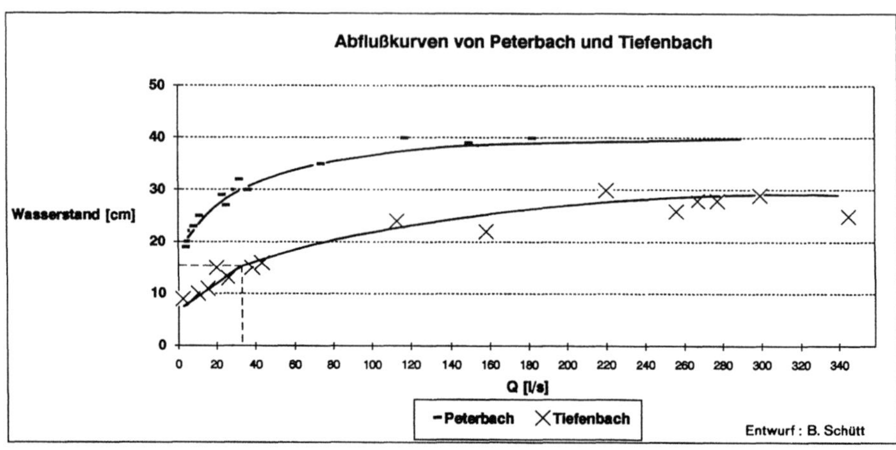

Abb. 4. Abflußkurven für die Pegel Peterbach und Tiefenbach

$$r = 0{,}94 \ , \quad n = 5 \ , \quad |t| > t_{95\%} \ ; \quad f = 3$$

Die Streuungen der Regressionsgeraden liegen innerhalb des 95%-Konfidenzintervalls der Restvarianzen.

3.2.2 Probenentnahme bei Trockenwetterabfluß

Die Probenentnahme bei Trockenwetterabfluß geschah nach jeweils 14 Tagen niederschlagsfreier Zeit. Dadurch konnte die unmittelbare Stoffzufuhr durch Niederschlagswasser und Oberflächenabfluß ausgeschlossen werden. Gleichzeitig wurde die Abflußmenge bestimmt (vgl. 3.2.1.2). Die an den Wasserpro-

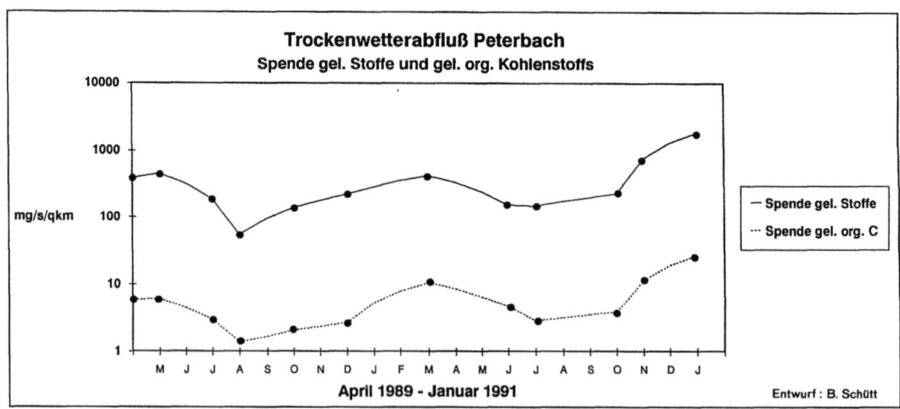

Abb. 5. Station Peterbach: Spende gelöster Stoffe [mg/s·km²] und Spende gelösten organischen Kohlenstoffs [mg/s·km²] bei Trockenwetterabfluß; Interpolation der Meßwerte zu einer Ganglinie der Stoffspende für den Basisabfluß

ben durchgeführten Analysen sind unter 3.2.5 aufgeführt und beschrieben. Die Probenentnahme geschah manuell als Einpunktmessung. Da Schwebstoffuntersuchungen bei Trockenwetterabflüssen unbedeutend sind, war eine Probenentnahme aus dem Stromstrich nicht erforderlich (vgl. DVWK-Regeln 1985/DK 556.535.6:7).

Die Beprobung von Trockenwetterabflüssen erstreckte sich über einen Zeitraum von zwei Jahren – April 1989 bis März 1991. Eine Bilanzierung des Basisabflusses und der chemischen Zusammensetzung der gelösten Substanzen mit seinen jahreszeitlichen Schwankungen und die Kennzeichnung des Zusammenhanges dieser Unterschiede mit den Einzugsgebietsparametern sollte das Ziel dieses Untersuchungsansatzes sein (Abb. 5).

Die über den Basisabfluß stattfindenden Stoffausträge gingen als „Untergrund" in die Stoffhaushalt-Analysen ein, die bei Niederschlagsereignissen durch Zwischenabfluß, Überlandfließen und Vorflutniederschlag modifiziert werden.

3.2.3 Ereignisabhängige Probenentnahme

Zusammenhänge zwischen Einzugsgebietsparametern und ihrem Einfluß auf Abflußbildung und die stoffliche Zusammensetzung der gelösten Substanzen wurden untersucht, indem der Abfluß und seine stofflichen Komponenten bei einem Niederschlagsereignis als Zeitreihe erfaßt wurden. Die Analyse sollte auf unterschiedliches Abfluß- und Stoffspendeverhalten verschiedener Einzugsgebiete bei demselben Niederschlagsereignis hinweisen. Auch hierbei war die durch die Vegetation bedingte Saisonalität zu berücksichtigen, weshalb die ereignisabhängige Probenentnahme über einen Zeitraum von 24 Monaten – Juli 1989 bis Juni 1991 – durchgeführt wurde.

Materielle Grundlage der ereignisabhängigen Probenentnahme bildet der Einsatz von Pegelschreibern (vgl. 3.2.1) und automatischen Probennehmern. Die eingesetzten automatischen Probennehmer des Typs NHE 3 B/I, Serie No. 3098 werden von der Firma Contec GmbH Industrieausrüstungen, Bad Honnef hergestellt und vertrieben. Dieser mechanisch mit Hilfe von Unterdruck funktionierende Probennehmer ist leicht transportierbar und netzunabhängig einsetzbar. Die Probenentnahme erfolgt für jede Probe über einen separaten Schlauch, dessen im Stromstrich liegendes Ende durch einen Drahtkorb von Schwimmstoffen freigehalten wird. Die Probenentnahme geschieht mithin als Einpunktmessung (vgl. 3.2.4). Die geförderte Probenmenge beträgt 350–400 ml.

Der Nachteil des Gerätes liegt in seiner begrenzten Probenentnahmekapazität mit zwölf Proben in 24 Stunden, wodurch sein Einsatz in kleinen Einzugsgebieten mit nur wenigen Hektar Fläche ausgeschlossen ist. Befindet sich das Gerät im Einsatz, muß es täglich gewartet werden. Der Einsatz des Probennehmers während der Wintermonate ist nur eingeschränkt möglich, da sowohl in den Entnahmeschläuchen stehendes Wasser gefriert und so das Ansaugen des Probenmaterials behindert, als auch das Wasser in den Flaschen selbst gefriert und diese zerspringen läßt (Vakuum-Flaschen aus Glas).

3.2.4 Bestimmung des Schwebstoffgehaltes

Wie bereits in 3.2.3 angedeutet, erfolgte die automatische Probenentnahme aus technischen Gründen als Einpunktmessung. Dabei wurde gemäß den DVWK-Regeln (DK 556.535.6) auf eine Probenentnahme aus dem Stromstrich geachtet (DVWK-Regeln zur Wasserwirtschaft 1986, S. 7).

Die Bestimmung des Schwebstoffgehaltes (vgl. Kap. 4) geschah gravimetrisch durch Filtration. Zur Filtration wurde eine mit 2 bar arbeitende Druckfiltrationsanlage benutzt. Zum Auffangen der Filterrückstände dienen Blaubandfilter (Machery & Nagel, Düren), die vor Gebrauch etwa 15 Minuten in Aqua dest. ausgekocht wurden. Diese Form der Filter-Präparation hat sich als sinnvoll erwiesen, da so von der Produktion herrührende Unreinheiten entfernt werden. Der Gewichtsverlust der ausgekochten Filter nach einem Filtrationsdurchgang durch die Druckfiltrationsanlage mit Aqua dest. blieb bei einem relativen Standardfehler von 6,15% des Leergewichtes konstant. Dieser Gewichtsverlust war bei der Berechnung des Schwebstoffgehaltes zu berücksichtigen.

Die ausgekochten Filter wurden im Trockenschrank bei 50°C getrocknet, im Exsikkator abgekühlt und auf 0,01 mg auf der Feinwaage ausgewogen. Der gleiche Vorgang — trocknen, abkühlen, wiegen — wiederholte sich mit dem von Filterrückständen belegten Filter. Die Gewichtsdifferenz der beiden Filtergewichte ergibt, bezogen auf das Volumen der filtrierten Wasserprobe, die Schwebstoffkonzentration [mg/l] zum Zeitpunkt der Probenentnahme. Der konstante Gewichtsverlust des Filters von 6,15% des Leergewichts ist durch Addition in die Berechnung einzubeziehen. Mit Hilfe einer Fehlerschätzung konnte für dieses Verfahren zur Bestimmung der Schwebstoffkonzentration ein relativer Standardfehler von $\pm 1,6\%$ ermittelt werden. Die untere Nachweisgrenze für dieses Verfahren liegt bei etwa 8−10 mg Schwebstoff/l.

Durch Verknüpfung der Werte der Schwebstoffkonzentration mit den zugehörigen Abflußwerten ergaben sich nach DIN 4049 (4.40, 4.41) die Werte für Schwebstofffracht [g/s] und Schwebstoffspende [g/s·km^2] bzw. -abtrag.

Weitere Untersuchungen der Schwebstoffe waren aufgrund der geringen Probenvolumina nicht möglich: bei maximalen Schwebstoffkonzentrationen von 2 g/l bedeutet das bei einem Probenvolumen von 350−400 ml einen Filterrückstand von etwa 0,6−0,7 g.

3.2.5 Bestimmung der gelösten Stoffe

Die Auswahl der analysierten Elemente erfolgte unter besonderer Berücksichtigung der chemischen Zusammensetzung des silikatischen Ausgangsgesteins. Soweit in den folgenden Ausführungen nicht darauf hingewiesen wird, wurden die genannten Analysen nach den Vorschriften der Deutschen Einheitsverfahren (DEV, 20. Lieferung 1988) durchgeführt.

Auf folgende Elemente bzw. Ionen wurden die Proben untersucht: Chlorid (DEV, D1; titrimetrisch), Eisen (DEV, E1), Aluminium (DEV, E9), Natrium

(DEV, E14; flammen-photometrisch), Calcium (DEV, E3; flammen-photometrisch) und Kalium (DEV, E13; flammen-photometrisch). Weiterhin erfolgten Analysen auf den Kieselsäuregehalt (DEV, F1; spektral-photometrisch) und auf die summarischen Stoffkenngrößen der Wasserhärte (DEV, H6; titrimetrisch) und des gelösten organischen Kohlenstoffs (DEV, H3).

Von den physikalisch-chemischen Kenngrößen wurden die UV-Extinktion (DEV, C3), der pH-Wert (DEV, C5; Glaselektrode), die elektrische Leitfähigkeit (DEV, C8; konduktometrisch) und der Filtrattrockenrückstand (DEV, H1; gravimetrisch) gemessen. Eine Analyse der Spurenelemente erfolgte nicht.

Die Wasserproben wurden mit möglichst geringer Verzögerung nach der Probenentnahme filtriert (vgl. 3.2.4). Durch diese Vorbehandlung sollte die Bildung von Adsorbaten an den Schwebstoffen verhindert werden. Bis zur weiteren Bearbeitung wurden die Proben in Poly-Ethylen-Flaschen bei 8°C im Kühlschrank gelagert. Waren längere Zeiträume bis zur Analyse zu überbrücken, wurden die Proben eingefroren.

Nachfolgend sind die Untersuchungsmethoden bzw. Auswertungsverfahren beschrieben, die abweichend von oder ergänzend zu den Deutschen Einheitsverfahren (DEV) angewandt wurden.

3.2.5.1 Gesamtlösungskonzentration

Die Bestimmung der Gesamtlösungskonzentration erfolgte als Filtrattrockenrückstand nach DEV (H1). Abweichend von den dort gemachten Empfehlungen wurden die Proben in Glas- oder Aluminiumgefäßen eingedampft. Die Korrelation zwischen Gesamtlösungskonzentration [mg/l] und elektrischer Leitfähigkeit [µS/cm] kann für die Fließgewässer im Kall-Tal in einer Regressionsgleichung wiedergegeben werden (Abb. 6):

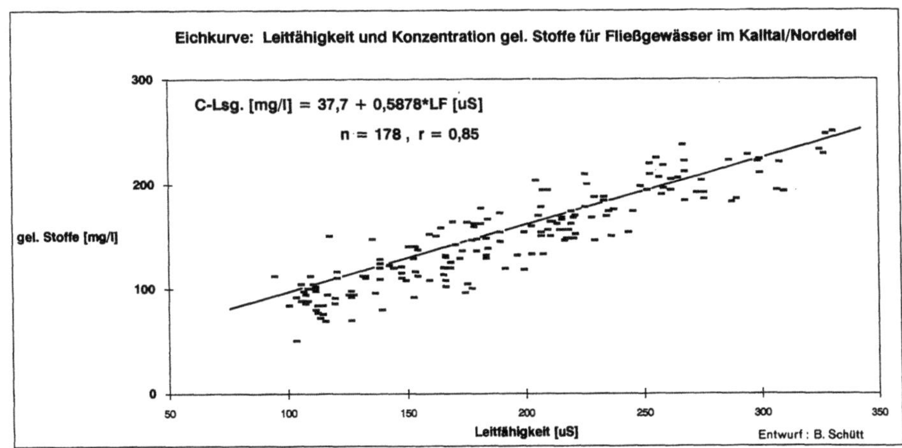

Abb. 6. Eichkurve für die Beziehung zwischen Leitfähigkeit [µS] und Konzentration gelöster Stoffe [mg/l] für die Fließgewässer im Kalltal/Nordeifel

$$C\,[\text{mg/l}] = 37{,}7 \cdot 0{,}5878 \cdot \text{LF}\,[\mu\text{S/cm}] \tag{4}$$

$$n = 178\ ,\quad r = 0{,}85\ ,\quad |t| > t_{99\%}\ ;\quad f = 176$$

für C: Gesamtlösungskonzentration [mg/l]
   LF: elektrische Leitfähigkeit [μS/cm]

Die konduktometrische Messung der elektrischen Leitfähigkeit [μS/cm] (DEV, C8) erfolgte für alle Wasserproben. Für 178 Stichproben wurde der Filtrattrockenrückstand [mg/l] (DEV, H1) bestimmt. Über diese Wertepaare konnte die Eichkurve (4) erstellt werden. Eine getrennte Behandlung der Teileinzugsgebiete war nicht erforderlich.

3.2.5.2 Gelöster organischer Kohlenstoff

Die Erfassung der Konzentration gelösten organischen Kohlenstoffs in dem Probenmaterial erfolgte als Absorption im Bereich der UV-Strahlung. Für 43 Proben wurde am Institut für Siedlungswasserwirtschaft der RWTH Aachen über einen Dohrmann Carbon Analyzer die Konzentration gelösten organischen Kohlenstoffs bestimmt (DEV, H3). Für die nicht durch Industrieabwässer belasteten Fließgewässer des Kall-Tals konnte eine signifikante Korrelation der UV-Extinktion [1/m] bei 240 nm und der Konzentration gelösten organischen Kohlenstoffs [mg/l] DOC festgestellt werden (Abb. 7):

$$[\text{mg/l}]\ \text{DOC} = 0{,}388 + 0{,}223 \cdot \text{UV-Ext.}\ [1/\text{m}] \tag{5}$$

$$n = 43\ ,\quad r = 0{,}85\ ,\quad |t| > t_{99\%}\ ;\quad f = 41]$$

für:
[mg/l] DOC: Konz. gel. org. Kohlenstoffs
UV-Ext. [1/m]: UV-Extinktion bei 240 nm

Die Restvarianzen liegen innerhalb des 95%-Konfidenzintervalls.

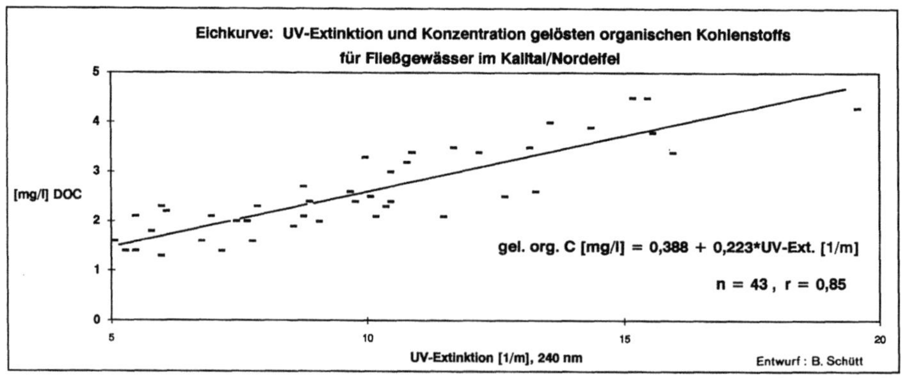

Abb. 7. Eichkurve für die Beziehung UV-Extinktion [1/m], 240 nm und die Konzentration gel. org. C [mg/l] DOC für die Fließgewässer im Kalltal/Nordeifel

Die Probenaufbereitung der frischen bzw. durch Tiefgefrieren konservierten Probe erfolgte durch Ansäuern mit Phosphorsäure (H_3PO_4) auf pH 2 und Filtration der Probe über einen Glasfaser-Rundfilter. Eine vorherige Filtration der Probe über Blaubandfilter oder Zelluloseacetat-Filter sollte vermieden werden, da hierdurch organische Stoffe in die Probe verschleppt werden.

Aus der angesäuerten Probe wurde der als Hydrogencarbonat oder Carbonat vorliegende gelöste anorganische Kohlenstoff über einen Sauerstoffstrom als Kohlendioxid (CO_2) ausgetrieben. Der in der Probe verbliebene gelöste organische Kohlenstoff wurde mittels eines Gemisches aus wäßriger Natriumperoxiddisulfat-Lösung ($Na_2S_2O_8$, 0,5 mol) und Phosphorsäure freigesetzt. Über einen Sauerstoffstrom in Gegenwart von UV-Licht kommt es zur Oxidation des Kohlenstoffs zu Kohlendioxid. Die Messung erfolgte über einen CO_2-Detektor.

Die Bestimmung der Absorption im Bereich der UV-Strahlung geschah entgegen den Empfehlungen der Deutschen Einheitsverfahren (1988: C3) bei 240 nm (empfohlener Meßbereich > 250 nm). Für ein solches Verfahren sprach, daß im unteren Bereich des UV-Spektrums für Wellenlängen < 250 nm die Extinktion durch gelöste Stickstoff-Verbindungen beeinflußt wird (vgl. DEV 1988, C3). Die Meßwerte der UV-Extinktion [l/m] bei 240 nm ermöglichen über die von Wagner (1984) aufgestellte Beziehung Aussagen über die Belastung des Wassers mit gelöstem organischen Kohlenstoff und Hinweise auf Vorkommen gelöster organischer Stickstoffverbindungen. Gelöster organischer Kohlenstoff kann geogener – z. B. Huminsäuren aus Moorwässern – und anthropogener (aus Siedlungsabwässern) Herkunft sein. Hohe Konzentrationen gelöster organischer Stickstoffverbindungen weisen in der Regel auf Verunreinigungen des Gewässers durch Fäkalien hin.

3.2.5.3 Gesamt-Eisen und Aluminium

Die Bestimmung der Stoffkonzentrationen von gelöstem Eisen (Gesamt-Eisen) und gelöstem Aluminium wurde über zwei verschiedene Verfahren durchgeführt: ein Teil der Proben wurde mit Hilfe der Atom-Absorptions-Spektrometrie mit einem Graphitrohrofen analysiert (ca. 1200 Samples), ein anderer Teil über Spektralphotometrie (ca. 1500 Samples).

Die Messung am Atom-Absorptions-Spektrometer (AAS) mit dem Graphitrohrofen erfolgte mit Zeemann Untergrundkorrektur (vgl. Tabelle 1). Für die Analyse wurden die Proben mit 1 ml 4 mol HNO_3 auf 100 ml Probenmaterial angesäuert. Eine Maskierung der Proben war nicht erforderlich.

Die Nachweisgrenzen dieser Methode liegen für Eisen bei 1 µg Fe/l, für Aluminium bei 0,2 µm Al/l. Der lineare Meßbereich bei Eisen reicht bis zu Konzentrationen von 60 µg Fe/l, bei Aluminium bis zu 40 µg Al/l. Bei den untersuchten Fließgewässern lagen die Stoffkonzentrationen jedoch teilweise im mg-Bereich und damit außerhalb des linearen Meßbereichs. Die notwendigerweise starke Verdünnung der Proben (bis 1 : 20) ist als wesentliche Quelle für Meßungenauigkeiten zu betrachten. Eine Fehlerschätzung für die Eisen- und Aluminium-Bestimmung am Graphitrohr-AAS ergab:

Tabelle 1. Vorgaben für die flammenphotometrische Bestimmung von Eisen und Aluminium in wäßriger Lösung

	Eisen	Aluminium
Wellenlänge	248,0 nm	309,3 nm
Spalt	0,2	0,7
Oxidant	Luft	Lachgas
Brenngas	Acetylen	Acetylen
	Zeemann Untergrundkorrektur	

- für Gesamt-Fe einen relativen Standardfehler von 4,5%,
- für Al einen relativen Standardfehler von 3,6%.

In Anbetracht der hohen Eisen- und Aluminium-Konzentrationen in den Proben wurden die Verfahren auf die wesentlich kostengünstigere spektral-photometrische Analyse umgestellt (DEV, E1 und E9). Bei Verwendung einer 10-mm-Vierkant-Küvette liegt für diese Verfahren die optimale Genauigkeit in den Meßbereichen 0,04 – 4,0 [mg Fe/l] Gesamt-Eisen bzw. 0,05 – 1,4 [mg Al/l] Aluminium. Die durchgeführte Fehlerschätzung ergab:

- für Gesamt-Fe einen relativen Standardfehler von 1,1%,
- für Al einen relativen Standardfehler von 1,3%.

3.2.5.4 Alkali- und Erdalkalimetalle

Die Bestimmung der Alkalimetalle Natrium und Kalium und der Erdalkalimetalle Calcium und Magnesium erfolgte gleichfalls über zwei verschiedene Verfahren (vgl. Tabelle 2). Etwa 1200 Samples wurden über Atom-Absorptions-

Tabelle 2. Vorgaben für die flammenphotometrische Bestimmung der Alkali- und Erdalkalimetalle Kalium, Natrium, Calcium und Magnesium in wäßriger Lösung

	Kalium	Natrium	Calcium	Magnesium
Wellenlänge	766,4 nm	589,0 nm	422,6 nm	285,2 nm
Spalt	2,0	0,7	2,0	0,7
Oxidant	Luft	Luft	Lachgas	Lachgas
Brenngas	Acetylen	Acetylen	Acetylen	Acetylen
Lampe	K-Na Mehrkathodenlampe		Ca-Mg- Mehrkathodenlampe	
Maskierung störender Ionen	0,2 mol Cäsiumchlorid		1%ige Lanthansalzlsg.	
	Deuterium Untergrundkompensation			

Spektrometrie mit Flamme (PE 2280) analysiert, weitere 1500 Samples flammenphotometrisch. Die untere Nachweisgrenze der Alkali- und Erdalkalimetalle bei der Analyse über AAS mit Flamme liegt bei 0,2 mg/l. Der lineare Meßbereich reicht bei Calcium bis 6 mg Ca/l, bei Kalium bis 1 mg K/l, bei Natrium bis 2,5 mg Na/l und bei Magnesium bis 1,25 mg Mg/l.

Die tatsächlichen Ionenkonzentrationen der Alkali- und Erdalkalimetalle lagen in den untersuchten Fließgewässern im Mittel jedoch deutlich oberhalb des linearen Meßbereiches. Eine Verdünnung der Proben (1 : 4 bis 1 : 6) wurde erforderlich. Wie bei der Analyse von Eisen und Aluminium über Atom-Absorptions-Spektrometrie ist auch hier in der starken Verdünnung der Proben eine Quelle für Meßungenauigkeiten zu sehen. Eine Fehlerschätzung für die Alkali- und Erdalkali-Bestimmung über Flammen-AAS ergab relative Standardfehler von 5,7% für Calcium, 10,1% für Magnesium, 3,5% für Kalium und Natrium.

Aufgrund der hohen Konzentrationen von Alkali- und Erdalkaliionen konnten auch hier die Analysenverfahren von der Atom-Absorptions-Spektrometrie auf die weniger kostenintensive Flammen-Photometrie umgestellt werden. Hierfür stand ein Eppendorf Flammenphotometer zur Verfügung. Über die Lichtintensität und einen auswählbaren Skalenbereich ist die Meßempfindlichkeit des Gerätes variierbar. Bei unveränderter Probenbehandlung und unveränderten meßtechnischen Rahmenbedingungen konnte auf eine Verdünnung der Proben verzichtet werden. Die relativen Standardfehler betragen für Ca 7,3%, Na 4,1% und K 10,6%. Die Analyse von Magnesium mit dieser Methode ist nicht möglich.

4 Datenauswertung und Diskussion der Probleme

Auf der Basis der für das Kall-Einzugsgebiet angefertigten Kartierungen und mit den von Juli 1989 bis Juni 1991 im Kall-Einzugsgebiet durchgeführten hydrologischen Untersuchungen konnte eine Datenbasis für die Konstruktion eines Stoffhaushalts-Modells geschaffen werden. Bei der Datenauswertung ergaben sich jedoch in einigen Bereichen Probleme, die kurz erläutert werden sollen.

4.1 Abflußganglinienanalyse

Für die Abflußganglinienanalyse boten sich aufgrund der unterschiedlichen Datengrundlagen verschiedene Methoden an. Für langjährige Datenreihen (mindestens zehn Jahre) konnte die wenig aufwendige statistische Analyse der gewässerkundlichen Hauptzahlen durchgeführt werden. Bei weniger langen Datenreihen mußte zu diesem Zweck eine Analyse einzelner Abflußereignisse erfolgen.

4.1.1 Analyse der gewässerkundlichen Hauptzahlen

Für die amtlichen Pegel Rollesbroich/Kall Oberlauf und Zerkall/Mündung standen langjährige Wasserstandsaufzeichnungen zur Verfügung. Für die Bilanzierung dieser Datenreihen wurde eine statistische Analyse der gewässerkundlichen Hauptzahlen vorgenommen, wie sie von Wundt (1958) vorgeschlagen wird. Eine grobe Einschätzung des Wasserhaushaltes war so möglich.

Diesem als MoMNQ-Verfahren bezeichneten Ansatz wird die Annahme zugrunde gelegt, daß der mittlere monatliche Niedrigwasserabfluß (MoMNQ) im langjährigen monatlichen Mittel dem Grundwasserabfluß entspricht. Durch Subtraktion des mittleren Niedrigwasserabflusses vom entsprechenden mittleren Mittelwasserabfluß MoMQ erhält man den zugehörigen mittleren Oberflächenabfluß. In regenreichen Monaten besteht durch schnelle Aufeinanderfolge von Niederschlagsereignissen die Gefahr, daß der MoMNQ noch durch Oberflächenwasser oder Zwischenabfluß beeinflußt ist. Hierdurch ergeben sich bei Anwendung des MoMNQ-Verfahrens nach Wundt (1958) häufig zu hohe Werte der Grundwasserabflüsse für die Winter- und Frühjahrsmonate (vgl. Keller 1980, S. 57).

Dieses Verfahren wurde von Kille (1970) weiterentwickelt und in seiner Abwendbarkeit für den Mittelgebirgsbereich einigen Korrekturen unterzogen. Durch Auftragen der MoMNQ als Verteilungsfunktion in ein halblogarithmisches Koordinatensystem (Ordinate = log.) werden oberflächenwasser- und interflow-beeinflußte Niedrigwasserabflüsse als „Ausreißer" erkannt. Legt man eine Gerade durch die die niedrigsten MoMNQ bezeichnenden Punkte und extrapoliert die Gerade gegen MoMNQ = n, ergibt sich hieraus für die nicht logarithmierten Werte eine Exponentialfunktion, die als Trennlinie zwischen dem grundwasserbürtigen Anteil und dem oberflächenabfluß- und interflowbeeinflußten Anteil des MoMNQ zu betrachten ist (Kille 1970, S. 93). Für die Auswertung der gewässerkundlichen Hauptzahlen des Kall-Einzugsgebietes wurde das modifizierte MoMNQ-Verfahren nach Kille (1970) herangezogen.

4.1.2 Analyse einzelner Abflußereignisse

Stehen Wasserstandsaufzeichnungen nur für einen relativ kurzen Zeitraum zur Verfügung, bietet sich für die Charakterisierung des Abflußregimes die Analyse einzelner Abflußereignisse an. Dabei wird dem abfallenden Ast der Abflußganglinie besondere Beachtung geschenkt. Nach dem von Dracos (1980, S. 137–140) beschriebenen Verfahren der Analyse des Rezessionsteils einer Abflußganglinie erfolgt über die mathematische Analyse der Rezessionskurve eine Trennung der Abflußspende in die sie bildenden Komponenten Grundwasser, Zwischenabfluß und Oberflächenabfluß. Bei der Entwicklung dieser Modellvorstellung baut Dracos auf einer bereits in den 40er Jahren von Wisler und Brater (1949) vorgeschlagenen graphischen Methode der Analyse von Rezessionskurven auf (Abb. 8).

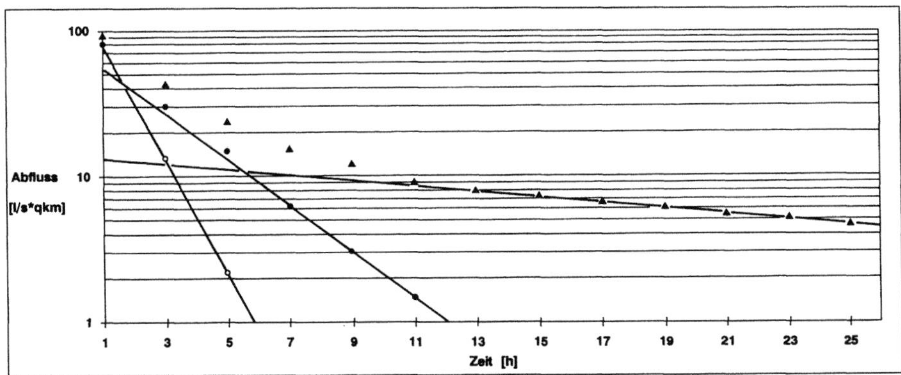

Abb. 8. Beispiel für die Analyse einer Rezessionskurve nach Dracos (verändert aus Dracos 1980) für ▲ Grundwasser, ● Interflow, ○ Oberflächenabfluß

Im Untersuchungsgebiet wurden die Analysen der Rezessionskurve nach dieser Methode für die Teileinzugsgebiete Kall-Oberlauf, Peterbach, Biegebach und Tiefenbach durchgeführt. Durch den Vergleich der Abflußregime verschiedener Jahreszeiten und den Vergleich der Abflußregime verschiedener Einzugsgebiete konnten die aus der Analyse der gewässerkundlichen Hauptzahlen gewonnenen Vorstellungen über die Bedeutung einzelner Einzugsgebietsparameter für den Wasserhaushalt vertieft werden.

4.2 Schwebstoffhaushalt

Für die im Einzugsgebiet der Kall untersuchten Fließgewässer erwies sich eine Erfassung des Schwebstoffhaushaltes als schwierig. Die maximal erreichten Schwebstoffkonzentrationen lagen während sommerlicher Starkregen bei ca. 2 g/l kurz vor Erreichen der Abflußspitze. Bereits zwei bis drei Stunden nach Erreichen der Abflußspitze lag die Schwebstoffkonzentration jedoch bereits unterhalb der Nachweisgrenze (3.2.4).

· Die insgesamt geringe Bedeutung des Schwebstoffhaushaltes für die Kall wurde belegt bei einer Begehung der Kall-Talsperre (unterhalb des Pegels Rollesbroich), die im Sommer 1990 abgelassen wurde. In der 1939 gebauten Talsperre wurden selbst im Delta der einmündenden Kall in 50 Jahren nur etwa 80 cm Sediment akkumuliert, das sich zu etwa 60−70% aus organischem Material (überwiegend Laub) zusammensetzt.

Im Einzugsgebiet der Kall scheint der Schwebstoffaustrag − häufig auch als Indikator für aktuelle Erosion herangezogen − im Stoffhaushalt des Untersuchungsgebietes nur eine untergeordnete Rolle zu spielen.

4.3 Auswertung der hydrochemischen Untersuchungen

4.3.1 Die Umrechnung der Analysenwerte

Die aus den Analysen der Wasserproben (3.2.4, 3.2.5) gewonnenen Daten liegen als Werte der Stoffkonzentration [mg/l] vor. Das bei der Beurteilung der Gewässergüte notwendige Wissen um die Konzentration einzelner Stoffe ist bei der Abschätzung des Stoffhaushaltes von untergeordneter Bedeutung. Bei Stoffhaushaltsbetrachtungen interessieren vielmehr absolute Stoffmengen, die während eines definierten Zeitraumes aus einem Gebiet hinaustransportiert werden. Nach DIN 4049 wurde die Stoffkonzentration [mg/l] durch Multiplikation mit dem Abfluß [l/s] in den Stofftransport [g/s] eines Gewässers zu einem bestimmten Zeitpunkt transformiert. Der Stofftransport beschreibt die Gesamtmenge eines Stoffes, die in einer Sekunde einen Abflußquerschnitt passiert (DIN 4049:4.39). Durch Division der Stofführung durch die Fläche des der Meßstelle zugeordneten Niederschlagsgebietes erhält man den Wert für die Stoffspende [g/s/km^2] (DIN 4049:4.41).

Die Berechnung der Stoffspende empfiehlt sich besonders bei der Betrachtung der im Wasser gelösten Stoffe, da durch Einbeziehung der Fläche die Daten standardisiert werden. Ein Vergleich der Stoffbilanzen verschiedener Flußeinzugsgebiete wird so möglich.

Für den räumlichen und zeitlichen Vergleich der Daten wurde weiterhin für ausgewählte Abflußereignisse eine Indizierung der Daten vorgenommen. Willkürlich wurde hierbei der Wert der Stoffkonzentration während des Trockenwetterereignisses im August 1989 als Indexzahl (= 100%) definiert. Änderungen in der Stoffkonzentration äußern sich bei der Indizierung als relative Abweichungen von der Indexzahl (Tabelle 3).

Der Vorteil dieses Verfahrens liegt darin, daß durch die Indizierung eine Normierung der Daten erreicht wird, die einen Vergleich zwischen verschiedenen Einzugsgebieten und verschiedenen Abflußereignissen erlaubt; ein Vergleich verschiedener Stoffe miteinander − sonst häufig durch Unterschiede in Maß- und Größeneinheiten verzerrt − wird so erleichtert.

Tabelle 3. Beispiel für die Indizierung eines Abflußereignisses

Datum	Uhrzeit	Q		Konz. gel. Stoffe		Konz. gel. org. C	
		[l/s]	Index	[mg/l]	Index	[mg/l]	Index
Index = TWA 8/198		0,6	100	16,9	100	2,4	100
6	17:30	18	3000	77,7	460	3,7	154
6	19:30	42	7000	95,9	567	5,4	225
6	21:30	33	5500	101,8	602	8,5	354
6	23:30	27	4500	68,8	407	11,1	462
7	1:30	24	4000	67,1	397	7,4	308

4.3.2 Charakterisierung des Stoffhaushaltes

Für die Charakterisierung des Stoffhaushaltes erwies sich die Regressionsanalyse als geeignete Methode, die Zusammenhänge zwischen den einzelnen Stoffkenngrößen zu verdeutlichen und als mathematisch-funktionalen Zusammenhang zu beschreiben. Eine bestmögliche Anpassung der Regression ließ sich dabei durch eine lineare Gleichung erreichen.

In Abb. 9 sind als Zeitreihe für das Abflußereignis vom 6.–13. 8. 1989 (vgl. 4.3.1), Station Peterbach Abflußgang und der Gang von Gesamtlösungskonzentration und Konzentration gelösten organischen Kohlenstoffs wiedergegeben. Die Regressions-Gleichungen (6) und (7) zeigen, daß für die Konzentrationen beider untersuchten Stoffkenngrößen ein linearer Zusammenhang zum Abfluß besteht:

$$\text{Gesamtlsg.-Konz. } [mg/l] = 95{,}06 + 0{,}28 \cdot Q\,[l/s] \qquad (6)$$

$$r = 0{,}81\ ,\quad n = 34$$

$$\text{Konz. gel. org. C } [mg/l] = 1{,}92 + 0{,}22 \cdot Q\,[l/s] \qquad (7)$$

$$r = 0{,}89\ ,\quad n = 33$$

Für beide Beziehungen gilt

$$|t| > t_{95\%}\ ;\quad f = n-2\ .$$

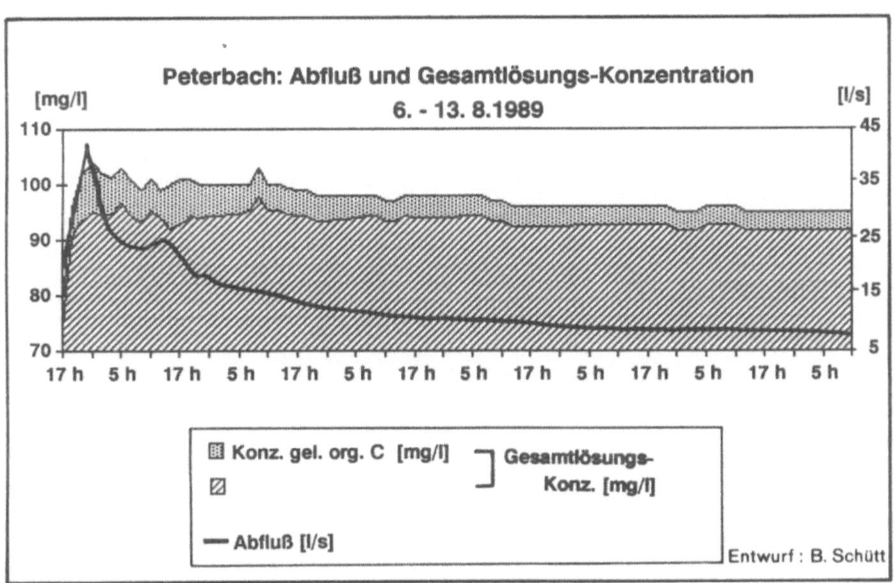

Abb. 9. Abfluß [l/s], Gesamtlösungskonzentration [mg/l] und Konz. gel. org. C [mg/l] DOC an der Station Peterbach für das Abflußereignis vom 6.–13.8.1989

In den Regressionsgleichungen (6) und (7) unterscheiden sich die Regressions-Koeffizienten nur wenig voneinander. Da der gelöste organische Kohlenstoff ganz in die summarische Stoffkenngröße der Gesamtlösungskonzentration eingeht, sind aus Abb. 9 ablesbare Schwankungen der Gesamtlösungskonzentration weitgehend als Folge von Schwankungen der Konzentration gelösten organischen Kohlenstoffs zu betrachten.

Die in die Regressionsanalysen eingegangenen Wertepaare liegen ausschließlich im Rezessionsteil der Abflußganglinie. Vergleiche mit Regressionsanalysen, in die zusätzliche Wertepaare des ansteigenden Astes der Abflußganglinie einbezogen wurden, haben gezeigt, daß der Verdünnungseffekt durch Vorflutniederschlag und Oberflächenabfluß im ansteigenden Ast des Abflusses zu starken Verzerrungen führt, die bislang nicht systematisiert werden konnten.

5 Zusammenfassung

Ziel der Untersuchung ist die Erstellung eines Stoffhaushaltsmodells für die Kall/Nordeifel. Im Mittelpunkt stehen dabei Lösungsvorgänge und der Austrag gelöster Stoffe aus dem durch silikatische Ausgangsgesteine geprägten Flußeinzugsgebiet.

Grundlage für die Beurteilung des Stoffhaushaltes von Flußeinzugsgebieten ist die Kenntnis über ihre naturräumliche Ausstattung. Den Ausführungen ist aus diesem Grund eine kurze Erläuterung über die Aufnahme der Regimefaktoren vorangestellt. Weiterhin wurden zur Erfassung der Lösungsprozesse durch Messen von Boden-pH, Bodentemperatur, Bodenfeuchtigkeit und der wasserlöslichen Salze im Boden die bodenchemischen Rahmenbedingungen abgesteckt.

Für die Erstellung der Stoffhaushaltsbilanzen werden die gerätetechnischen Grundlagen zur Abflußbestimmung und Probenentnahme erläutert. In den weiteren Ausführungen werden unterschiedliche Meßmethoden in der Wasseranalytik angesprochen, wobei die Vor- und Nachteile elektrometrischer, spektral-photometrischer und flammenphotometrischer Verfahren diskutiert werden. In einem abschließenden Kapitel werden anhand einiger Ergebnisse Probleme bei der Datenanalyse angesprochen.

Literatur

Auerswald K (1985) Erosionsgefährdung unter Zuckerrüben und Sommergerste. Z Acker Pflanzenb 155:34−42
Basler H (1981) Grundbegriffe der Wahrscheinlichkeitsrechnung und statistische Methodenlehre. Physica, Würzburg
Bock R (1979) Handbook of Decomposition Methods in Analytical Chemistry. International Textbook Company, Glasgow
Brauers Th, Pasenau H (1984) Ein neues Konzept zur synchronen Messung von Bodentemperaturen in verschiedenen Tiefen. Wetter Leben 36:159−169

Deutsche Einheitsverfahren zur Wasser-, Abwasser- und Schlammuntersuchung (DEV) (1988) Physikalische, chemische, biologische und bakteriologische Verfahren. Hrsg.: Fachgruppe Wasserchemie in der Gesellschaft Deutscher Chemiker in Gemeinschaft mit dem Normenausschuß Wasserwesen (NAW) im DIN Deutsches Institut für Normung e.V., 20. Lieferung 1988. VCH, Weinheim

Deutscher Verband für Wasserwirtschaft und Kulturbau e.V. (Hrsg) (1979) Empfehlungen zu Umfang, Inhalt und Genauigkeitsanforderungen bei chemischen Grundwasseruntersuchungen. DVWK Regeln zur Wasserwirtschaft 111. Parey, Hamburg

Deutscher Verband für Wasserwirtschaft und Kulturbau e.V. (Hrsg) (1981) Nährstoffaustrag aus landbaulich genutzten Böden. Merkblatt zur Planung und Durchführung der Probenahme und Konservierung von Wasserproben. DVWK Regeln zur Wasserwirtschaft 110. Parey, Hamburg

Deutscher Verband für Wasserwirtschaft und Kulturbau e.V. (Hrsg) (1982) Arbeitsanleitung zur Anwendung von Niederschlag-Abfluß-Modellen in kleinen Einzugsgebieten. Teil 1: Analyse. DVWK Regeln zur Wasserwirtschaft 112. Parey, Hamburg

Deutscher Verband für Wasserwirtschaft und Kulturbau e.V. (Hrsg) (1984) Arbeitsanleitung zur Anwendung von Niederschlag-Abfluß-Modellen in kleinen Einzugsgebieten. Teil 2: Synthese. DVWK Regeln zur Wasserwirtschaft 113. Parey, Hamburg

Deutscher Verband für Wasserwirtschaft und Kulturbau e.V. (Hrsg) (1986) Schwebstoffmessungen. DVWK Regeln zur Wasserwirtschaft 125. Parey, Hamburg

Dikau R (1983) Der Einfluß von Niederschlag, Vegetationsbedeckung und Hanglänge auf Oberflächenabfluß und Bodenabtrag von Meßparzellen. Geomethodika 8:149−177

Dorner G (1982) Aufschlußmethoden in der Spurenanalyse. GIT Fachz Lab 26:750−754

Dracos ThA (1980) Hydrologie, eine Einführung für Ingenieure. Springer, Wien, New York

Gregory KJ, Walling DE (1973) Drainage basin. Form and process: a geomorphological approach. Arnold, London

Hempel L (1968) Bodenerosion in Süddeutschland. Erläuterungen zu Karten von Baden-Württemberg, Bayern, Hessen, Rheinland-Pfalz und Saarland. Forschungen zur deutschen Landeskunde, 179. Selbstverlag der Bundesforschungsanstalt für Landeskunde und Raumordnung. Bonn-Bad Godesberg

Hoffmann H-J (1989) Einsatz der ICP-MS in der Wasseranalytik. Chromatographie, Spektroskopie; LP Spec 1989:142−146

Holthusen H (1982) Lösungs-, Transport- und Immobilisationsprozesse im Sickerwasser der ungesättigten Bodenzone − Genese und Beschaffenheit des oberflächennahen Grundwassers. Meyniana 34:29−93

Hölting B (1984) Hydrogeologie. Enke, Stuttgart

Horton RE (1932) Drainage Basin Characteristics. Trans Am Geophys Union 13:350−361

Jander G, Blasius E (1987) Einführung in das anorganisch-chemische Praktikum, 12. Aufl. Hirzel, Stuttgart

Keller R (1980) Hydrologie. Erträge der Forschung 143. Wiss. Buchgesellschaft, Darmstadt

Kille K (1970) Das Verfahren MoMNQ, ein Beitrag zur Berechnung der mittleren langjährigen Grundwasserneubildung mit Hilfe der monatlichen Niedrigwasserabflüsse. Z Dtsch Geol Ges Sonderh Hydrogeol: 89−95

Kim, J-W (1988) Funktionale Fluvialmorphologie der Kall. Aachener Geographische Arbeiten 21. Selbstverlag Geographisches Inst der RWTH, Aachen

Matthes G (1973) Lehrbuch der Hydrogeologie, Bd 2: Die Beschaffenheit des Grundwassers. Bornträger, Berlin

Matthes G, Pekdeger A (1980) Chemisch-biochemische Umsetzungen bei der Grundwasserneubildung. gwf − wasser/abwasser 121/5:214−219

Meduna U, Schäfer HP (1989) Die Röntgenfluoreszenzanalyse im Umweltbereich. Chromatographie, Spektroskopie; LP Spec 1989:130−136

Mohl G, Stoeppler M (1990) Multielementbestimmung in biologischen Materialien mit ICP-AES. In: Welz B (Hrsg) 5. Coll Atomspektrometer Spurenanalyse. Bodenseewerk Perkin Elmer, Überlingen, S 729−736

Müller H (1989) Neues Spektrometerkonzept für die Routine-UV/VIS-Spektroskopie. Chromatographie, Spektroskopie; LP Spec 1989:137−141

Pekdeger A (1977) Labor- und Felduntersuchungen zur Genese der Sicker- und Grundwasserbeschaffenheit. Diss Universität Kiel

Procedures for soil analysis (1987) van Reenwijk LP (ed) Technical Paper/International Soil Reference Center 9. ISRIC, Wageningen

Richter J (1986) Der Boden als Reaktor. Enke, Stuttgart

Scheffer F, Schachtschabel P, Blume H-P, Hartge K-H, Schwertmann U (1984) Lehrbuch der Bodenkunde, 11. Aufl. Enke, Stuttgart

Schlichting E, Blume H-P (1966) Bodenkundliches Praktikum. Parey, Hamburg

Schmidt K-H (1984) Der Fluß und sein Einzugsgebiet. Steiner, Wiesbaden

Schmidt K-H (1988) Einzugsgebietsparameter für die hydrologische Vorhersage. Geoökodynamik 9:1–16

Schmidt R-G (1979) Qualitative Methoden der Bodenerosionsmessung. Regio Basiliensis 20:142–148

Schwertmann U (1980) Bodenerosion durch Wasser – Ursachen, Ausmaß, Vorhersage. Landwirtsch Forsch Sonderh 37:117–121

Seiler W (1982) Erosionsanfälligkeit und Erosionsschädigung verschiedener Geländeeinheiten in Abhängigkeit von Nutzung, Niederschlagsart und Bodenfeuchte. Z Geomorph NF Suppl Bd 43; 11:81–102

Stoeppler M (1990) Analytik von Metallen und metallorganischen Verbindungen für die Umweltprobenbank in der Bundesrepublik Deutschland. GIT Fachz Lab 34:872–878

Strahler A (1957) Quantitative analysis of watershedgeomorphology. Trans Am Geophys Union 38:913–920

Tölg G (1984) Probleme und Möglichkeiten in der Spurenanalytik mit Atomspektrometrie. In: Welz B (Hrsg) Fortschritte in der atomspektrometrischen Spurenanalytik, Bd 1. VCH, Weinheim, S 5–28

Wagner G (1984) Untersuchungen über den boden- und düngebedingten Anteil an der Gewässereutrophierung unter besonderer Berücksichtigung des Bodenseebeckens. Teil 2: Das Einzugsgebiet der Argen. Hrsg.: Landesanstalt für Umweltschutz Baden-Württemberg; Institut für Seenforschung und Fischereiwesen/Langenargen (unveröffentlichtes Manuskript)

Wisler LD, Brater EF (1949) Hydrology. Wiley, New York

Wundt W (1958) Die mittleren Abflußhöhen und Abflußspenden des Winters, des Sommers und des Jahres in der Bundesrepublik Deutschland. Forschungen zur deutschen Landeskunde 105. Selbstverlag der Bundesforschungsanstalt für Landeskunde und Raumordnung, Remagen

3 Bodenfeuchte, Oberflächenabfluß und Stoffaustrag
Untersuchungsmethoden und Meßtechnik dargestellt am Beispiel des Einzugsgebietes Wendebach/Südniedersachsen

Gerhard Gerold, Peter Molde und Karl-Heinz Pörtge

1 Einführung und Zielsetzung

Für die fluviale Morphodynamik in Einzugsgebieten sind neben der integralen Erfassung von Niederschlag, Abfluß, Feststoff- und Lösungsaustrag die Abhängigkeiten der Prozesse in den Gerinnen von der Oberflächenabflußbildung, dem Materialtransport in Teileinzugsgebieten und ihrer geoökologischen Ausstattung zu untersuchen. Bei gleicher Niederschlagscharakteristik und Vegetationsbedeckung oder Bodenbearbeitung bestimmen Reliefeigenschaften und die ungesättigte Bodenzone (Wassergehalt, Infiltrationsvermögen) maßgeblich das kurzfristige Speicher- und Retentionsvermögen kleiner Einzugsgebiete.

Seit 1985 werden Untersuchungen zur aktuellen fluvialen Morphodynamik im Leineteileinzugsgebiet bei Göttingen (Wendebach 37 km^2) mit kontinuierlichen Messungen von N-Input, Ao-Output und Bestimmung der Stofffracht durchgeführt. Aufgrund der Bedeutung der pedohydrologischen Einzugsgebietsvarianz für die Oberflächenabflußbildung und den Stoffaustrag wird seit 1988 ein Teileinzugsgebiet (Bettenrode) mit aktiver fluvialer Erosion (Hangrunsen unter Wald) näher untersucht. Damit ist langfristig eine Verknüpfung des Konvergenzmodell-Ansatzes (Input-Output-Analyse von Einzugsgebieten, Abflußganglinienseparation) mit den Untersuchungen zur pedohydrologischen Einzugsgebietsvarianz geplant. Von besonderer Bedeutung für den Oberflächenabfluß ist die Erfassung der „gesättigten (beitragenden) Flächen", was zunächst für das Teileinzugsgebiet Bettenrode in bezug auf die aktuelle Erosion in den Hangrunsen durchgeführt wird.

Mit den Untersuchungen sollen die wesentlichen bodenhydrologischen Parameter in ihrer Substrat-/Boden- und Nutzungsvarianz (Wald, Ackerland) mit ihrer Bedeutung für die einzugsgebietsdifferenzierte Oberflächenabflußbildung und den Stoffaustrag erfaßt werden.

Es wird der Frage nachgegangen, welche Abhängigkeit zwischen Schwebstofffracht, Lösungsfracht, der Ausstattung der Teileinzugsgebiete und den Abflußereignissen existiert.

1.1 Einzugsgebietsabhängige Probleme, Wahl des Einzugsgebietes

Aufgrund der zahlreichen vom Geographischen Institut Göttingen durchgeführten Arbeiten in Teileinzugsgebieten des oberen Leinetales und den vorhandenen Pegelmeßstellen des Wasserwirtschaftsamtes Göttingen mit langjährigen Meßreihen (Pegel Reinhausen, Pegel Wendebachstausee) (Molde und Pörtge 1988; Gerold und Molde 1989) bot sich das Wendebach-Einzugsgebiet für die Untersuchungen an. Es besitzt fast vollständig bewaldete wie landwirtschaftlich genutzte Teileinzugsgebiete (Reinbach, oberer Wendebach) mit vorherrschendem Transport suspendierten Materials (Lößlehm, sandige Verwitterungsdecken). Das Einzugsgebiet besitzt eine gute Erreichbarkeit für ereignisorientierte zusätzliche Probennahmen, Betreuung der Meßstationen und wöchentliche Probennahme und Messungen im Teileinzugsgebiet Bettenrode.

Probleme: Die finanziellen Rahmenbedingungen gestatteten nicht die Instrumentierung der Hauptteileinzugsgebiete, was die Interpretation der Abflußganglinie am Pegel Reinhausen für das Gesamteinzugsgebiet erschwert.

Für die Teileinzugsgebietserfassung „Bettenrode" konnten mit den Intensivmeßparzellen zwei Hauptbodenformen (Sandstein-Braunerde, Tonstein-Braunerde-Pelosol) detailliert erfaßt werden. Die im Wendebach-Einzugsgebiet verbreiteten Lößlehm-Parabraunerden und Lößlehm-Braunerden konnten aufgrund der Mittelausstattung nur zeitweilig über diskontinuierliche Messungen untersucht werden.

Ein grundsätzliches Problem zur aktuellen fluvialen Morphodynamik stellt die zeitliche Variation der Oberflächenabflußbildung und des Feststoffaustrages dar. Extreme Einzelereignisse im Wendebach (wie Juni 1981, 1986/87) wie auch im Teileinzugsgebiet Bettenrode bestimmen maßgeblich die fluviatile Formung, wobei bei der Gerinnedynamik die zeitliche Unterbrechung des Stofftransportes durch Zwischenakkumulation im Haupttal wie auch in den Seitentälern (Kolluvialsedimente, Schwemmfächer s. Molde und Pörtge 1988) schwierig zu quantifizieren ist. – Ein weiteres Problem liegt in der quantitativen Erfassung des Interflow (Zwischenabfluß), der zwar am Gebietsauslaß (Abflußganglinienseparation) abgeschätzt werden kann, dessen steuernde Komponenten jedoch nur mit einer Lokalisierung zwischenabflußbildender Hangflächen faßbar sind. Qualitativ konnte der Einfluß des Interflow in periglazial angelegten Hangmulden (Bettenrode) nachgewiesen werden.

2 Instrumentierung, Niederschlags- und Abflußmessung

2.1 Niederschlag (zur Methodik vgl. Kap. 6)

Niederschlagsverteilung und Gebietsniederschlag (n. Thiessen-Polygon-Methode) werden mit zwei Totalisatoren (Typ Hellmann) und fünf Hellmann-Niederschlagsschreibern erfaßt. Dazu kommen auf den Meßparzellen im Teileinzugsgebiet Bettenrode zwei Niederschlagswippen mit elektronischer Datenaufzeichnung (200 cm^2 Auffangfläche; 0,1 mm Auflösung; Datalogger), 1 Hellmann-Niederschlagsschreiber, 2 Hellmann-Totalisatoren und je 5 Kleinregenmesser (Freiland- und Waldparzellen) zur Erfassung der kleinräumigen Niederschlagsvarianz im Bestand. Für den Winterbetrieb (Beheizung der Regenschreiber und N-Wippen mit Grabkerzen; bei nicht zu starken Frösten bewährt) werden pro Parzelle 2 Schneeeimer aufgestellt (hoher Windfehler) und im Einzugsgebiet mit Schneesonden (Ausstechrohre) das Schneedeckenwasseräquivalent bestimmt (Meßlinien bei N, Ao-Meßstellen). Die zahlreichen Probleme der Niederschlagsmessung wurden ausführlich beschrieben und diskutiert (Diem 1967; Dyck 1978; Sevruk 1981 — Windfelddeformation ca. 10%, Benetzungsverlust ca. 4–5%, Vorratsverdunstung). Ein Vergleich der Meßwerte zwischen Hellmann- und Kleinregensammler ergab im Mittel 5–10% geringere Niederschläge beim Hellmann-Totalisator (Benetzungsverlust, zwischen Bodenniveau und 1,20 m Höhe mit gleichem Meßgerät 11% Unterschied). Schneeniederschlag fiel bisher im Untersuchungszeitraum nicht an.

2.2 Abfluß (zur Methodik vgl. Kap. 1)

In Abhängigkeit von den vorhandenen Abfluß-Pegelstationen (Reinhausen W 3, Wendebachstausee W 1 vom StAWA Göttingen) und der Gerinnemorphometrie der zusätzlich eingerichteten Pegelmeßstellen werden unterschiedliche Gerinneabflußmeßmethoden angewandt.

Die Hauptpegel Reinhausen und Wendebachstausee sind als querschnittskonstante Meßkanäle mit Schwimmerpegel (Firma Ott) und Lattenpegel eingerichtet (trapezförmiger Querschnitt), wobei durch das Verhältnis von Meßgerinnelänge und Abflußbreite ein schießender Abfluß gewährleistet ist (Wasserstandsmessung Genauigkeit 1 cm).

Zur Abflußregistrierung in einem kleinen Waldgebiet wurde am Reinbach eine Pegelanlage (1981/82) mit Schwimmerpegel (Pegel-Bandschreiber Firma Ott) installiert. Sie wurde als 2,5 m langes, scharfkantiges 90°-Thomson-Plattenwehr gebaut. Durch Abschottung eines oberhalb gelegenen Rohrdurchlaufes konnten simulierte Abflußwellen zusätzlich zur Eichung herangezogen werden. Bei einer Ablesegenauigkeit von 1–2 mm WS wurde die Eichkurve durch Gefäßmessungen ermittelt (0,1–50 l/s). Entsprechend der Fehlerdiskussion von Luft (1980) genügt die Pegel-Wehr-Konzeption einem Abflußmeßbereich von 2–100 l/s (bei 110 mm WS Standardabweichung s = 0,6 l/s und mittlere Abweichung $\bar{d}$ = 0,04 l/s). Bei einem angenommenen Fehler von 2 mm WS (WS 4 mm) beträgt der relative Abflußfehler bei hohen Abflußmengen 5–9%.

Ferner wurde im oberen, rein landwirtschaftlich genutzten Einzugsgebiet ein ähnliches 90°-Thomson-Überfallwehr eingerichtet, das ebenfalls mittels Gefäßmessungen kalibriert wurde.

Eine besondere Anpassung von Abfluß- und Schwebstoffmessung an die Relief- und Abflußbedingungen erforderte der Einbau eines Meßwehres in den aktiven Hangrunsen. Nachdem ein 60°-Überfallwehr durch ein Starkregenereignis (20 mm N) am 3./4. 6. 87 völlig zugeschüttet wurde, wurde ein Edelstahl-Meßgerinne mit 90°-Winkel eingesetzt (verbunden mit Schwimmerpegel, Bandschreiber Firma Ott s. Abb. 1). Das Gefälle, eine Niveausonde mit automatischem Probennehmer gekoppelt, und ein Geschiebefangkorb erlauben eine ereignisorientierte Erfassung der kurzzeitig, episodisch auftretenden hohen Abflußmengen und Feststofffrachten (s. Abb. 1 und 2).

Abb. 1. Das Meßgerinne zur Erfassung des episodischen Abflusses im Einzugsgebiet Bettenrode

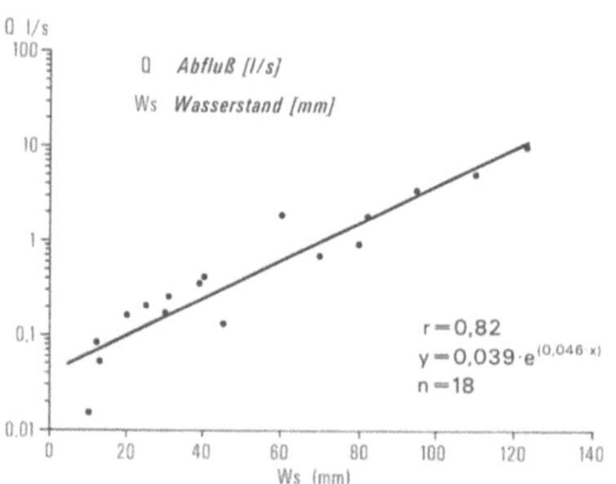

Abb. 2. Die Eichkurve zwischen Wasserstand und Abflußmenge am Pegel Bettenrode

Durch den Einsatz der freiwilligen Feuerwehr konnten unterschiedliche Abflüsse im Meßgerinne erzeugt und der Pegel mit Gefäßmessungen geeicht werden (s. Abb. 2, Meßbereich 0,05 – 50 l/s). Eine Extrapolation der Abflußkurve aufgrund der geringen Stichprobenzahl für höhere Wasserstände ($>$ 1,20 m) ist nicht möglich und war bisher nicht notwendig.

Bei höheren Wasserständen wurden zusätzlich an allen Pegelmeßstellen zu Kontrollzwecken Abflußmessungen mit dem hydrometrischen Meßflügel (Firma Ott, Geschwindigkeitsprofile) durchgeführt. Die Messungen erfolgten über den Querschnitt mit dem Stangenflügel durch die Zweipunktmethode nach Kreps, die im Vergleich mit den Vielpunktmethoden (z. B. Natermann 1950) nur Maximalabweichungen von 4% bis 3% aufwies und daher zeitsparend eingesetzt werden konnte. Sie bestätigten die durchgeführten Eichfunktionen (relativer Abflußfehler 5–10%).

Hauptfehler der Abflußmessung im Gerinne sind:

a) fehlerhafter Bau und Verwendung ungeeigneter Baumaterialien – durch Verwendung von Edelstahl und massivem Holzvorbau bei geringem Grobmaterialtransport hat sich die Bauweise in den kleinen Gerinnen bewährt; eine Unterströmung des Gerinnebettes war nicht festzustellen –,

b) Fehler in der Aufnahme des Meßquerschnittes – kaum von Bedeutung durch stabile V-Konstruktionen – sowie

c) ungenaue Pegelnullpunktbestimmung und Fehler bei der Wasserstandsmessung – Korrektur durch wiederholte Meßflügelkontrolle; relative Abflußfehler 5–10%.

3 Stoffkonzentration und Stoffaustrag

Zur kontinuierlichen Erfassung des Schwebstofftransportes und der gelösten Substanzen wurde ein Meßfloß konstruiert und in Reinhausen (Pegelstation W 3) im Stromstrich schwimmend eingehängt (s. Abb. 3). Die am Floß instal-

Abb. 3. Das Meßfloß am Pegel Reinhausen bei Niedrigwasser im Wendebach

lierten Sonden (Tauchsonden WTW Temperatur, Leitfähigkeit, pH-Wert; Trübungssonde Dr. Lange) ermöglichen in Verbindung mit einem Datalogger (Phytec-Prodata) eine kontinuierliche Datenregistrierung. Durch die konstante Meßtiefe in 20–25 cm unter Wasseroberfläche konnten im trapezförmigen Gerinnequerschnitt auch bei Hochwasser repräsentative, mittlere Schwebstoffgehalte ermittelt werden (s. Burz 1967; Walling 1977; Nippes 1983). Beprobungen im Querprofil zeigten bei Hochwasserführung eine weitgehend turbulente Durchmischung mit homogener Verteilung.

Da der Wendebach Wasserspiegelschwankungen von 2–3 m aufweist und bei starken Hochwasserereignissen durch mitgerissene Baumstämme und Äste die Verankerung des Meßfloßes beschädigte, gleichzeitig bei Trockenwetterabfluß ebenfalls kontinuierliche Messungen notwendig sind, wurden Versuche zur Verankerung des Meßfloßes am Gerinnegrund durchgeführt, so daß bei Hochwasser eine Zerstörung der Meßsonden unterbleibt. Die bei Hochwasser gegebene turbulente Durchmischung erlaubt weiterhin die Bestimmung der Frachtraten aus Abfluß und Schwebstoffkonzentration.

3.1 Schwebstofffracht (zur Methodik vgl. Kap. 4)

Zur Erfassung des Feststofftransportes und der gelösten Substanzen bei den kurzen, episodischen Abflüssen in der Hangrunse von Bettenrode ist ein automatischer Probennehmer mit Niveausonde installiert, so daß ereignisabhängig in 30-Min.-Abständen Mischproben angesaugt werden. Damit wird die innerhalb von 6 h durchlaufende Hochflutwelle ausreichend beprobt (American Sigma 6201, 24 1-l-Flaschen). Probleme ergeben sich im Winter mit den Bleigel-Akkus für eine längerfristige Stromversorgung, so daß auf Autobatterie umgestellt wurde.

Die Probennahme im Wendebach erfolgt an 5 Entnahmestellen, wobei an den Pegelstationen (W 1, W 3) eine zeitkonstante (wöchentlich, für Niedrigwasserzeiten ausreichend n. DVWK 1986) Beprobung sowie bei W 3 (Reinhausen) und in Bettenrode eine ereignisorientierte automatische Beprobung für Hochwasserzeiträume durchgeführt wird. Bei den anderen Probennahmestellen (Einzelereignisse) wird ereignisorientiert je nach Hochwasserverlauf in 30-Min.- bis 3 h-Intervallen mit Weithalsflaschen manuell im Stromstrich beprobt (Personalverfügbarkeit!). Diese Proben sowohl oberhalb (W 4, W 5) wie unterhalb der Pegelstation Reinhausen mit den Schwebstoffgehalten und Zusammensetzung der gelösten Stoffe (Kationen, Anionen) werden auf systematische Veränderungen im Längsprofil des Wendebaches (Verdünnung, Anreicherung) in Abhängigkeit von der jeweiligen Ereignischarakteristik untersucht. Die Abfluß-/Schwebstofffrachtbeziehungen sind anhand der kontinuierlichen Datenaufzeichnung W 3 (Reinhausen) mit entsprechender Auswertung des Stoffaustrags und für Extremereignisse mit Untersuchungen zur Sedimentablagerung im Rückhaltebecken des Wendebaches (s. Molde und Pörtge 1989) untersucht.

3.2 Zusammenhang Abfluß, Schwebstoffkonzentration und Trübung

Die höchsten Schwebstoffgehalte werden im Winterhalbjahr vor allem während des Abflußmaximums (aufgefüllter Substrat-/Bodenspeicher), im Sommerhalbjahr durch hohe Niederschlagsintensitäten erreicht. Bei Trennung der Korrelationsberechnungen nach auf- und absteigendem Ast der Abflußwelle ergaben sich für den Wendebach sehr gute Korrelationen zwischen Trübung und Schwebstoffgehalt bis zu einem maximalen Wert von 700 Trübungseinheiten (TE/F) (s. Abb. 4). Durch die Trübungssonde läßt sich somit der Schwebstoffaustrag kleinerer Abflußereignisse komplett quantifizieren, während für größere Ereignisse der Bereich des Abflußmaximums zusätzlich beprobt werden muß. Dafür bietet sich die 2-Kanal-Steuerung des automatischen Probennehmers an, die eine selbständige Inbetriebnahme bei Überschreitung eines Schwellenwertes (Trübung oder Abfluß) ermöglicht.

Die gute Korrelation zwischen Trübung und Schwebstoffgehalt beim Wendebach hängt mit der relativ homogenen Korngrößenzusammensetzung der Schwebstofffracht aufgrund der Einzugsgebietsausstattung zusammen, vorherrschend Schluff und Feinsand. Für jede Meßstation ist jedoch eine Kalibrierung der Beziehung Trübung-Schwebstoffgehalt notwendig! (Vgl. Kap. 7). Die entscheidenden Vorteile der Trübungsmessung liegen im geringen Zeit- und Personalaufwand sowie in der kontinuierlichen Erfassung der Schwebstoffgehalte (Reinemann et al. 1982; Engelsing 1988).

3.3 Lösungsfracht (zur Methodik vgl. Kap. 2)

Die Bestimmung der Lösungsgehalte erfolgte im Labor über den Abdampfrückstand (100 ml Filtrat bei 105 °C getrocknet), nach Filtration der 1-l-Probe mit 0,45 µm Membranfilter (Sartorius) zur Schwebstoffbestimmung. Zwischen elektrischer Leitfähigkeit und dem Abdampfrückstand ergab sich eine hohe Korrelation ($r^2 > 0{,}8$), so daß mit Hilfe der Leitfähigkeit (µS/cm bei 20 °C) an den kontinuierlichen Pegelmeßstellen der Lösungsaustrag bestimmt werden

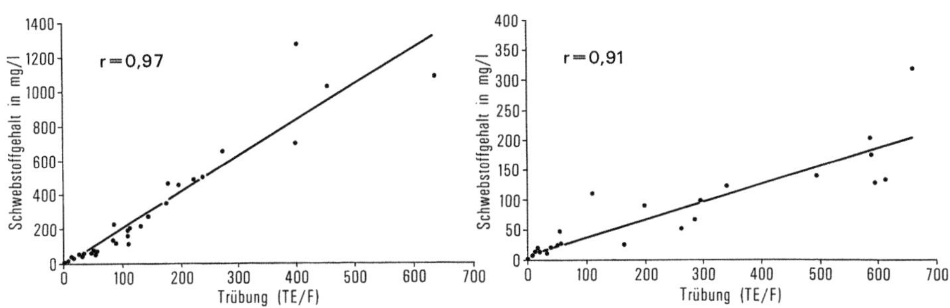

Abb. 4. Korrelation Schwebstoffkonzentration und Trübung (aufsteigender/absteigender Ast der Abflußwelle)

kann (s. auch Pörtge und Rienäcker 1989). Der Lösungsgehalt weist ganzjährig nur geringe Schwankungen auf. Da sich mit zunehmendem Abfluß bei den geogenen Ionen eine Verdünnung, bei den biogen-anthropogenen Ionen eine Anreicherung einstellt (SO_4, Cl, NO_3), läßt sich keine signifikante Beziehung zwischen Abfluß- und Lösungsfracht herleiten.

3.4 Geschiebetransport

Relativ einfache Messungen mit Geschiebefangkorb (Bettenrode) und markierten Geröllen im Wendebach (Farbmarkierung Ober- und Mittellauf 1986) gestatten nur pauschale Abschätzungen über die Bedeutung des Geschiebetransportes. Bei einem Gewitterstarkregen mit hohem Schwebstoffaustrag (170 t, Juni 1986) und Scheitelabfluß von 2520 l/s wurden große, plattige Geschiebe ($>4\times6$ cm) im Mittellauf vollständig transportiert, im Oberlauf kaum. Die Kernbohrungen mit Sedimentuntersuchungen im Rückhaltebecken des Wendebaches zeigen jedoch im Mittel einen vorherrschenden Feinsedimenttransport bis zum Unterlauf. Bei Niedrigwasser wird auch Sand nicht mehr transportiert (Tracerversuch 1987).

3.5 Laborarbeiten

Neben Schwebstoff- und Lösungsgehalt (gravimetrisch in mg/l) wurden folgende Parameter bestimmt: Na, K, Ca und Mg über Flammenphotometer bzw. Flammen-AAS, Gesamthärte, Carbonathärte, HCO_3, Cl, SO_4, NO_3, NH_4 nach DEV; Ct, Nt über CN-Analysator.

4 Pedohydrologische Teileinzugsgebietsvarianz

Um den Einfluß der Substrat-/Boden- und Nutzungsvarianz (Wald, Ackerland) auf die Gebietsretention und die Oberflächenabflußbildung in Verbindung mit den aktiven Hangrunsen in Bettenrode zu untersuchen, wurden 1988 vier Intensivmeßparzellen eingerichtet (s. Abb. 5). Zwei Meßparzellen auf Ackerland (Sandstein-Braunerde, Freiland B und Ton-Braunerde-Pelosol, Freiland A) besitzen jeweils ein automatisches Datalogger-System („STARLOG") mit kontinuierlicher Erfassung (10-Min.-Intervalle, 1 Monat Speicherkapazität) von:

- Windgeschwindigkeit und Windrichtung, Lufttemperatur und relative Luftfeuchtigkeit in 2 m über Grund, Niederschlagswippe, 4 Gipsblockelektroden zur Messung der Wasserspannung in 20, 40, 60 und 90 cm Bodentiefe.
- Zusätzlich erfolgte eine Geräteausstattung zur diskontinuierlichen Datenaufnahme (1 pro Woche, Vegetationsperiode 2 pro Woche) mit Bodenten-

siometern in 20, 40, 60, 90 und 130 cm Tiefe (Einstichtensiometer, 3 Parallelen), je 5 Kleinregensammler, Max.-/Min.-Thermometer und „Mosimann-Evaporimeter" in 1 m Höhe und am Boden.

— Auf allen Meßparzellen werden an den diskontinuierlichen Meßterminen Bodenproben (Mischproben Pürckhauer) zur gravimetrischen Bestimmung der Bodenfeuchte entnommen und über Bodenlösungssammler Bodenwasser bei entsprechenden Bodenfeuchten gewonnen (Unterdruck-Kerzenlysimeter mit 0,8 bar, Handvakuumpumpe; in 20, 40, 60, 90 cm Tiefe).

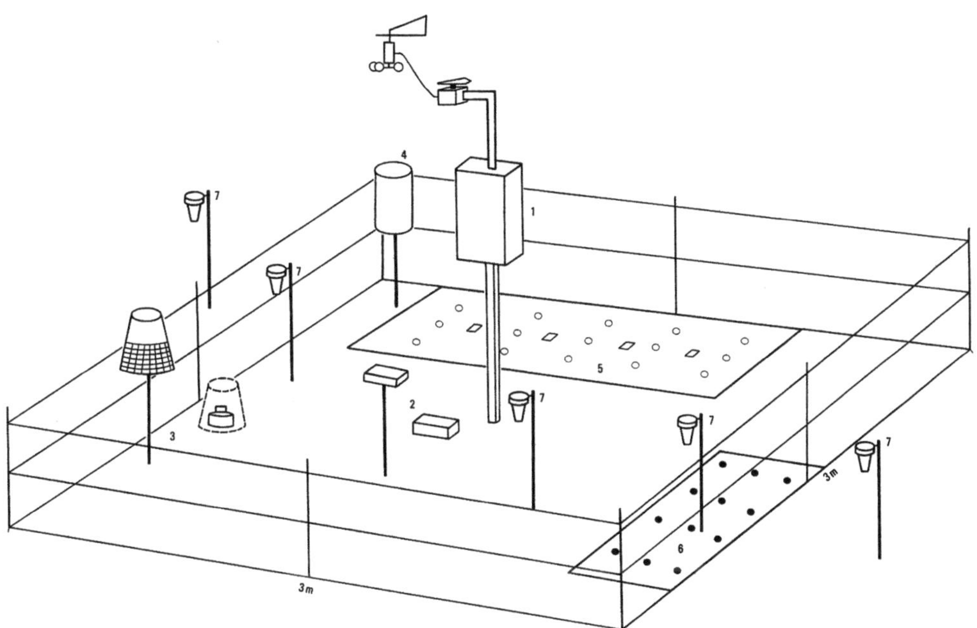

Abb. 5. Instrumentierung Meßparzelle Bettenrode

1. Klimastation mit Datalogger, Windgeschwindigkeit, Windrichtung, Temperatur, relative Luftfeuchte, Niederschlag, Bodenfeuchte
2. Minimum-/Maximum-Thermometer (Boden und 1 m Höhe)
3. Verdunstungsmesser (Messung der potentiellen Evapotranspiration nach dem Filterpapierprinzip)
4. Niederschlagskippwaage
5. Meßfeld für die indirekte Bestimmung der Bodenfeuchte
    O Tensiometer in den Tiefen 20 cm, 40 cm, 60 cm, 90 cm und 130 cm
    □ Gibsblockelektroden in den Tiefen 20 cm, 40 cm, 60 cm und 90 cm
6. Meßfeld für die Entnahme von Bodenlösung mittels Unterdrucklysimeter (●) in den Tiefen 20 cm, 40 cm, 60 cm und 90 cm
7. Kleinregensammler

4.1 Verdunstung

Neben dem Niederschlag als Inputgröße (s. 2.1) ist für die standörtliche Wasserbilanz die Bestimmung der aktuellen Evapotranspiration (ETa) als Outputgröße erforderlich. Je nach Meßgeräten und Datenerfassung stehen zahlreiche mathematisch-empirische Verfahren oder direkte Meßverfahren (Evaporimeter) zur Verfügung, die untereinander aber nur bedingt vergleichbar sind (Schrödter 1985). Es kann hier nicht auf die Vor- und Nachteile der angewandten Verfahren eingegangen werden, geländeklimatisch bedingte Unterschiede in der ETa in Bettenrode werden an anderer Stelle erläutert (Schrödter 1985). Dort sind auch die Vor- und Nachteile der angewandten Verfahren beschrieben, auf die geländeklimatisch bedingten Unterschiede in der ETa in Bettenrode soll erst in einer späteren Veröffentlichung eingegangen werden.

Aufgrund der Klimasensoren wurde die potentielle Evapotranspiration (ETp) nach Haude (1955) unter Berücksichtigung veränderter Pflanzenfaktoren (Heger 1978; Sokollek 1983) und der Bodenfeuchte bestimmt. Nachteile der Methode sind bei Seiler (1983) ausführlich beschrieben. Die Evaporimeter nach Mosimann (1983) dienten vor allem dem relativen Vergleich der Standorte. Für das recht trockene Jahr 1989 wurde ein klimatisches Wasserdefizit (N-ETa) von 290 mm bestimmt (Freiland A und B.).

4.2 Bodenwasser

Der Bodenfeuchtegang besitzt in Verbindung mit den Niederschlagsereignissen für den Bodenwasserhaushalt wie für Oberflächenabfluß- und Zwischenabfluß-bildung (Hanglage) eine zentrale Bedeutung. Die Reaktion der ungesättigten Bodenzone nach den beiden Hauptbodenformen auf die Niederschläge konnten mit den kontinuierlichen Wasserspannungsmessungen detailliert erfaßt werden und die bodenhydrologischen Funktionen (pF-Kurve, kF-Kurve, Matrixpotential) abgeleitet werden (Labormessung und Freiland). Eingegangen wird auf meßtechnische Probleme und auf die Vergleichbarkeit der Methoden.

4.2.1 Bestimmung der Bodenfeuchte

a) Gravimetrische Messung: Der aktuelle Feuchtegehalt des Bodens wurde wöchentlich durch Probenentnahme mittels Pürckhauer (20, 40, 60, 90 cm Tiefe) und anschließender gravimetrischer Wassergehaltsbestimmung im Labor analysiert (Hartge und Horn 1989). Die Werte wurden über die Lagerungsdichte (dB) in Volumenprozent umgerechnet (Ungenauigkeiten durch Schwankungen der Lagerungsdichte im jahreszeitlichen Verlauf). Kleinräumige Unterschiede in der Horizontmächtigkeit (Parzelle B) führten bei der Korrelation von Feuchte- und Wasserspannungswerten anfangs zu Problemen (daher Probennahme unter Berücksichtigung der Bodenhorizont-mächtigkeitsänderung).

b) Tensiometermessung: Für die Messung der Wasserbindungsintensität (Saugspannung) am Standort wurden Einstichtensiometer verwendet. Die Messung erfolgte mit einem Druckaufnahmegerät (Einstichtensiometer Thies; 3 Parallelen für 20, 40, 60, 90, 120 cm Tiefe). Die durchgängige Messung (SH 2× pro Woche, WH 1×) erfordert im Winterhalbjahr den Zusatz einer gefrierpunkterniedrigenden Flüssigkeit. Da Decalin das Klebemittel der Septen auflöste, wurde Frostschutzmittel auf Glykolbasis verwendet. Über eine Laborversuchsserie konnte eine Übereinstimmung der Meßwerte zwischen Wasser mit und ohne Glykol festgestellt werden (theoretisch sind durch unterschiedliche Dichte Differenzen zu erwarten). Das Einstichtensiometer mißt den Unterdruck einer im Meßrohr befindlichen Luftblase (ca. 1 cm^3). Positive Meßwerte (Matrixpotential) entstehen bei Wassersättigung des Bodens (Überdruck). Bei anhaltender Trockenheit gelangt bei Unterdrücken von < -800 hPa Luft in das Meßrohr, so daß die Meßgrenze erreicht ist. Dem „Leerlaufen" der Tensiometerrohre im Sommer bei anhaltender Trockenheit kann nur bedingt durch häufiges Nachfüllen begegnet werden. Nadeln und Septen sind verschleißanfällig und sollten daher regelmäßig gewechselt werden.

Auswertung: Das als Summe von Gravitations- und Matrixpotential beschreibbare Gesamtwasserpotential ist unter Annahme von Gleichgewichtsbedingungen konstant. Die negativen Saugspannungswerte werden daher durch Addition der über der keramischen Kerze stehenden Wassersäule errechnet (Tensiometerlänge). Aus den drei Meßwerten wurde unter Nichtbeachtung großer Ausreißer das arithmetische Mittel gebildet. Vorteile der Saugspannungsmessung (Matrixpotential) ist die direkte Verwendung der Daten zur Kalibrierung bodenhydrologischer Modelle (z. B. Bodenhydrologiemodell Hauhs 1985).

c) Gipsblockelektroden: Angeschlossen an das Dataloggersystem sind an jedem Standort (A und B) 4 Gipsblockelektroden (20, 40, 60, 90 cm Tiefe, 10-Min.-Intervalle), die durch ihre zeitliche Auflösung eine ereignisorientierte Analyse der Versickerungs- und Austrocknungsdynamik erlauben. Auf sorgfältigen Einbau (Einschlämmung mit Quarzmehl) in nicht zu dichter Entfernung zu den anderen Meßgeräten (Aufgraben bei Defekten) ist zu achten. Die Meßwerte (elektrischer Widerstand) werden intern in „Bar" umgerechnet. Zur Eichung und Umrechnung in Wasserspannung (hPa, Eichkurven) sind im Labor oder Freiland (Parallelmessung Gipsblock und Tensiometer) umfangreiche Messungen durchzuführen. Auf stark tonigem Substrat reagieren Gipsblockelektroden sehr träge auf Feuchteveränderungen und besitzen nur eine begrenzte Lebensdauer (1−2 Jahre).

Insgesamt haben die Messungen gezeigt, daß auch bei kontinuierlicher Meßwertaufzeichnung die Gipsblockelektroden nur bedingt geeignet sind. Der Einsatz von Gipsblockelektroden mit kontinuierlicher Meßwertaufzeichnung stellt somit keine Verbesserung gegenüber dem Einsatz bei zeitproportionaler Meßwertaufnahme dar (vgl. Hülsebusch 1983).

4.2.2 Vergleichbarkeit der Methoden

Um den Bodenfeuchteverlauf in den verschiedenen Tiefen sowohl diskontinu-
ierlich wie ereignisorientiert (Niederschläge) zu untersuchen, wurden Korrela-
tionsrechnungen zwischen Bodenfeuchte (gravimetrisch), Tensiometerwerten
und Gipsblockwerten durchgeführt (Barsch und Flügel 1988). Über die Regressionsgleichungen können pF-Werte und Gipsblockwerte in Bodenfeuchte
(Vol.-%) umgerechnet werden. Probleme traten auf durch variierende Horizontmächtigkeit bei B-Freiland, Trockenrisse bei A-Freiland und schnelle Aus-
trocknung der tonigen Böden (zu wenig Werte zwischen pF 1 und 2,8). Insgesamt konnten zufriedenstellende Korrelationen ermittelt werden ($r^2 > 0{,}80$;
s. Abb. 6). Der schwächere Zusammenhang bei B-Freiland konnte durch getrennte Berechnung nach Befeuchtung oder Entwässerung deutlich verbessert
werden (Hystereseeffekt!). Der Vergleich zeigt insgesamt, daß die verschiedenen Methoden zur Bestimmung der Bodenfeuchte durchaus vergleichbare Ergebnisse liefern.

4.2.3 Labor- und Feld-pF-Kurven

Für die Intensivmeßparzellen A und B (Wald, Ackerland) wurden aus den Was-
serspannungs-/Wassergehaltsmessungen für die einzelnen Bodenhorizonte die
Feld-pF-Kurven erstellt, die überwiegend auf Veränderung bei Niederschlag
basieren (Bewässerung), und den Labor-pF-Kurven (Desorptionskurve n.
Richards) gegenübergestellt (s. Abb. 7). Für die meisten Horizonte ist ein deutlicher Hystereseeffekt gegeben (s. auch Urland 1987), so daß für den Boden-

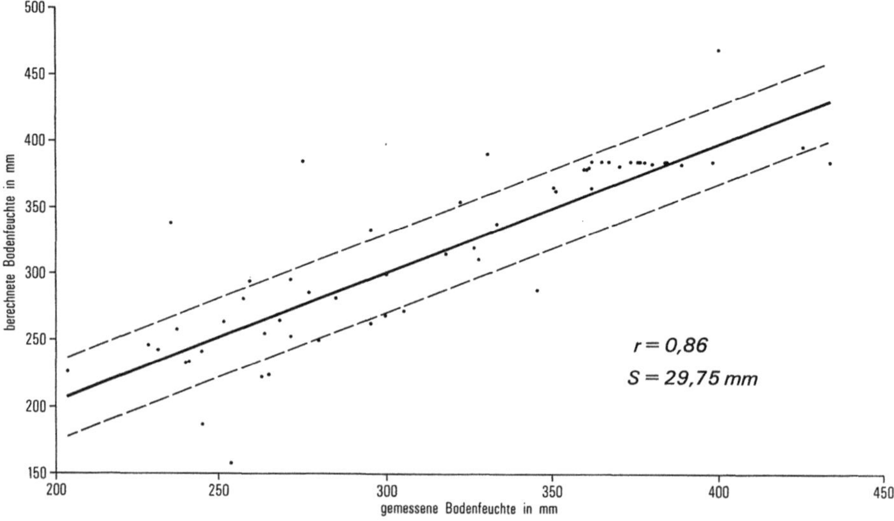

Abb. 6. Korrelation für gemessene und berechnete Bodenfeuchte (Bettenrode, Meßparzelle)

wasserhaushalt wie für bodenhydrologische Modelle die approximierte Feld-pF-Kurve angewendet wird.

4.2.4 Bodenanalyse, Kartierung und Stoffumsatz

Für die repräsentativen Bodenformen erfolgte eine detaillierte bodenkundliche Profilaufnahme und Analyse der bodenphysikalischen Kenndaten (Labor). Die Substrat-/Bodenvarianz wurde über eine Bodenkartierung und flächendeckende Zeit-/Stichpunktmessungen von Bodenfeuchte und Infiltrationsrate erfaßt. Damit konnten die Flächen potentieller Oberflächenabflußbildung erfaßt werden.

Die bisherigen Auswertungen zeigen, daß bei „Niederschlag-Infiltration-Oberflächenabfluß" zwischen den Gebieten der Sandstein-Braunerde und der Ton- oder Lößlehm-Bodengesellschaften große Unterschiede bestehen. In Zusammenhang mit mittelalterlichen Rodungen, der historischen Bodenerosionsentwicklung (Profilkappung) und dem damit reduzierten Retentionsvermögen der Böden müssen die Hochflächen mit Ton- oder Lößlehm-Böden als abflußwirksame Teileinzugsgebiete betrachtet werden.

Nach dem Konzept von Meiwes et al. (1984) zur Erfassung des vertikalen Stoffumsatzes wurden in Abhängigkeit von den Niederschlagsereignissen und der Bodenfeuchte (trockener Sommer 1989, 1990; wenig Bodenlösung zu gewinnen) Niederschlagsproben und Bodenlösungsproben aus den verschiedenen Horizonten gewonnen. pH, Leitfähigkeit und Redoxpotential wurden sofort nach Probennahme und Filtration (Membranfilter) gemessen, die Proben bei 4 °C dunkel und kühl gelagert und für die Stoffinhaltsanalyse mengenproportionale Monatsmischproben erstellt. Folgende Inhaltsstoffe werden analysiert (Ionenchromatograph Metrohm 690, z. T. Flammen-AAS):

Anionen: Cl, NO_3, SO_4

Kationen: NH_4, Ca, Mg K, Na .

Aufgrund teilweiser hoher Ca-Gehalte in der Bodenlösung mußten bei der Kationenanalyse (Ionenchromatograph − Schomburgsäule) Mehrfachverdünnungen durchgeführt werden. Die Labordaten werden einer Zeitreihenanalyse und Varianzanalyse unterzogen (Fehlwerte erkennen, entfernen; Frachtraten über N und Sickerwasser berechnen).

Für ausgewählte Niederschlagsereignisse wurde die Schwermetallkonzentration (Pb, Cd, Cu, Zn) in Niederschlag und Bodenlösung analysiert (Methode: Polarographie-voltammetrische Bestimmung mit Hg-Elektrode, s. Nürnberg 1983). Über die Erfassung des Stoffumsatzes im Teileinzugsgebiet Bettenrode wird an anderer Stelle berichtet. Er dient vor allem dazu, eine Vorstellung von der Größenordnung der atmogenen Einträge zu gewinnen und mit der hydrochemischen Zusammensetzung im Vorfluter (geogene Fracht, anthropogenbiogene Fracht) zu vergleichen.

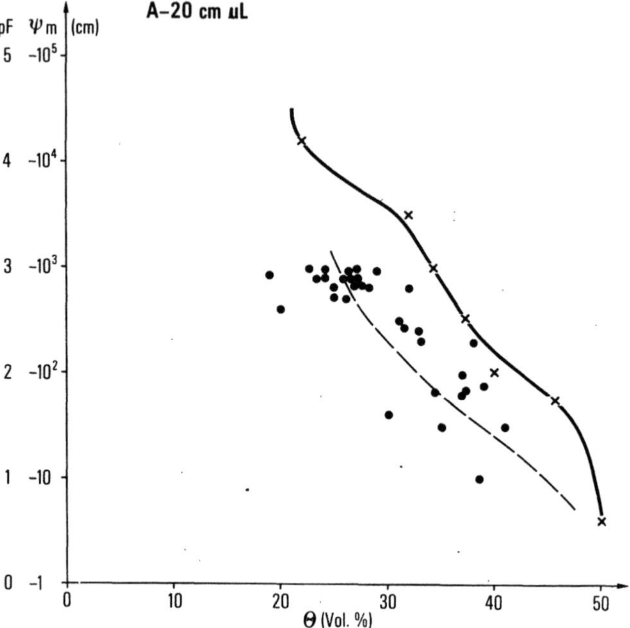

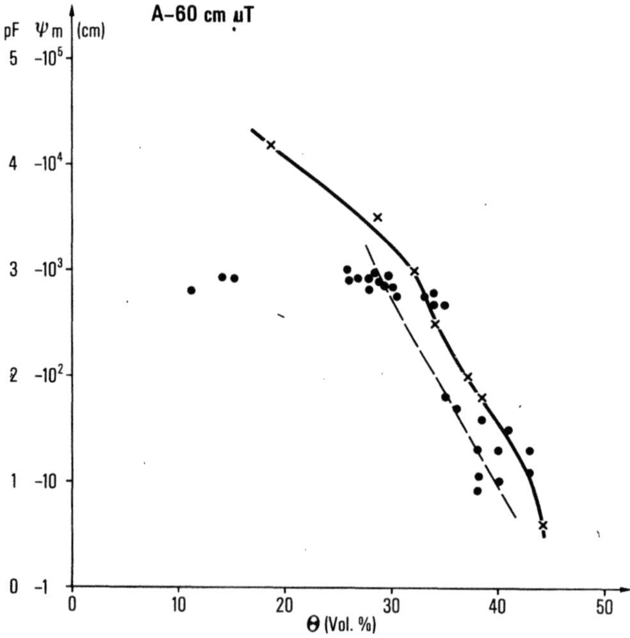

Abb. 7A, B. Labor- und Feld-pF-Kurve Bettenrode (Hysterese)

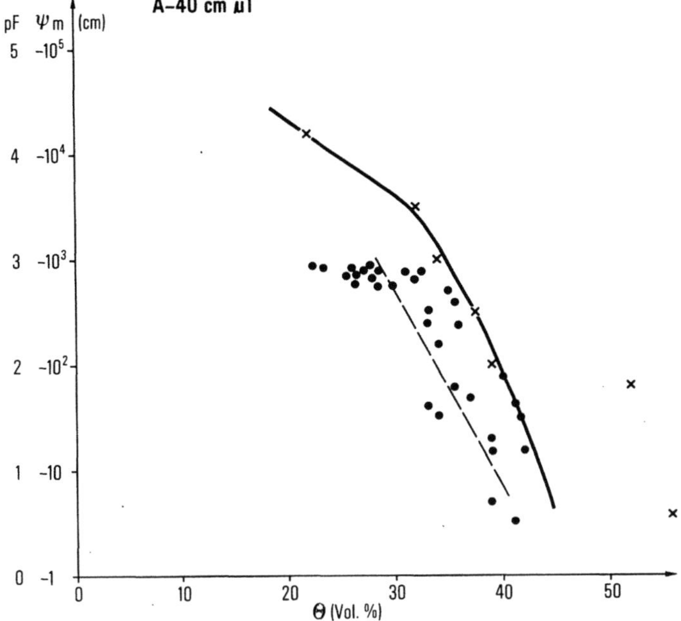
A-40 cm µT
pF Ψm (cm)
5 -10⁵
4 -10⁴
3 -10³
2 -10²
1 -10
0 -1
0 10 20 30 40 50
Θ (Vol. %)

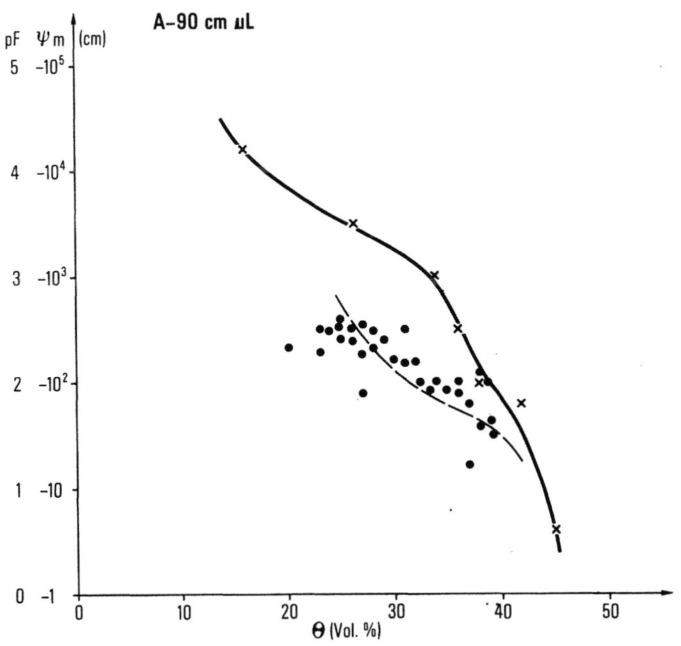
A-90 cm µL
pF Ψm (cm)
5 -10⁵
4 -10⁴
3 -10³
2 -10²
1 -10
0 -1
0 10 20 30 40 50
Θ (Vol. %)

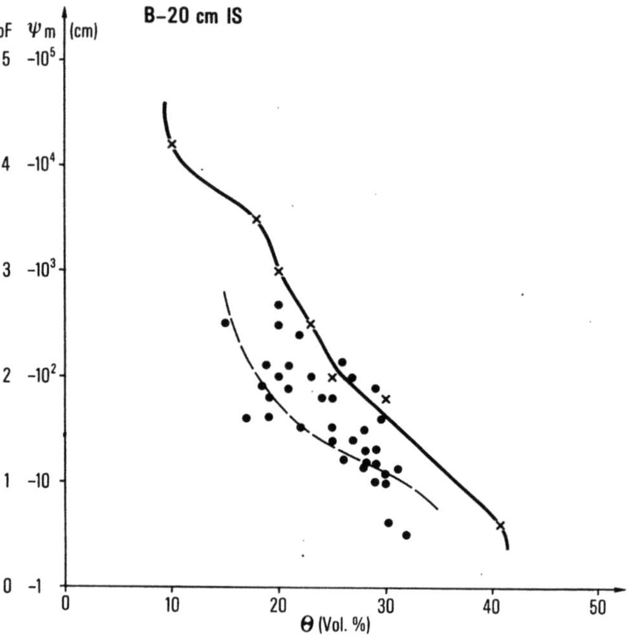

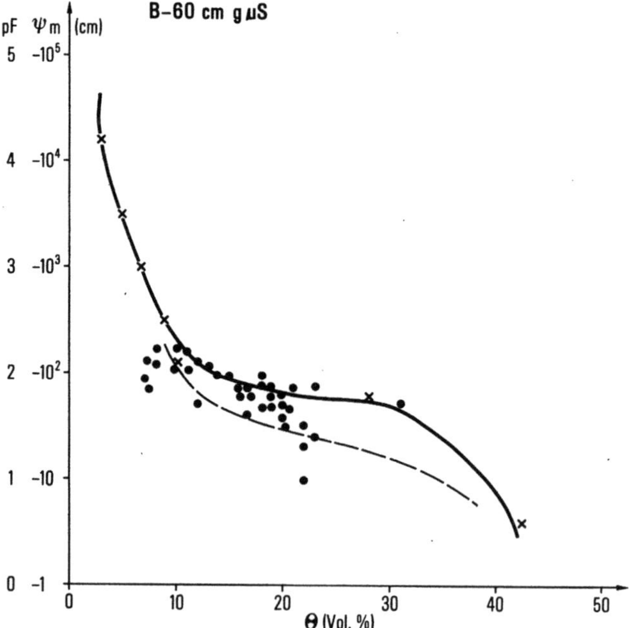

Abb. 7 (Fortsetzung)

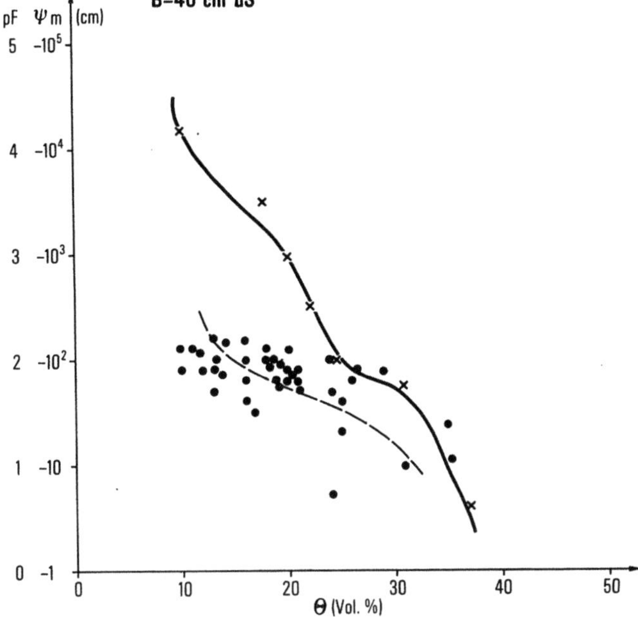

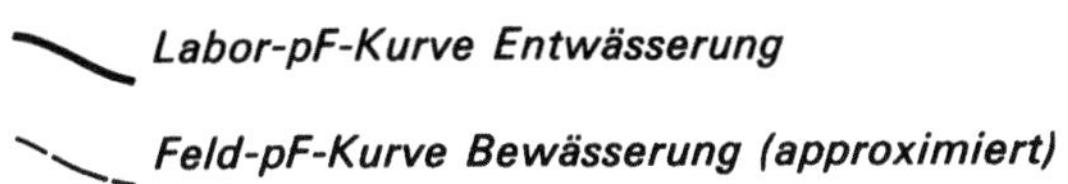

Labor-pF-Kurve Entwässerung

Feld-pF-Kurve Bewässerung (approximiert)

5 Modellbildung und Probleme

Für das Teileinzugsgebiet Bettenrode kann anhand der erfaßten Daten eine
detaillierte Bodenwasserhaushaltsbilanz erstellt werden. Langfristiges Ziel ist
die Anwendung (Test) vorhandener Bodenwasserhaushaltsmodelle und bodenhydrologischer Modelle (Pfau 1966; Heger 1978; Hauhs 1985; Braden 1992) in
bezug auf ihren Erklärungsgrad für die Oberflächenabflußbildung, Prognose
des Bodenfeuchtejahresganges und der Matrixpotentiale. Mit dem einfachen
Ansatz von Heger und Pfau konnte für 1989 ein zufriedenstellender Bodenfeuchtegang (Wochenbasis) berechnet werden (s. Abb. 8). Für Einzelereignisse
reicht dies jedoch nicht aus, so daß die Anwendung deterministischer Modell-
ansätze (Bodenhydrologie nach Hauhs oder Braden) geplant ist.

Für die Erfassung des Stoffaustrages im Wendebach haben die Untersuchungen gezeigt, daß einfache N-A_o-Modelle mit der Korrelation von Abfluß
und Schwebstoffkonzentration zu keinem Erfolg führen. Die Ursachen liegen
in der Bedeutung einzelner Hochflutereignisse sowohl für die Abtragsleistung
von Wendebach wie in den Runsen, so daß für längerfristige Bilanzen eine Abschätzung der Hochwasserwahrscheinlichkeit und zugehöriger Frachtmengen
notwendig ist. Daher stellen geomorphologisch-sedimentologische Untersuchungen mit Erfassung der Talauenentwicklung (Erosions- und Akkumula-
tionsphasen) in Verbindung mit historischen/landschaftsgeschichtlichen Daten einen notwendigen Rahmen für die Extrapolation der Erosionsleistung
größerer Zeiträume.

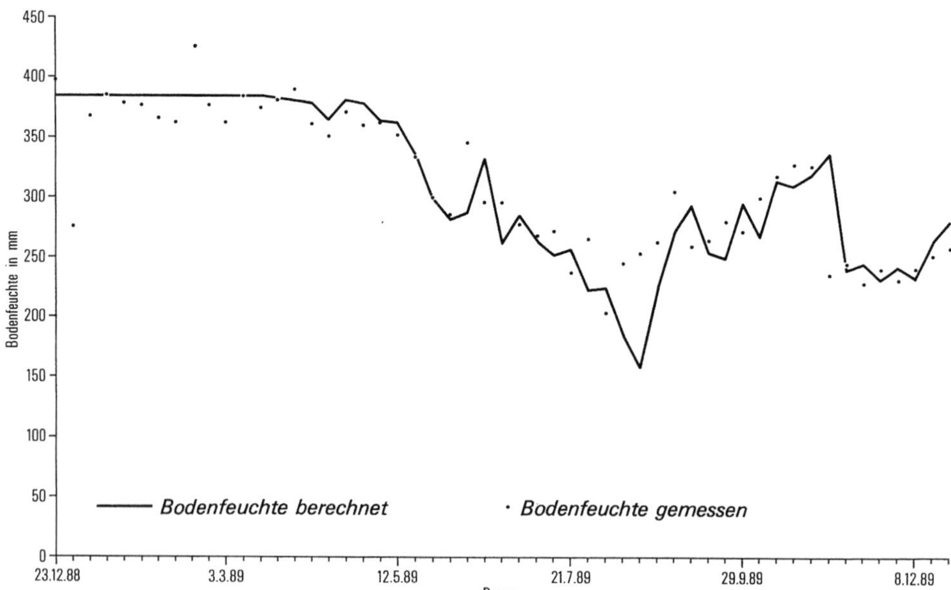

Abb. 8. Gemessene und berechnete Bodenfeuchte, Freilandparzelle Bettenrode A

So werden nur bei stärkeren Hochwasserereignissen wie dem Schneeschmelzabfluß von 28.12.86–4.1.87 (Scheitelabfluß am Meßpunkt W3 über 5000 l/s) neben dem Schwemmlöß (tU) auch die in den Runsen und Seitentälern erodierten sandigen Hanglehme (ulS) bis zur Sedimentfalle des Rückhaltebeckens Wendebach transportiert (sonst Zwischenakkumulation). Sedimentologische Untersuchungen und historische Quellen belegen, daß die Runsenentwicklung auf Ende des 19. Jhs. datiert werden kann. Nach Molde (1991) kann anhand der jungholozänen Talsedimente des Wendebaches die intensivste Erosionsphase (jüngerer Auenlehm) in die Neuzeit (ca. 1530–1600 und 1750–1850) gestellt werden.

Für die Abschätzung der Auswirkung zukünftiger Veränderungen im Einzugsgebiet (wie Landnutzungsveränderung) auf die fluviale Morphodynamik (Erosionsleistung, Stoffaustrag) sind nur Analogieschlüsse aus der Kenntnis der bisherigen Entwicklung (Aktivitäts-/Stabilitätsphase) und der analysierten rezenten Faktorenkombination möglich. Grundsätzlich kann auch an eine möglichst weitgehend deterministische Nachbildung der wichtigsten Prozesse des Wasser- und Stofftransportes gedacht werden (Feststofftransport auf der Basis der Oberflächenabflußmodellierung), was jedoch einen enormen Mittel-, Geräte- und Personalaufwand zur Erhebung der Basisinformationen und zeitvariablen Meß- und Analysedaten erfordert. Die Untersuchungen zur „aktuellen fluvialen Morphodynamik" liefern vor diesem Hintergrund vor allem Erkenntnisse zu Teilprozessen und geben wichtige Anhaltspunkte über die differenzierte Faktorengewichtung in unterschiedlich großen und in verschiedenen Reliefeinheiten gelegenen Einzugsgebieten.

Literatur

Barsch D, Flügel W-A (1988) Untersuchungen zur Hanghydrologie und zur Grundwassererneuerung am Hollmuth, Kleiner Odenwald. Heidelb Geogr Abh 66:1–82

Braden H (1992) Das agrarmeteorologische Bodenwassermodell AMWAS — ein universell einsetzbares Modell zur Berechnung der Bodenwasserströme und -gehalte unter Berücksichtigung bodenwassergehaltsabhängiger Evaporations- und Transpirationsreduktionen. DWD Intern, Nr 47, Selbstverlag des Deutschen Wetterdienstes, Offenbach

Burz J (1967) Verteilung der Schwebstoffe in offenen Gerinnen. IAHS 75:279–296

Diem M (1967) Zur Struktur der Niederschläge I: Die Genauigkeit von Regenmessungen. Arch Meteorol Geophys Bioklimatol 15:12–35

DVWK (1986) Schwebstoffmessungen — DVWK-Regeln zur Wasserwirtschaft 125. Parey, Hamburg

Dyck S (1978) Angewandte Hydrologie Teil 2: Der Wasserhaushalt der Flußgebiete. VEB für Bauwesen, Berlin

Engelsing H (1988) Untersuchungen zur Schwebstoffbilanz des Forggensees. Münch Geogr Abh Reihe B, 5. GeoBuch-Verlag, München

Gerold G, Molde P (1989) Einfluß der pedo-hydrologischen Einzugsgebietsvarianz auf Oberflächenabfluß und Stoffaustrag im Einzugsgebiet des Wendebaches. Gött Geogr Abh 86:81–93

Hartge H, Horn R (1989) Die physikalische Untersuchung von Böden. F. Enke Verlag, Stuttgart, 175 S

Haude W (1955) Zur Bestimmung der Verdunstung auf möglichst einfache Weise. Mitt DWD Nr 11, Bd 2. Selbstverlag des Deutschen Wetterdienstes, Offenbach, S 24

Hauhs M (1985) Wasser- und Stoffhaushalt im Gebiet der Langen Bramke (Harz). Ber Forschungszentrum Waldökosysteme/Waldsterben 17. Selbstverlag des Forschungszentrums Waldökosysteme der Universität Göttingen

Heger K (1978) Bestimmung der potentiellen Evapotranspiration über unterschiedlichen landwirtschaftlichen Kulturen. Deutsche Bodenkundliche Gesellschaft, Göttingen. Mitt DBG 26:21−40

Hülsebusch K (1983) Der Gang der Bodenfeuchte an unterschiedlichen Standorten des Rheinhäuser Waldes von August 1982 bis Januar 1983. Staatsexamensarbeit im Fach Geographie, Göttingen

Luft G (1980) Abfluß und Retention im Löß, dargestellt am Beispiel des hydrologischen Versuchsgebietes Rippach, Ostkaiserstuhl. Beiträge zur Hydrologie, SH 1, Diss Freiburg. Verlag Beiträge zur Hydrologie, Ilse Nippes, Kirchzarten

Meiwes KJ, König N, Khanna PK, Prenzel J, Ulrich B (1984) Die Erfassung des Stoffkreislaufs in Waldökosystemen − Konzept und Methodik. − Ber Forschungszentrum Waldökologie/Waldsterben 7:8−142

Molde P (1991) Aktuelle und jungholozäne fluviale Geomorphodynamik im Einzugsgebiet des Wendebaches (Südniedersachsen). Gött Geogr Abh 94

Molde P, Pörtge K-H (1988) Untersuchungen zur aktuellen fluvialen Morphodynamik im Einzugsgebiet des Wendebaches (Südniedersachsen). Forschungsstelle Bodenerosion, Universität Trier, Selbstverlag Trier, 4:7−25

Molde P, Pörtge K-H (1989) Sedimentablagerungen im Rückhaltebecken des Wendebaches − dargestellt am Beispiel eines Schneeschmelzabflusses im Winter 1986/87. Z Kulturtech Landentwickl 30:27−37

Mosimann T (1983) Ein Tankverdunstungsmesser nach dem Filterpapierprinzip zur Bestimmung des Verdunstungsanspruchs der Luft. Arch Meteorol Geophys Bioklimatol 33:289−299

Natermann E (1950) Über die Zuverlässigkeit von Flügelmessungen. Wasserwirtschaft 4:274−276

Nippes KH (1983) Erfassung von Schwebstofftransporten in Mittelgebirgsflüssen. Geoökodynamik 4:105−124

Nürnberg HW (1983) Moderne voltametrische Methoden zur Analyse von Spurenmetallen und Spurenstoffen in verschiedenen Wassertypen. Selbstverlag Essen, VGB Kraftwerkstechnik 63; 10:896−906

Pörtge K-H, Rienäcker I (1989) Beziehungen zwischen Abfluß und Ionengehalt in kleinen Einzugsgebieten des südniedersächsischen Berglandes. Erdkunde 43:58−65

Reinemann L, Schemmer H, Tippner M (1982) Trübungsmessungen zur Bestimmung des Schwebstoffgehalts. DGM 26(6):167−174

Schrödter H (1985) Verdunstung − Anwendungsorientierte Meßverfahren und Bestimmungsmethoden. Hochschultext. Springer, Berlin Heidelberg New York

Seiler W (1983) Bodenwasser- und Nährstoffhaushalt unter Einfluß der rezenten Bodenerosion am Beispiel zweier Einzugsgebiete im Basler Tafeljura bei Rothenfluh und Anwil. Physiogeographica 5. Verlag Wepf, Basel

Sevruk B (1981) Methodische Untersuchungen des systematischen Meßfehlers der Hellmann-Regenmesser im Sommerhalbjahr in der Schweiz. Mitt Versuchsanstalt für Wasserbau, Hydrologie und Glaziologie Nr 52. S.V. Eidgenössische Techn. Hochschule, Zürich, S 289

Sokollek V (1983) Der Einfluß der Bodennutzung auf den Wasserhaushalt kleiner Einzugsgebiete in unteren Mittelgebirgslagen. Nat-wiss Diss, Institut für Mikrobiologie und Landeskultur der Justus-Liebig-Universität, Gießen

Urland K (1987) Untersuchungen zur Boden- und Grundwasserdynamik in einem landwirtschaftlich genutzten Wassereinzugsgebiet als Voraussetzung für die Kalibrierung und Anwendung deterministischer Modelle für Wasserabflüsse. Landschaftsgen Landschaftsökol 12. Selbstverlag TU Braunschweig, Abt. f. Physische Geogr. u. Landschaftsökologie

Walling DE (1977) Limitations of the rating curve technique for estimating suspended sediment loads, with particular reference to British rivers. IAHS 122:34−51

4 Hochwasserdynamik und Sedimenttransport
Meßmethodik in einem Einzugsgebiet mittlerer Größe (Elsenz/Kraichgau)

Dietrich Barsch, Roland Mäusbacher, Gerd Schukraft
und Achim Schulte

1 Einleitung

Jede Messung in der Natur ist ein Eingriff in ein natürliches oder quasinatürliches System; das Ziel jeder dieser Messungen ist es, Daten zu erheben, mit deren Hilfe das untersuchte System ganz oder in bestimmten Aspekten beschrieben und erforscht werden kann. Dabei sind drei Dinge sicherzustellen:

1. Der Eingriff darf das System nicht so stören, daß die Meßwerte im besten Fall zwar reproduzierbar, zur Zustandserfassung aber unbrauchbar sind.
2. Die Messungen müssen sinnvoll im Hinblick auf die Fragestellung, d. h. auf die zu prüfende Hypothese sein.
3. Die Messungen dürfen einen im Hinblick auf den Untersuchungsmaßstab und das Ergebnis sinnvollen Aufwand nicht überschreiten.

Die letzten beiden Punkte sind besonders wichtig, sobald im mesoskaligen Bereich gearbeitet wird, denn hier liegen für die prozeßuale fluviale Geomorphodynamik keine Erfahrungen vor. Das ist darin begründet, daß sich in den letzten Jahren zunehmend die Tendenz entwickelt hat, in möglichst kleinen Einzugsgebieten von maximal $1-2\,\mathrm{km}^2$ Größe zu arbeiten, weil nur dann der auch hier schon große Meßaufwand überschaubar bleibt. Dieses Vorgehen birgt allerdings Nachteile, da Extrapolationen von kleineren auf mittlere oder große Vorfluter nicht einfach und nicht direkt möglich sind. Deshalb sollten beim gegenwärtigen Stand der Forschung unbedingt mittlere Vorfluter in die Untersuchungen einbezogen werden, auch wenn diese methodisch und meßtechnisch sehr viel schwieriger zu behandeln sind.

Aus diesem Grund wird von der Gruppe Heidelberg das $542\,\mathrm{km}^2$ große Einzugsgebiet der Elsenz untersucht. Hier sind bei einer Lauflänge von 51 km, einem mittleren Niedrigwasserabfluß (MNQ) von $1,45\,\mathrm{m}^3\cdot\mathrm{s}^{-1}$ maximale Hochwasser von $150\,\mathrm{m}^3\cdot\mathrm{s}^{-1}$ gemessen worden (Februar 1970).

Ziel der Untersuchungen ist die Erfassung der gegenwärtigen fluvialen Dynamik, die vor allem hinsichtlich des Sedimenttransportes und der Gerinnebettgestaltung bestimmt werden soll. Sie wird zum einen wesentlich durch anthropogene Eingriffe in das gesamte Einzugsgebiet und durch die Gestaltung des Gerinnebettes beeinflußt, zum anderen ist sie eine Funktion der Gebietsausstattung, insbesondere der hydrologischen Größen (Niederschlagseintrag, Abflußaustrag, Aufbau einer Hochwasserwelle etc.). Da bei einem entsprechend großen Vorfluter der Aufbau und Verlauf von Hochwässern sowie der

Sedimenttransport eine Funktion der Reaktionszeiten der Teileinzugsgebiete darstellen, ist eine sinnvolle Erfassung der genannten Größen nur durch ein Meßnetz möglich, das eine entsprechende Differenzierung zuläßt. Um trotz dieser Anforderungen das Meßnetz und damit auch die Datenfülle auf einem überschaubaren Niveau zu halten, ist es notwendig, daß auf der Basis der vorhandenen Informationen über die Gebietsausstattung eine Reduktion auf möglichst repräsentative Standorte erfolgt. Über die Erfahrungen sowohl bei der Auswahl der Standorte und der Installation des Meßnetzes als auch bei der Datengewinnung und Verarbeitung soll im folgenden berichtet werden.

2 Auswahl des Einzugsgebietes

Ein wichtiges Kriterium für die Auswahl des Einzugsgebietes der Elsenz sind die bereits vorliegenden Gebietskenntnisse. Sie beruhen auf Untersuchungen, die in diesem Gebiet im Hinblick auf spezielle geomorphologisch-hydrologische Fragestellungen durchgeführt worden sind (Flügel 1979; Dikau 1986; Schorb 1988; Schaar 1989).

Die für diese Arbeiten vorgenommenen Geräteinstallationen konnten teilweise übernommen werden, so daß bereits einige langjährige Niederschlags- und Abflußmeßreihen vorlagen. Dies betraf in erster Linie einen Abflußpegel am Ausgang des Gesamteinzugsgebietes (Elsenz/Hollmuth), da hier der amtliche Landespegel (Elsenz/Bammental) seit 1967 nicht mehr in Betrieb ist (Abb. 1). Darüber hinaus befinden sich drei Landespegel (LFU Karlsruhe) im Untersuchungsgebiet, deren Meßreihen teilweise bis in die 30er Jahre zurückreichen. Die Abflußganglinien dieser Pegel (Elsenz/Meckesheim, Schwarzbach/Eschelbronn und Krebsbach/Neckarbischofsheim) dokumentieren die unterschiedliche Charakteristik der Teileinzugsgebiete. Sie erlauben außerdem eine Analyse der Meßreihen auf langjährige Entwicklungen (Trends etc.).

Im Einzugsgebiet sind insgesamt sieben amtliche Niederschlagsmesser vorhanden, allerdings keine Niederschlagsschreiber. Die maximalen Auflösungen sind demnach Tagessummen, die dem Meteorologischen Jahrbuch zu entnehmen sind. Damit können zwar Jahresisohyeten errechnet werden, für die Untersuchung einzelner Niederschlagsereignisse sind diese Daten aber zu wenig differenziert.

Ein weiteres Auswahlkriterium bildet die Charakteristik des Einzugsgebietes. Es setzt sich zusammen aus flachwelligem Hügelland mit teilweise mächtiger Lößbedeckung (Kraichgau) und steilerem Mittelgebirgsrelief im Buntsandstein (Kleiner Odenwald). Vor allem die Lößgebiete werden intensiv landwirtschaftlich genutzt. Die Bodenerosion liefert das Material, das in den nächsten Vorfluter transportiert wird und hier als Suspension den Großteil der Gesamtfracht ausmacht. Da es sich um Altsiedelland handelt, das seit dem Neolithikum (Barsch et al. 1989a) durch den Menschen gestaltet wird, ist dieses Gebiet auch wegen seiner starken anthropogenen Beeinflussung für ein mitteleuropäisches Einzugsgebiet mittlerer Größe in der Lößlandschaft typisch.

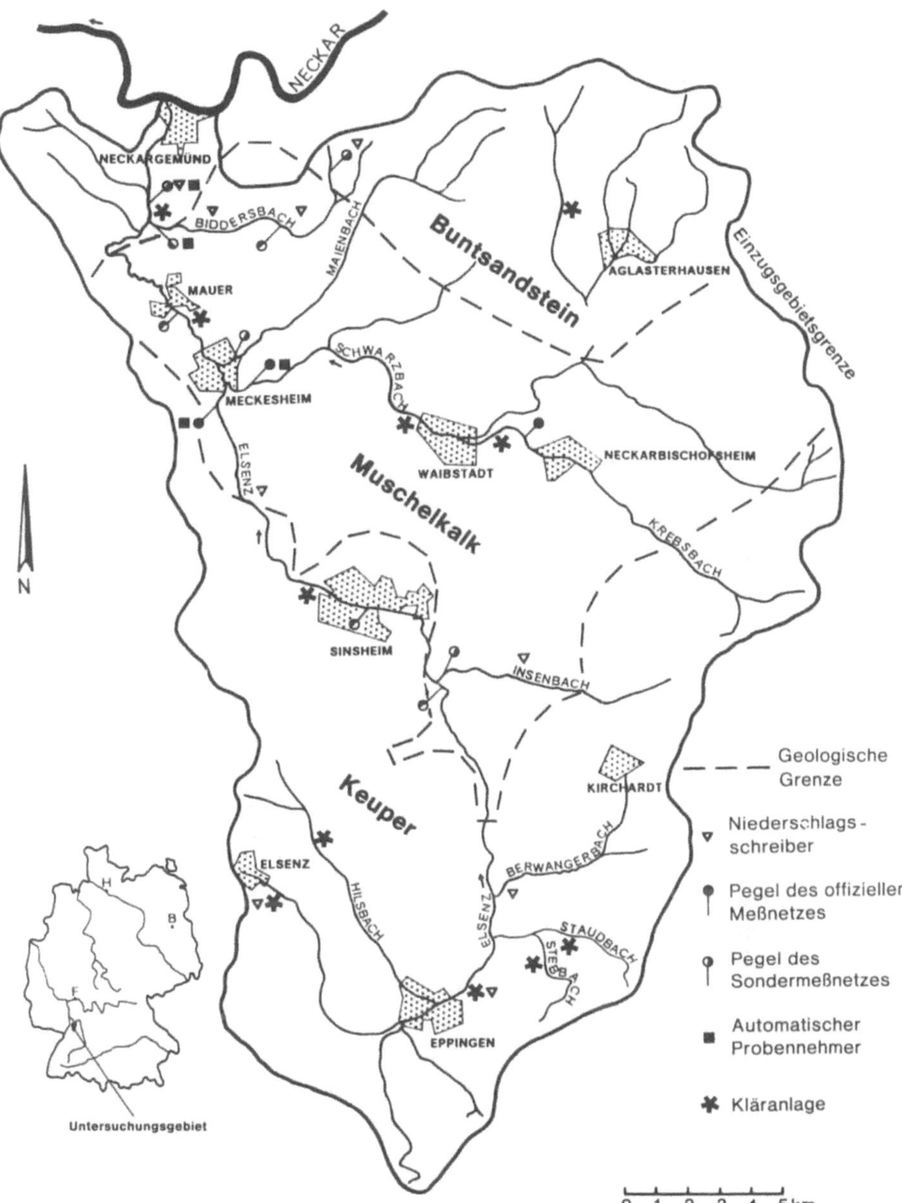

Abb. 1. Das Einzugsgebiet der Elsenz mit den Hauptinstallationen des Sondermeßnetzes. Der geologische Untergrund im größten Teil des Einzugsgebietes liegt unter einer unterschiedlich mächtigen Lößdecke

Bei der Untersuchung von Einzelereignissen ist es notwendig, alle Teile des Einzugsgebietes gut zu erreichen. Dies ist ebenfalls gegeben, wobei die Hochwasserbeprobung in einem ausgewählten Teileinzugsgebiet (21,4 km^2) in ca. 50 km Entfernung die Grenze schneller Erreichbarkeit darstellt. In diesem Teilgebiet läuft die Hochwasserwelle so rasch durch, daß eine Beprobung des aufsteigenden Astes der Welle nur möglich ist, wenn eine Meldung durch eine Person vor Ort erfolgt oder ein ereignisgesteuerter automatischer Probennehmer zur Verfügung steht.

3 Notwendige Datenbasis für den Aufbau eines Sondermeßnetzes

Voraussetzung für die gezielte Planung eines Sondermeßnetzes sind Hinweise oder Daten über Niederschlags- und Abflußverhältnisse und den möglichen Sedimenttransport der Vorfluter. Als erste Parameter können dafür die Verteilung der Reliefenergie in den Teileinzugsgebieten, die Gefälle und Querprofile der Vorfluter (Gerinnebreite, Gerinnetiefe) und die Flächennutzung herangezogen werden.

Brücken und andere Bauwerke entlang der Vorfluter liefern ebenfalls erste Informationen über die Abflußmenge bei Hochwasser (HQ$_{50}$), da ihrer Dimensionierung in der Regel hydraulische Durchflußberechnungen, basierend auf regionalen Erfahrungen, zugrunde liegen.

Während dieser Vorlaufphase ist auch die Verfügbarkeit und Qualität der an den langjährigen Stationen ermittelten Daten zu prüfen. Bei den Pegelanlagen betrifft dies z.B. Ausfallzeiten (durch Baumaßnahmen, mangelnde Wartung, Festsitzen des Schwimmers durch Verschlammen etc.). Hier geben Plausibilitätskontrollen und Homogenitätstests Aufschluß über die Qualität der Daten. Von besonderer Bedeutung ist die Genauigkeit der verwendeten Abflußkurven, insbesondere im Mittel- und Hochwasserbereich. Sie können sowohl bei der Dimensionierung der neu zu installierenden Pegelbauwerke als auch bei der Frachtberechnung und -bilanzierung eine erhebliche Fehlerquelle darstellen.

Als weitere Entscheidungshilfen bei der Planung des Sondermeßnetzes sollten ein digitales geomorphographisches Reliefmodell, Bodenkarten und Informationen über die Niederschlagsverteilung und Flächennutzung herangezogen werden. Damit können „potentielle" Erosionsgebiete gezielt instrumentiert werden.

Liegen entsprechende Informationen nicht vor, ist für deren Erhebung ein ausreichender Zeitraum zu veranschlagen. Bei einem Gebiet von 542 km^2 sind nach unseren Erfahrungen 2 Personen ca. 1 Jahr mit der Beschaffung dieser „Basisinformationen" beschäftigt. Dieser Ansatz verringert sich allerdings erheblich, wenn es sich um ein Gebiet handelt, in dem geowissenschaftliche Karten, insbesondere Bodenkarten oder geomorphologische Karten, flächendeckend vorliegen.

Diese Vorarbeiten scheinen auf den ersten Blick sehr hoch angesetzt zu sein. Bedenkt man aber, daß in einem Gebiet dieser Größenordnung in einem

Projektzeitraum von 6 Jahren mit nur wenigen großen, überufervollen Ereignissen gerechnet werden kann, ist es notwendig, an den richtigen, d. h. ereignisrelevanten Standorten Pegel und Probennehmer installiert zu haben. Da die Geräteinstallationen außerdem der Dimension des Gebietes bzw. des Abflusses angepaßt sein müssen, bedeutet dies für ein mittleres Einzugsgebiet, daß Kosten und Arbeitszeit in einer Größenordnung investiert werden, die einen Irrtum über den Standort der Meßanlage nicht zulassen.

4 Notwendige Voraussetzungen für die Geräteinstallation

Neben den in erster Linie wissenschaftlichen Grundlagen müssen für die Errichtung des Meßnetzes auch bestimmte technische Vorgaben erfüllt sein.

Das bisher höchste Hochwasser während unseres Projektzeitraumes (März 1988) wurde durch Schneeschmelze und zusätzlichen Regen verursacht. Es handelt sich also um ein Ereignis nach einer Frostperiode. Da unbeheizte Niederschlagsschreiber während Frostperioden keine brauchbaren Werte liefern, ist eine Heizung vorzusehen, die ein Einfrieren der Schwimmergefäße verhindert.

In unseren Breiten ist deshalb für alle Niederschlagsschreiber ein Standort mit Stromversorgung notwendig, da sich andere Beheizungsversuche (Batterien, Kerzen) als unpraktikabel erwiesen haben.

Abflußpegel müssen den maximalen Abflußhöhen und -geschwindigkeiten angepaßt sein. Die Installationen sollten außerdem nur an stabilen Querschnitten vorgenommen werden, um die Gültigkeit der Abflußkurven zu gewährleisten. Bei der Installierung innerhalb einer Staustufenkette — zu der viele mitteleuropäische Flüsse umfunktioniert wurden — ist zusätzlich darauf zu achten, daß die Meßeinrichtungen möglichst nicht im Staubereich des Oberwassers liegen. In Ausleitungsstrecken kann darüber hinaus ein Teil des Abflusses am Gerinne vorbeigeführt werden. Dies gilt auch für Pegelstandorte, die umläufig sind. Der Anteil des Abflusses, der bei Überflutung der Aue die Pegelanlage umfließt, kann nur abgeschätzt werden, da die Abflußkurve oberhalb des ufervollen Abflusses nicht mehr gültig ist. Es sollten deshalb die Standorte ausgewählt werden, die aufgrund der Gerinnebettgeometrie einen möglichst hohen Durchfluß gewährleisten. Abb. 2 zeigt ein Beispiel für die auf kurzer Distanz ermittelten Unterschiede der Querschnittsflächen und dem daraus berechneten ufervollen Abfluß.

Da ein wissenschaftliches Projekt aus zeitlichen, finanziellen und planrechtlichen Gründen in der Regel keinen Brückenneubau zur Abflußmessung zuläßt, muß in der Nähe der Pegelstellen eine Brücke vorhanden sein, die während Hochwässern mit dem PKW erreichbar und für die Geschwindigkeitsmessung begehbar ist.

Ähnliches gilt für die automatischen Probennehmer. Sie sind hochwassersicher und mit PKW erreichbar einzubauen. Bei der Standortwahl handelsüblicher Modelle stellen dabei häufig die Länge des Ansaugschlauches und die Pumphöhe den limitierenden Faktor dar. Bei batteriebetriebenen Probenneh-

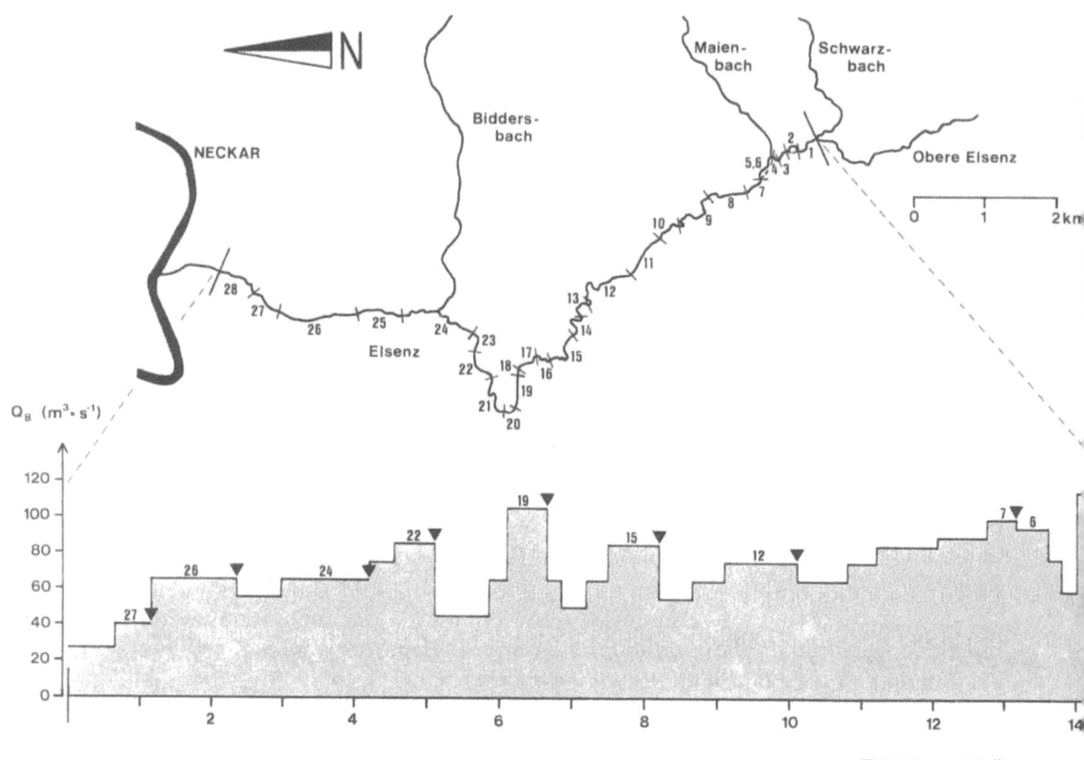

Abb. 2. Aus Querprofilsvermessung ermittelte ufervolle Abflußleistung im Elsenz-Unterlauf. Die eingetragenen Wehre der Mühlen und Elektrizitätswerke (▼) bilden im Oberwasser lokale Minima der Gerinnekapazität aus

mern wird schon bei ca. 4 m Saughöhe der Feinsand in Suspension nicht mehr in vollem Umfang mitgefördert. Bei entsprechend dimensionierten Vorflutern muß deshalb ein Standort gesucht werden, der sowohl bei Hochwasser die Gerätesicherheit gewährleistet, als auch bei Niedrigwasser korrekte Proben liefert. Eine weitere Möglichkeit besteht im Einbau einer zusätzlichen Pumpe zwischen Vorfluter und Probennehmer.

Bei Meßstellen, an denen in situ Leitfähigkeit, Trübung, Temperatur etc. im Vorfluter gemessen werden, muß der Schwimmkörper so konstruiert sein, daß er eine Messung während eines Hochwassers im Stromstrich unbeschadet übersteht und jederzeit gesäubert und gewartet werden kann. Nach unseren und den Erfahrungen der Göttinger Gruppe (s. Kap. 3) wird dies durch eine Konstruktion, wie in Abb. 3 dargestellt, gewährleistet.

Grundsätzlich ist bei allen freistehenden Geräten eine Schutzvorrichtung (Zaun) erforderlich, da bei freiem Zugang mit Diebstahl bzw. Zerstörung gerechnet werden muß. Dies trifft besonders hart, wenn die Geräte − wie bei Landeseigentum in Baden-Württemberg üblich − nicht versichert sind.

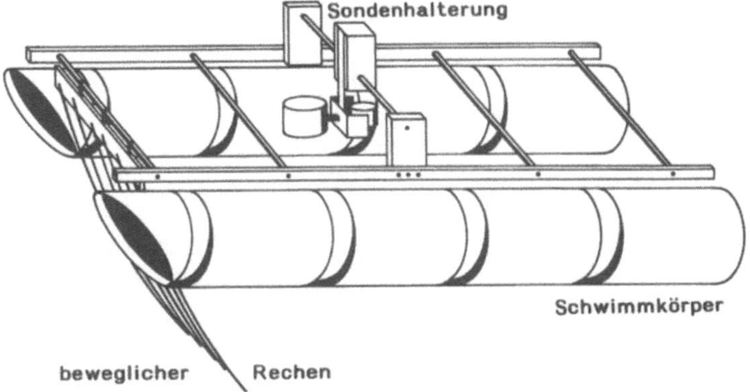

Abb. 3. Schwimmkörper zur Installation von Meßsonden im Stromstrich des Vorfluters

Diese Ausführungen machen deutlich, daß in mittleren Einzugsgebieten trotz der bereits vorhandenen Meßeinrichtungen ein hoher Meß- und Installationsaufwand notwendig ist. Bei der notwendigen Dimension der Baumaßnahmen erscheinen die Untersuchungen nur bei einer Laufzeit von mindestens 8–10 Jahren gerechtfertigt. Es sollte deshalb bereits zu Beginn des Projekts über die Laufzeit entschieden werden.

5 Finanzieller Rahmen bei mittleren Einzugsgebieten

Aus den wissenschaftlichen Vorgaben für die Einrichtung eines Sondermeßnetzes ergibt sich der finanzielle Rahmen. Gesamtkosten für das Meßnetz (Niederschlagsschreiber, Pegel, Probennehmer, Datalogger, Sensoren etc.) ergeben sich aus der Zahl der einzurichtenden Meßstationen. Die Anzahl dieser Stationen orientiert sich an der Ausstattung der bereits vorhandenen Meßeinrichtungen, den prozeßrelevanten Zuflüssen und der Länge des Hauptvorfluters. Das Meßnetz an der Elsenz mit einer Lauflänge von 51 km und insgesamt elf Teileinzugsgebieten umfaßt sieben Niederschlagsschreiber, elf Abflußpegel, drei handelsübliche Probennehmer mit 24 1-l-Flaschen und zwei Probennehmer mit 100 1-l-Flaschen (Eigenbau). Letztere sind mit Schwimmer, Sensoren (Trübung, Leitfähigkeit, Temperatur) und Datalogger ausgestattet. Im Rahmen unserer Fragestellung stellt dieses Meßnetz ein absolutes Minimum für ein Einzugsgebiet mittlerer Größe mit leicht hügeligem Relief dar.

Zusätzlich notwendig wäre die differenzierte Aufnahme des größten Teileinzugsgebietes des Schwarzbaches (vgl. Abb. 1), das derzeit nur an der Mündung in die Elsenz meßtechnisch erfaßt wird. Dies war jedoch aus Kostengründen, d.h. sowohl aus Geräte- als auch aus Personalkosten für Betreuung und Auswertung nicht möglich.

Diese Zusammenstellung zeigt, daß für die Bearbeitung eines mittleren Einzugsgebietes trotz vorhandener Einrichtungen ein sehr hoher Geräteaufwand erforderlich ist. Entsprechend der Dimensionierung der Bauwerke an einem mittleren Vorfluter fallen dabei Kosten für Baumaterial, Maschinen und Arbeitslohn an, die bei der Projektplanung häufig unterschätzt oder vernachlässigt werden. Da diese Aufwendungen aber nicht allgemein veranschlagt werden können, seien hier einige Beispiele gegeben:

Bei der Auswahl eines Pegelstandortes war es nicht möglich, einen Standort mit nahegelegener Brücke zu finden. Um an diesem Abflußpegel Geschwindigkeitsmessungen vornehmen zu können, war es deshalb unumgänglich, einen hydrologischen Meßsteg mit einer Spannweite von 15 m zu bauen. Die Materialkosten beliefen sich auf ca. DM 15 000,– zuzüglich der Lohn- und Maschinenkosten für Planung, Konstruktion und Setzen des Steges. Da uns in diesem Fall die Gemeinde, die großes Interesse an den Abflußwerten hatte, mit Material und Maschinen unterstützte, konnten die Kosten stark reduziert werden.

Für eine komplette Anlage mit Pegelkonstruktion, Pegel, handelsüblichem Probennehmer (24 Flaschen) und Probennehmerschrank zur Untersuchung des Outputs eines Teileinzugsgebietes von ca. 20 km^2 müssen Materialkosten von etwa DM 15 000,– veranschlagt werden (Preisbasis 1990). Dazu kommt ein Betrag in Höhe von DM 1500,– für einen Zaun, um diese Anlage vor unbefugter bzw. unsachgemäßer „Behandlung" zu schützen.

6 Betrieb des Sondermeßnetzes

Der Betrieb des Sondermeßnetzes gliedert sich in Geländearbeiten und Auswertungsarbeiten im Labor. Es ist selbstverständlich, daß insbesondere die Intensität der im Labor durchzuführenden Arbeiten von der Fragestellung bzw. Zielsetzung des Projekts abhängig ist. Die im folgenden diskutierten Angaben, die sich auf die Erfassung der aktuellen fluvialen Dynamik beziehen, müssen deshalb bei geänderter Zielsetzung entsprechend modifiziert werden. Um das Sondermeßnetz in der o. g. Ausstattung (elf Pegel, sieben Niederschlagsschreiber, drei Wetterhütten, fünf Probennehmer) zu betreiben, sind vier Manntage pro Woche notwendig. Zwei Manntage werden zum Wechseln der Papierstreifen bzw. der Dataloggerspeicher, zur Funktionsprüfung, Eichung und Wartung der Geräte, zum Wechseln der Probennehmerflaschen, zur Entnahme von Kontrollproben und zu Kontrollmessungen mit Handsonden benötigt. Zwei weitere Manntage sind erforderlich, um fällige Reparatur- und Wartungsarbeiten durchzuführen und Geschwindigkeitsmessungen zur Erstellung der Abflußkurven vorzunehmen.

Die Arbeiten im Labor umfassen zunächst die Digitalisierung der Papierstreifen bzw. das Auslesen der Dataloggerspeicher und die Datenüberprüfung und -organisation.

Die Wasserproben werden zunächst auf pH-Wert und Leitfähigkeit untersucht und anschließend zur Ermittlung der Sedimentfracht filtriert. Sobald die Schwebstoffkonzentration Werte um 500 mg/l überschreitet, wird die Probe zentrifugiert. Der Probenrückstand wird nach dem Filtrieren bzw. Zentrifugieren eingetrocknet und ausgewogen. Bei höheren Konzentrationen, besonders bei Ereignisproben, wird eine Korngrößenbestimmung mittels Laser vorgenommen. Von ausgewählten Proben wird — wenn eine ausreichende Probenmenge vorhanden ist (mindestens 4 g Trockensubstanz) — eine Korngrößenbestimmung mit KÖHNscher Pipette durchgeführt, nachdem die organische Substanz mit H_2O_2 zerstört und gravimetrisch bestimmt wurde.

Soll zusätzlich die Lösungszusammensetzung ermittelt werden, um die Lösungsfracht zu quantifizieren, werden die Wasserproben auf Gehalt an Anionen SO_4^{2-}, PO_4^{3-}, NO_3^- im Photometer und Kationen Ca^{2+}, Na^+, Mg^{2+}, K^+ im AAS untersucht (vgl. Beitrag Schütt). Titrimetrisch werden Cl^- und die Alkalinität bestimmt.

In den zurückliegenden drei Meßjahren mit insgesamt 10 beprobten Hochwasserereignissen wurden ca. 2000 Proben in der genannten Weise untersucht. Für diese Behandlung muß mit einem mittleren Aufwand von 0,9 Stunden pro Probe gerechnet werden. Um diesen Arbeitsaufwand zu reduzieren, wurde ein Probennehmersystem entwickelt, das durch dynamische Änderung der Parameter Leitfähigkeit, Temperatur, Trübung, Wasserstand etc. gesteuert werden kann. Für die Steuerung können sowohl Grenzwerte als auch die ersten bzw. zweiten Ableitungen verwendet werden. Als Ableitungen werden die Werteänderungen pro Zeiteinheit (1. Ableitung) bzw. Steigungsvergleich pro Zeiteinheit

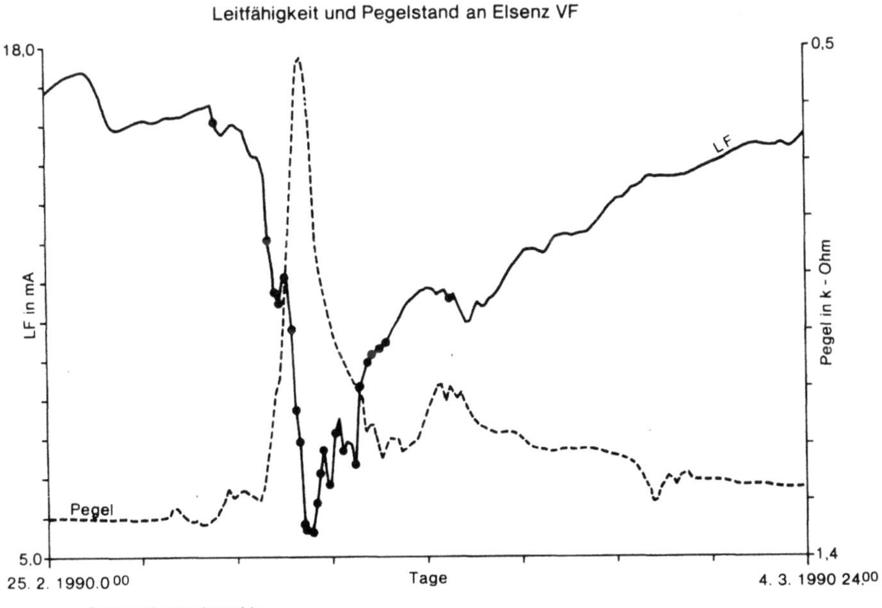

Abb. 4. Beispiel für die ereignisgesteuerte Probennahme ausgehend von der Änderung des Wasserstandes und der Leitfähigkeit. Im Beispiel erfolgte die Ereignis-Einstellung mit 2,5% des Meßbereichs für die 1. Ableitung der Leitfähigkeit und 2% des Meßbereichs für die 2. Ableitung des Pegelstandes bei 10-minütiger Messung und 1-stündlicher Datenablage

(2. Ableitung) herangezogen. Abb. 4 zeigt am Beispiel Wasserstand und Leitfähigkeit die auf dieser Basis ausgelöste Probennahme.

Durch diese gezielte Probennahme und die kontinuierliche Aufzeichnung der Leitfähigkeit, Trübung etc. wird eine deutliche Reduzierung der Probenanzahl möglich.

7 Weitere Arbeiten zur Erfassung der aktuellen fluvialen Dynamik

Um zu einer gesicherten Bilanz bezüglich des Stofftransportes zu kommen, sind die bislang beschriebenen Arbeiten nicht ausreichend. Nach unseren bisherigen Erfahrungen sind zur Bilanzierung und zur Quantifizierung der Teilprozesse, die in der Bilanz eine Rolle spielen, folgende weitere Erhebungen notwendig.

— Untersuchung der Gerinnebetten auf Seiten- und Tiefenerosion, um abschätzen zu können, welche Sedimentmengen in der Gesamtbilanz den Gerinnebetten entstammen. Da insbesondere die Seitenerosion sehr stark vom Zustand der Ufervegetation abhängig ist, umfassen diese Arbeiten auch die Aufnahme von Zustand und Veränderung der Ufervegetation;
— Aufnahme von Fließgeschwindigkeiten und Sedimentkonzentrationen auf der Aue während Hochwässern mit überufervollem Abfluß;
— Aufnahme der Sedimentmächtigkeiten auf der Aue nach einem Hochwasser;
— Ermittlung der längerfristigen Nutzungsänderungen im Einzugsgebiet.

7.1 Seitenerosion

Um Vorkommen und Ausmaß von Erosions- und Akkumulationserscheinungen über der Wasserlinie entlang der Gerinne festzustellen, wurden an ausgewählten, repräsentativen Flußabschnitten von Elsenz, Biddersbach und Insenbach (s. Abb. 1) die Uferbereiche kartiert. Ein Beispiel für diese Kartierung zeigt Abb. 5. Dargestellt ist ein 55 m langer Ausschnitt aus dem Mittellauf des Biddersbaches. Dabei wurden mit Meßlatte und Maßband neben Längs- und Querstrecken die vertikalen Höhen aufgenommen. Erosions- und Akkumulationsbereiche sind durch verschiedene Signaturen gekennzeichnet. Die Berechnung der Erosionsflächen und -körper aus den Kartierungen ist in Abb. 6 erläutert. Bei den Massenberechnungen wurde eine Dichte von $1{,}8\,\mathrm{g/cm^3}$ zugrunde gelegt.

Die Kartierung an der Elsenz erfolgte im Maßstab 1 : 1000, die Nebengerinne wurden 1 : 100 aufgenommen. Bei den an Haupt- und Nebengerinnen kartierten Erosions- und Akkumulationsformen handelt es sich i.d.R. um Rutschungen in kohäsivem Material, bzw. deren Abrißnischen und Akkumulationsformen. Das Ausmaß dieses Prozesses reicht vom Absitzen cm-mächtiger Uferpartien bis hin zum Grundbruch mit einer Länge von mehreren Deka-Me-

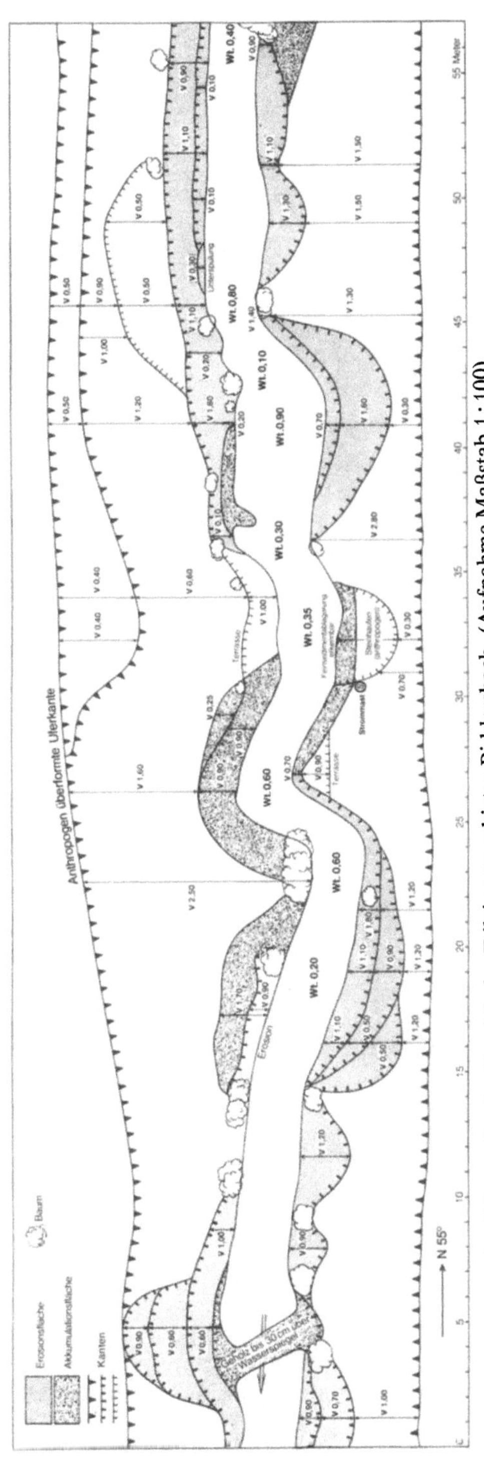

Abb. 5. Kartierung der Ufererosion im Bereich des Teileinzugsgebietes Biddersbach. (Aufnahme Maßstab 1 : 100)

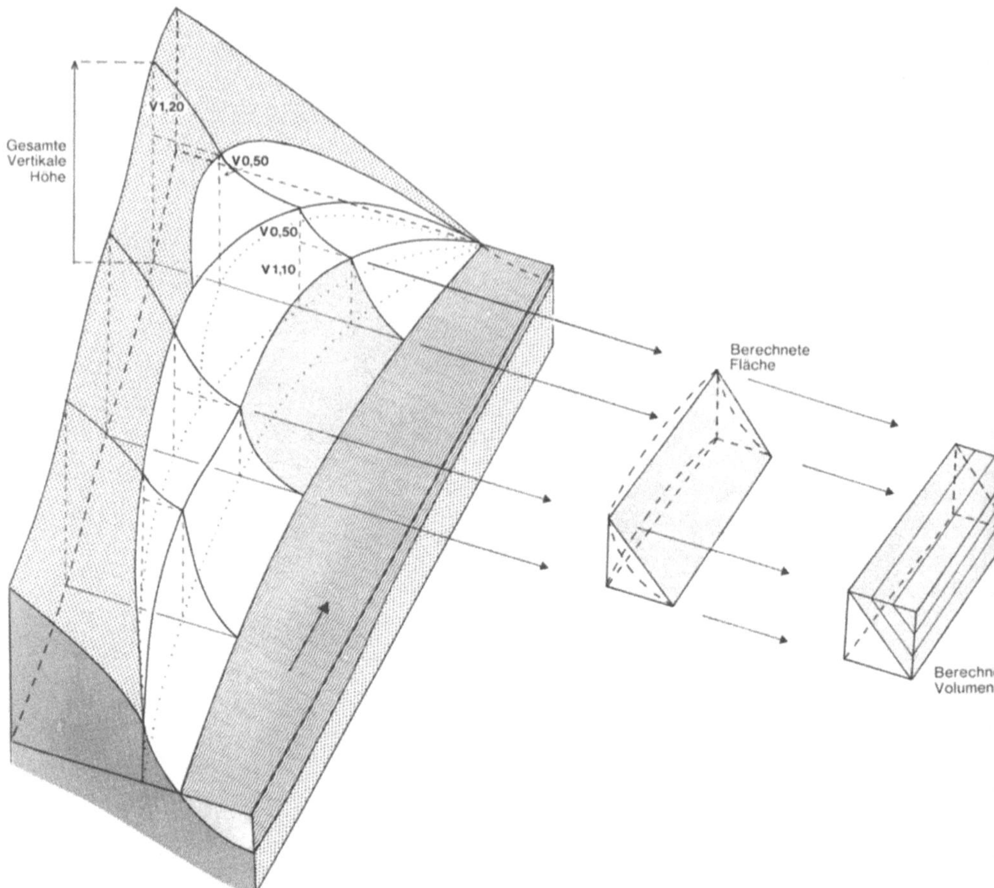

Abb. 6. Verfahren zur Berechnung der Erosionskubaturen am Gerinneufer

tern (bei der Elsenz). Die Rotationsfläche kann bei diesen großen Rutschungen bis zu 6 m vom Ufer entfernt ansetzen. Diese Rutschkörper treten häufig an oder in der Nähe von Kolken auf, zeigen aber keinen eindeutigen Zusammenhang mit dem Mäandrieren des Flusses.

Mit Hilfe dieser detaillierten Uferkartierungen ist es möglich, den Beitrag der Seitenerosion zum Sedimenttransport zu quantifizieren. Im Teileinzugsgebiet des Insenbaches ergab die Kartierung der Ufererosion nach dem Hochwasser im März 1988 einen Betrag der Ufererosion von ca. 250 t. Dies sind etwa 20% vom Gesamtaustrag dieses Ereignisses (1300 t) aus diesem Teilgebiet.

Diese Ergebnisse und die Fragen zur Herkunft der Sedimente zu Beginn eines Hochwassers (Suspensionsmaximum vor Abflußmaximum) führten zur Entwicklung eines Modelles zur Ufer- und Seitenerosion, das in Barsch et al. (1989b) ausführlich beschrieben wird.

Um die Rutschdynamik an „aktiven" Uferpartien besser zu erfassen, werden zusätzlich besondere Erosionsformen mit dem Theodolit eingemessen. Dabei werden Tiefenmessungen im Abstand von 10 cm über ein Querprofil von Hochufer zu Hochufer durchgeführt. Die Messungen werden regelmäßig wiederholt, um festzustellen, in welchem Maß und in welchen Zeitabschnitten die Rutschungen aktiv sind.

7.2 Ufervegetation und Uferhöhen

Die ufernahe Vegetation, insbesondere der Baumbestand im Gerinne und an den Rändern zum Vorland, hat nach den Kartierungen an der Elsenz einen entscheidenden Einfluß auf die Gerinnebettgestaltung. Mit Hilfe von Luftbildern im Maßstab 1 : 5000 (Vergrößerungen) wurden die Veränderung der Ufervegetation zwischen April 1978 und September 1988 ermittelt. Dabei stellte sich heraus, daß die Baumvegetation am Elsenzufer zwischen Mauer und Bammental deutlich abgenommen hat, d.h. im Laufe des genannten Jahrzehnts sind wesentlich mehr Lücken entstanden als zugewachsen. Nach den bisherigen Beobachtungen entstehen die Lücken nur dort, wo die Bäume aufgrund der Instabilität des Ufers samt der Böschung in den Vorfluter abrutschen. Diese Bäume werden dann von den Wasserwirtschaftsbehörden entfernt, um Verklausungen zu verhindern. Diese Lücken geben damit zusätzlich Aufschluß über „aktive" Gerinneabschnitte.

Die Kartierungen und Vermessungen haben darüber hinaus gezeigt, daß die Flußbaumaßnahmen (Wehre, Mühlen etc.) einen erheblichen Einfluß auf die Gestalt des Gerinnebettes der Elsenz haben. Unterhalb dieser Bauwerke, die als lokale Erosionsbasen anzusehen sind, erreichen die Ufer mehr als 5 m Höhe. Stromabwärts gehen die Uferhöhen bis zum nächsten Stauwehr auf unter zwei Meter zurück. Entsprechend variiert die Kapazität des Hochflutgerinnes zwischen 120 und 30 $\mathrm{m^3\,s^{-1}}$ (vgl. Abb. 2).

Probleme bei der Quantifizierung der Ufererosion ergeben sich durch die Methodik der Aufnahme. So kann teilweise nicht genau festgestellt werden, ob die aufgenommenen und berechneten Volumina nur dem letzten Ereignis zuzuordnen sind oder ob schon bei vorangegangenen Ereignissen Material erodiert bzw. akkumuliert wurde. Dies wird bestätigt durch den Vergleich der Frachtbilanzierung mit den Ergebnissen der Kartierung nach dem Hochwasser im März 1988. Zwischen Schwarzbachmündung und Pegel „Hollmuth" hat die Bilanzierung einen Verlust von 0,5 $\mathrm{m^3 \cdot m^{-1}}$ Laufstrecke ergeben. Die Kartierung ergab für denselben Flußabschnitt einen Materialverlust von 2 $\mathrm{m^3 \cdot m^{-1}}$ Laufstrecke, also einen viermal so hohen Wert. Dieser Fehler dürfte allerdings nicht nur auf die Zuordnung zu Ereignissen, sondern auch auf die Genauigkeit der Aufnahme zurückgehen, die im Rahmen von Doppelmessungen mit ca. 30% ermittelt wurde. Zur Trennung von einzelnen Ereignissen ist es möglich, Nägel senkrecht zur Abbruchsfläche als Marker einzubringen. Ihre Freilegung gibt dann zumindest einen Anhaltspunkt über die fehlende Mächtigkeit seit der letzten Vermessung. Bezüglich der Genauigkeit kann eine Verbesserung nur erreicht werden, wenn mit Theodolit gearbeitet wird.

Bei den Vermessungen mit Theodolit ist allerdings zu berücksichtigen, daß bei größeren Flüssen (Elsenz mit 15 m breitem Gerinnebett) ein Boot und mindestens 5 Personen zur Verfügung stehen müssen. Außerdem sind die Messungen sehr zeitintensiv, d. h. an einem Tag können maximal 2 dieser Profile bearbeitet werden. Bei kleineren Vorflutern sind es entsprechend mehr.

7.3 Tiefenerosion

Sehr viel schwieriger ist die Abschätzung der Erosion und Akkumulation unterhalb des Niedrigwasserspiegels, da die Prozesse an der Sohle aufgrund des hohen Schwebstoffgehalts nicht direkt beobachtet werden können. Um eine Bilanzierung zu erreichen, müssen die Formveränderungen im Gerinnebett über die Vermessung von Längs- und Querprofilen bestimmt werden. Die einfachste Methode zur Bestimmung des Sohlenlängsprofils besteht in der Ermittlung der Tiefen mit Hilfe einer Meßlatte vom Boot aus. Mit dieser Methode werden Ergebnisse erzielt, die schwer reproduzierbar sind und mit einem sehr hohen Zeitaufwand erzielt werden.

Eine höhere Auflösung lieferte die Aufnahme mit einem Echographen. Dabei wird das Echolot an einem Boot unterhalb der Wasseroberfläche befestigt und der Talweg abgefahren. Ohne Einsatz eines Motors wird dabei in langsamem Tempo stromabwärts gerudert. Die zuvor angebrachten Markierungen (z. B. an Bäumen am Ufer) erlauben eine Orientierung und gegebenenfalls eine spätere Längenkorrektur einzelner Teilabschnitte. Der Echograph liefert das fortlaufende Profil der Sohle, das anschließend digitalisiert und verrechnet wird. Bei der Elsenz handelt es sich um ein typisches Furt-Kolk-Profil mit Tiefen zwischen 2 und 4 m (Abb. 7). Dabei überlagern sich unterschiedliche Wellenlängen, die durch die Variabilität des Abflusses entstanden sind (Barsch et al. 1989b). Die Form der Sohle ist vor und nach Zuflüssen und anthropogenen Gerinneveränderungen unterschiedlich. Aus den bisher aufgenommenen Profilen ergeben sich vor und nach Hochwasser keine signifikanten Unterschiede. Damit ist nicht ausgeschlossen, daß während des Hochwassers die Flußsohle erodiert und beim Ablaufen der Hochwasserwelle wieder aufgefüllt wird („scour and fill", vgl. Leopold et al. 1964). Um diese Verhältnisse zu klären, muß von einer Hilfsbrücke aus in einem unbeeinflußten Gerinneabschnitt mit dem stationär eingebauten Echographen oder anderen Einrichtungen gemessen werden (vgl. Beitrag Jüpner).

Auch die Vermessung des Sohlenlängsprofils mit Meßlatte ist sehr zeitintensiv und für Abschätzungen von Veränderungen an der Sohle zu ungenau. Die kontinuierliche Aufnahme des Talwegs mit Hilfe eines Echographen liefert – wie bereits diskutiert wurde – wesentlich bessere Ergebnisse, auch wenn die Meßgenauigkeit bei 5 m Wassertiefe bei ±2,5 cm liegt. Es besteht allerdings auch bei dieser Methode das Problem, das ursprüngliche Profil wiederzufinden, da das Boot ohne Motor schwierig zu steuern ist. Dies gilt besonders für

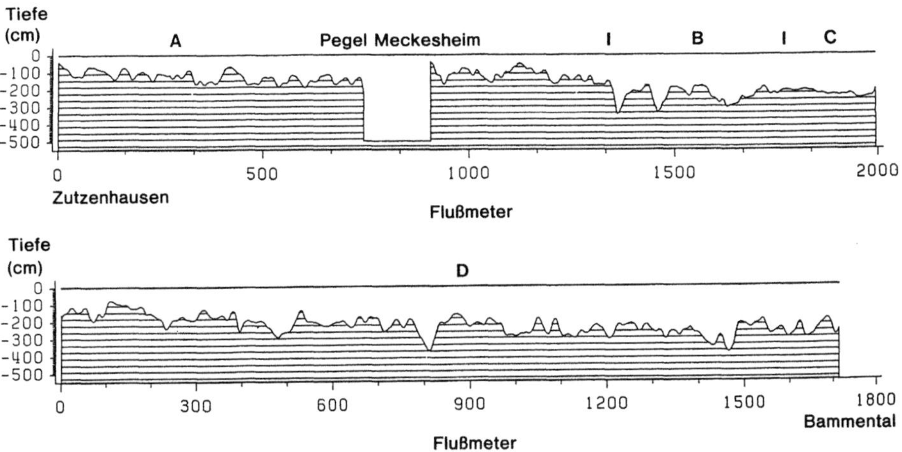

A Oberhalb der Schwarzbachmündung.
Maximale Kolktiefe 2m.
B Unterhalb der Schwarzbachmündung.
Maximale Kolktiefe 4m.

C Befestigter Kanal (Mäanderdurchbruch 1984).
Keine Kolke.
D Nordwestlich von Mauer.
Maximale Kolktiefe 4 m.

Abb. 7. Sohlenlängsprofil der Elsenz zwischen Zuzenhausen und Bammental. Die Profilaufnahme erfolgte mit Hilfe eines Echographen. Zur Darstellung des Furt-Kolk-Profils wurde das Echogramm geglättet

eng gewundene Flußstrecken, wo der Stromstrich häufig wechselt. Wie die Arbeit von Kadereit (1990) zeigt, ist die Genauigkeit dieses Verfahrens jedoch ausreichend, um längerfristige Veränderungen im Längsprofil zu erfassen.

Dieses Verfahren ist nicht geeignet, um Veränderungen an der Sohle zu erfassen, die sich während eines Hochwassers ereignen. Zu diesem Zweck muß der Echograph im Gerinne stationär eingebaut werden, um während des Ereignisses die Eintiefung bzw. die Aufhöhung der Sohle zu dokumentieren.

7.4 Hochwasser auf der Aue

Um die Prozesse auf der Aue bei Hochwasserabfluß zu untersuchen, müssen Vielpunktmessungen der Fließgeschwindigkeiten entlang von Querprofilen über die gesamte Aue ermittelt werden. Damit wird ein Vergleich zwischen den transportierten und den sedimentierten Korngrößen möglich.

Während des Hochwasserereignisses vom 15. Februar 1990 wurden auf der Elsenzaue zwischen Meckesheim und Mauer Geschwindigkeitsmessungen durchgeführt. An denselben Stellen wurden ebenfalls in unterschiedlichen Tiefen Wasserproben genommen, um die Konzentration der Schwebstoffe zu bestimmen. Abb. 8 zeigt das Querprofil mit den ermittelten Fließgeschwindigkeiten, Sedimentkonzentrationen und Korngrößen (als U/T-Verhältnis).

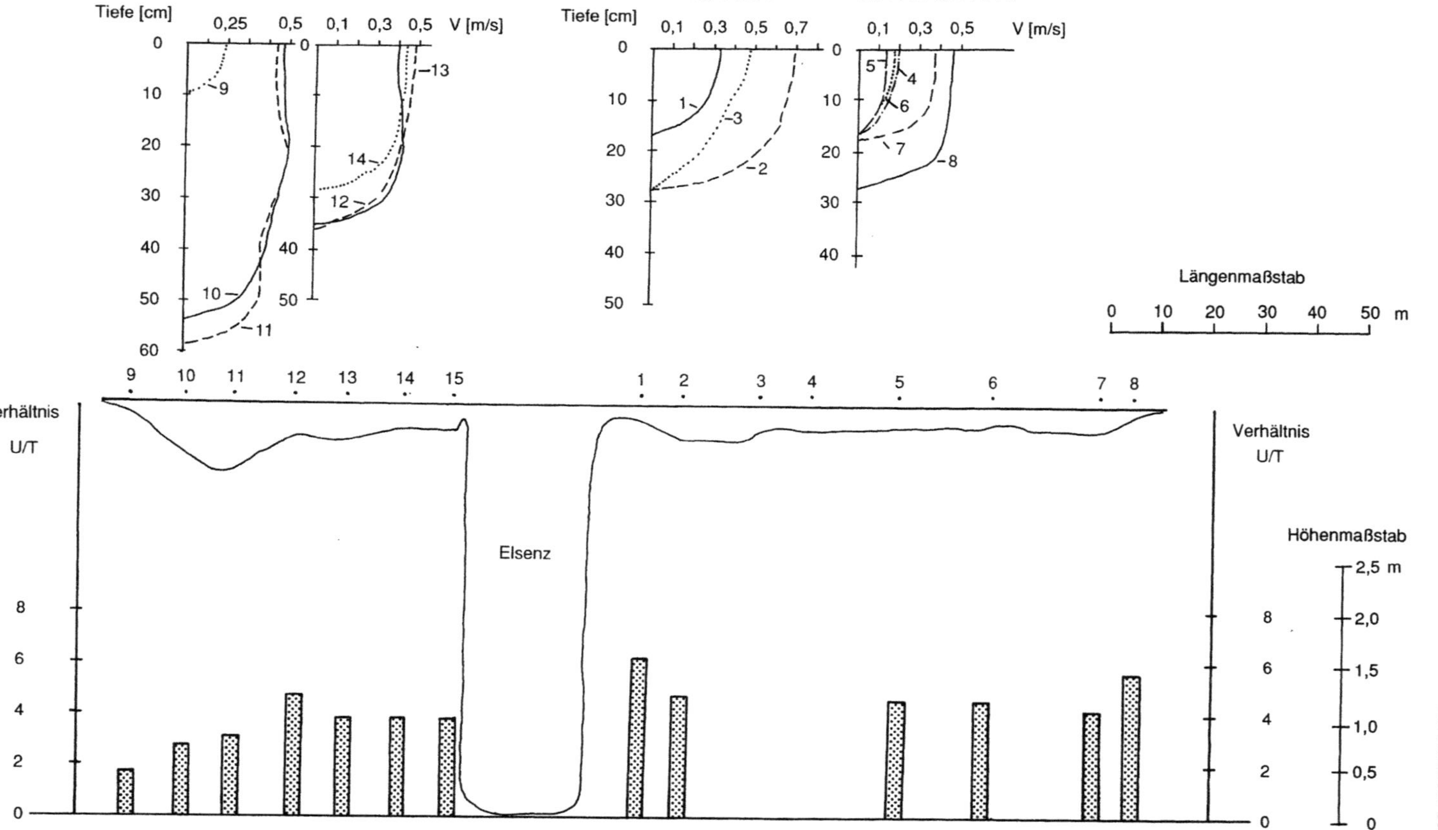

Abb. 8. Querprofil über die Elsenztalaue bei Vorlandabfluß am 15.–17.2.1990. Die obere Leiste zeigt Geschwindigkeitsprofile auf der Aue an den in der unteren Leiste eingetragenen Meßpunkten 1 bis 15. Die im unteren Teil dargestellten Säulen geben das Schluff/Ton-Verhältnis der an den Meßpunkten entnommenen Suspensionsproben wieder. Die Korngrößenanalysen wurden mit dem Laser (Lab-Tec) ermittelt. Sehr gut zu erkennen ist das geringe U/T-Verhältnis, d.h. der relativ hohe Tongehalt im Bereich der linken Hochflutrinne. Die Geschwindigkeitsmessungen wurden mit einem Flü-

7.5 Sedimentmächtigkeiten auf der Aue

Um die Materialtransporte eines überufervollen Hochwassers weiter zu quantifizieren, sind neben dem Austrag aus dem Einzugsgebiet die Depositionen auf der Aue zu berücksichtigen. Die Sedimentmächtigkeiten und -verbreitungen werden mit Hilfe von Meterstab (Sedimenttiefe) und Maßband (flächenhafte Ausdehnung der Sedimentkörper) aufgenommen. Bei Annahme einer Dichte von $1,3 \text{ g/cm}^3$ können dann die Materialmengen berechnet werden.

Im Elsenzgebiet wurden während des 10-jährlichen Hochwassers im März 1988 ca. 28 000 t aus den Kartierungsergebnissen berechnet. Daraus folgt eine aktuelle Aufhöhung der Überflutungsareale von durchschnittlich 13 mm.

Die Unterschiede in den Ablagerungsbedingungen bzw. Sedimentmächtigkeiten (unter 1 cm bis über 20 cm) führten zu einem Modell zur inneren Differenzierung der Auensedimente (Barsch et al. 1989 b). Danach kommt es in den „Engtalstrecken" (Bsp. Bammental) einerseits zur flächenhaften, andererseits zur linienhaften Auensedimentation. Die Mächtigkeiten reichen von < 1 cm bis 20 cm. In den „Talweitungen" (Bsp. Meckesheim-Mauer) sind die Ablagerungen dagegen flächenhaft und nahezu gleichmäßig mit Mächtigkeiten von ≤ 1 cm.

Zur Aufnahmetechnik ist anzumerken, daß die Aufnahme unmittelbar nach dem Hochwasser erfolgen muß, da nach Entwässerung der abgelagerten Sedimente eine Differenzierung mit der genannten Methode nicht mehr möglich ist. Dies erfordert je nach aufzunehmender Fläche eine größere Anzahl von vergleichbar kartierenden Bearbeitern, die nicht immer zur Verfügung steht. Es sollten deshalb bereits im Vorfeld einige Testgebiete angelegt werden, die als repräsentativ für größere Gebiete gelten. Grundsätzlich schwierig ist die Aufnahme in ackerbaulich genutzten Teilen der Aue, da hier im Gegensatz zum Grünland Akkumulationen von Verspülungen nur schwer zu unterscheiden sind. Nach unseren bisherigen Erfahrungen sind jedoch mit dieser Methode relativ gute Ergebnisse zu erzielen. Sie stellt auch das Bindeglied zur Einordnung der aktuellen Messungen in einem größeren zeitlichen Rahmen dar, der sich aus der Analyse der historischen bzw. der holozänen Akkumulationen ergibt (vgl. Barsch et al. 1989 a).

Die Methodik für die Aufnahme dieser Akkumulationen ist abhängig von der Größe der überfluteten Auenfläche. Handelt es sich nur um kleine Areale (bis ca. 1 km^2) kann der Maßstab der Aufnahme zwischen 1 : 100 und 1 : 1000 liegen, während bei Flächen von $> 1 \text{ km}^2$ bis 10 km^2 Maßstäbe zwischen 1 : 2000 und 1 : 5000 angewendet werden sollten. Dem Maßstab entsprechend ergibt sich die Genauigkeit der Abschätzung. Nach unseren Erfahrungen sollte bei der Aufnahme wie folgt verfahren werden. Zuerst wird die räumliche Verteilung optisch differenzierbarer Akkumulationsformen kartiert und auf den Karten entsprechenden Maßstabs dargestellt. Die Aufnahme der Mächtigkeiten erfolgt mit Hilfe eines Rasters, wobei an den optisch erkennbaren Grenzen und bei stark wechselnden Mächtigkeiten eine Verdichtung der Aufnahmepunkte erfolgen muß. Für die Aufnahme im Maßstab 1 : 500 hat sich ein 1 m-Raster, bei 1 : 5000 ein 10 m-Gitter bewährt. Eine große Hilfe bei der Fehlerabschätzung erbringen Testflächen, die vor dem Hochwasser detailliert aufgenommen wurden.

7.6 Sedimenteintrag von der Fläche

Um den Sedimenteintrag von der Fläche messend zu bestimmen, sind Installationen notwendig, wie sie eingangs bereits beschrieben wurden. Der Abfluß muß mittels Pegel und Abflußmessungen, die Sedimentkonzentrationen entweder durch manuelle oder automatische Probennahme bestimmt werden. Es sind folglich nicht unerhebliche finanzielle Investitionen notwendig, um auch diesen Aspekt bei den Untersuchungen zu berücksichtigen. Sporadisch genommene Proben von Feldabflüssen erreichen zwar in aller Regel die höchsten Konzentrationen mit über 50 000 mg/l im Elsenzgebiet; ohne Abfluß- und Suspensionsganglinie ist aber keine weitere Analyse oder Quantifizierung möglich. Aus diesem Grund muß bei einem mittleren Einzugsgebiet versucht werden, die auf repräsentativen Flächen gemessenen Abtragsdaten durch Aufnahme von Erosions- und Akkumulationsformen in unterschiedlichen Maßstäben zu einer dem Maßstab angepaßten Abtragsansprache zu kommen (vgl. Schmidt 1979).

Bei diesen Untersuchungen spielt die Größe der Fläche, von der Sediment in die Vorfluter eingetragen werden kann, eine entscheidende Rolle. Die Anteile der landwirtschaftlichen Nutzfläche (wo die bedeutenden Erosionsprozesse ablaufen) und der Wald- und Siedlungsflächen wurden mit Hilfe der Planimetrierung ermittelt. Als Grundlage dienten die Topographischen Karten 1:25 000 aus den Jahren 1983 – 86. Danach hat die landwirtschaftliche Nutzfläche mit 370,8 km^2 einen Anteil von 68,4% an der Fläche des Gesamtgebietes (542 km^2). Der Anteil der Waldflächen beträgt 24,5% (132,7 km^2).

Ein Vergleich der Siedlungsflächen in den 50er Jahren mit der heutigen Situation liefert einen Hinweis auf die anthropogene Verstärkung der Abflußspitzen durch „Versiegelung" der Flächen. Die Planimetrierung von Topographischen Karten im Maßstab 1:25 000 aus den Jahren 1954 – 59 ergab eine Siedlungsfläche von 8,6 km^2 bzw. 1,6% an der Gesamtfläche des Einzugsgebietes. Die Karten von 1983 – 1986 (s. o.) zeigen demgegenüber einen Anteil von 38,5 km^2 oder 7,1% am Gesamtgebiet. Die Siedlungsfläche im Einzugsgebiet der Elsenz hat demnach in den letzten 30 Jahren um das 4,5fache zugenommen.

8 Methodische Probleme bei der Datenerfassung

8.1 Wasserstandsmessung

Die herkömmliche Bestimmung von Wasserstandsänderungen auf Papierstreifen ist mit einigen Problemen verbunden, die sich negativ auf die Qualität der Daten auswirken können. Dies beginnt bei dem Auflegen des Streifens auf die

Rolle und beim Justieren der Schreibspitze auf genaue Uhrzeit und Wasserstand. Darüber hinaus reagiert die Schreibspitze bei Betrieb etwas träge, was sich besonders bei langsamen Wasserstandsänderungen bemerkbar macht. Aus diesen Gründen kann die Genauigkeit der Angaben bei Aufzeichnung im Mittelwasserbereich auf $\pm 0,5$ cm festgelegt werden.

Bei älteren Geräten, die aus Kostengründen eher selten einer fachmännischen Wartung unterzogen werden, sind die Uhrwerke oft schlecht einzustellen. Sie können bei einer Laufzeit von einer Woche durchaus um $\pm \frac{1}{2}$ Stunde falsch laufen. Dies kann auch eine Funktion der Außentemperatur sein, so daß die Ungenauigkeiten schwer zu korrigieren sind. Die Eingabe der Wasserstandsdaten bzw. das Digitalisieren der Streifen kann zusätzlich Übertragungsfehler produzieren; sie ist außerdem mit großem Zeitaufwand verbunden.

Diese Fehlerquellen kann man ausschließen, wenn eine elektronische Datenaufnahme und eine digitale Datenspeicherung gewählt wird. Hierbei wandelt ein Potentiometer die Wasserstände in Widerstände um, die in einem vorher programmierten Takt auf Datalogger abgespeichert werden (vgl. Abb. 9). Die Beziehung zwischen Wasserstands- und Widerstandswerten ist linear. So kann außerdem durch direkte Messung am Potentiometer die Wasserstandsaufzeichnung im Gelände überprüft und gegebenenfalls korrigiert werden.

Die elektronische bzw. digitale Aufzeichnung ist im Gegensatz zur herkömmlichen Methode nicht kontinuierlich. Da die Schreibstreifen der kontinuierlichen Aufzeichnungen aber nur halbstündlich oder stündlich digitalisiert werden können, ist bei der digitalen Aufzeichnung (im 5- oder 10-Minuten-Takt) die Auflösung im Endeffekt doch größer. Darüber hinaus bietet die digitale Datenaufnahme eine erhebliche Zeitersparnis, da das Eintippen der Werte bzw. das Digitalisieren der Streifen entfällt. Die Widerstandswerte müs-

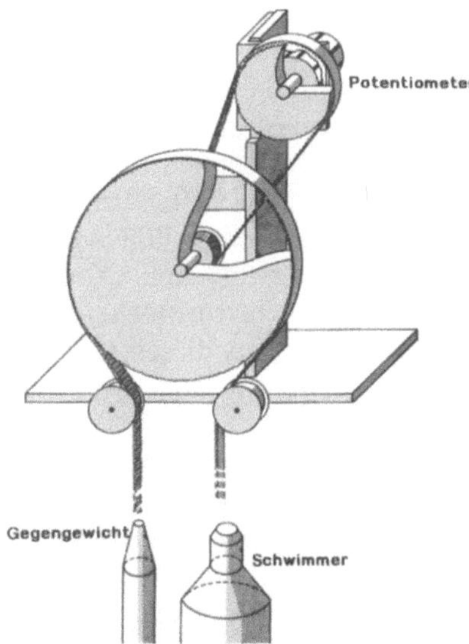

Abb. 9. Schematische Zeichnung des vom Labor für Geomorphologie und Geoökologie entwickelten elektromechanischen Pegels. Die Veränderung des Wasserstandes wird unter Schwimmer/Gegengewicht in eine Drehbewegung eines Potentiometers gewandelt. Die Widerstandswerte des Potentiometers werden mit Hilfe eines Dataloggers aufgezeichnet

sen lediglich vom Speicher übertragen werden. Allerdings benötigt man einen Datalogger (mit entsprechenden Speichermodulen), der jedoch die Anschaffungskosten eines herkömmlichen Pegels i.d.R. nicht übersteigt. Zusätzlich bietet er weitere Kanäle, an die Sensoren anzuschließen sind, wie z.B. für Leitfähigkeit, Trübung oder Temperatur.

8.2 Abflußbestimmung

Die verschiedenen Methoden zur Abflußbestimmung sind in der Grundlagenliteratur zur Hydrologie ausführlich beschrieben. Man unterscheidet zwischen volumetrischer Messung (mittels Behälter), Schwimmer- oder Treibkörpermessung, Messung mit Markierungsstoffen (Tracer) und Flügelmessungen.

Die volumetrische Messung kann sehr schnell mittels Eimer oder Faß durchgeführt werden. Sie eignet sich aber nur zur Abflußmessung an kleinen Gerinnen und richtet sich nach der Größe des Behälters (maximal einige zehn Liter/Sekunde; vgl. Kap. 1).

Schwimmer- oder Treibkörpermessungen geben nur einen groben Richtwert, was auch durch den Korrekturfaktor von 0,8 zum Ausdruck kommt, mit dem die aus der Treibkörpermessung ermittelte Abflußmenge korrigiert werden muß. Dieser Faktor richtet sich nach der Rauhigkeit des Flußbettes und schwankt „natürlicherweise" erheblich. Die so ermittelten Abflußwerte sind folglich zu ungenau für Wasser- oder Stoffbilanzen.

Die Tracer- und die Flügelmessung sind zwei Methoden, die eine wesentlich größere Genauigkeit bieten. Zu den von Becht und Wetzel (Kap. 6) genannten Vor- und Nachteilen der Tracermessung läßt sich bezüglich des Elsenzgebietes folgendes ergänzen:

Bei den kleineren Zuflüssen der Elsenz ist die Turbulenz für die vollständige Durchmischung ausreichend. Hier haben die Tracermessungen gute Ergebnisse geliefert. Dagegen wird der Abfluß des Hauptvorfluters durch Stauanlagen so drastisch beeinträchtigt, daß die Abflußgeschwindigkeiten bei Niedrigwasser unter 20 cm/s zurückgehen. Der Abfluß ist „quasi-laminar", d.h. die vollständige Durchmischung des Injektionsstoffes wird erst nach einigen 100 Metern oder sogar einigen Kilometern erreicht. Dabei bleibt ein Teil des Salzes in Kolken und Neerströmen zurück. Der Konzentrationspeak fällt entsprechend flach und diffus aus und macht die Auswertung ungenau. Auch im Hochwasserfall ist die Strömung über weite Strecken nicht turbulent genug, um eine ausreichende Durchmischung zu gewährleisten. Aus diesen Gründen scheidet hier die Tracermessung sowohl bei Trockenwetter- als auch bei Hochwasserabfluß aus.

Für die Messung mittels Flügelrad ist neben dem „quasi-laminaren" Abfluß von Vorteil, wenn das Bettmaterial der untersuchten Flüsse fast ausschließlich aus Korngrößen kleiner Kies besteht und damit eine Beschädigung des Meßflügels durch Gerölltrieb ausgeschlossen werden kann. Es besteht allerdings der Nachteil, daß entsprechende Messungen sehr viel Zeit in Anspruch nehmen (siehe unten). Fernerhin kann (besonders im Herbst) durch Laub und Astwerk, das in der Flügelschaufel hängenbleibt, die Messung beeinträchtigt werden. In dieser Situation ist es notwendig, nach jeder einzelnen Messung den Flügel zu lichten und zu kontrollieren.

Die Messungen gehen im einzelnen so vor sich, daß über ein Querprofil in mehreren Meßlotrechten in verschiedenen Wassertiefen die Geschwindigkeitsmessungen vorgenommen werden (vgl. DIN 4049; Herrmann 1977; Maniak 1988; Dyck und Peschke 1989). Aus den ermittelten Abflußgeschwindigkeiten werden an den Meßlotrechten die Geschwindigkeitsflächen berechnet. Aus der Summe der interpolierten Einzelflächen ergibt sich der Gesamtabfluß.

Bei dieser Methode handelt es sich um „Punktmessungen", während bei „Integrations- oder Schleifenmessungen" (Brühl und Spierling 1986) der Meßflügel während der Messung kontinuierlich entweder in horizontaler oder vertikaler Richtung durch den Querschnitt bewegt wird. Beide Verfahren liefern mit „hinreichender Genauigkeit vergleichbare Meßergebnisse", wobei „Punktmessungen allein bei der Messung die drei- bis fünffache Zeit wie Integrationsmessungen benötigen" (Brühl und Spierling 1986).

Je nach Größe und Abflußgeschwindigkeit des Vorfluters werden Meßflügel unterschiedlicher Größe verwendet. Für kleine Gewässer (bis ca. $2\,m^3/s$) bzw. Fließgeschwindigkeiten (bis ca. 0,8 m/s) haben sich Kleinstmeßflügel von $2-3$ cm Schaufeldurchmesser bewährt. Dabei befindet sich das Flügelrad am Ende eines Rohres, das in die entsprechende Meßtiefe gehalten wird.

Die Messungen mit diesen feinmechanischen Geräten können allerdings beeinträchtigt werden, wenn kleinste, kaum sichtbare Partikel (z. B. Fadenalgen oder Haare) in der Schaufelachse hängenbleiben oder wenn die Schaufeln durch Treibgut oder unsachgemäße Behandlung verbogen werden. Außerdem reduzieren die mitgelieferten Schutzgitter die Abflußgeschwindigkeiten nicht unerheblich. Nach eigenen Untersuchungen (Vergleich mit und ohne Schutzgitter) macht die Verringerung durch das Gitter im unteren Geschwindigkeitsbereich (20 cm/s) ca. 24% aus, im mittleren Bereich (80 cm/s) ca. 14%. Die Differenz zwischen gemessener und tatsächlicher Abflußgeschwindigkeit nimmt also bei höheren Werten ab, ist also nicht konstant. Es muß deshalb eine entsprechende Korrekturkurve erstellt werden.

In Abhängigkeit von der Meßstelle können mit dieser Ausrüstung Abflußmengen bis zu $2\,m^3/s$ ermittelt werden. Darüber hinaus ist sowohl die Wassermenge als auch die Abflußgeschwindigkeit so hoch, daß ein zu großer Hebel auf das Halterohr einwirkt. Diese Abflußwerte können schon in kleinen Einzugsgebieten relativ schnell erreicht werden. So z. B. im Mittelgebirgsrelief des Kleinen Odenwaldes, wo bei mittlerem Hochwasser in einem Einzugsgebiet von ca. 17 km^2 Abflußgeschwindigkeiten von $2-3$ m/s und Abflußwerte von über $5\,m^3/s$ erreicht werden.

Somit wird bereits in diesen Einzugsgebieten bei Hochwässern ein Schweremeßflügel mit einer Winde und ein entsprechender Meßsteg erforderlich. Dabei wird mit Hilfe der Winde ein aerodynamisch geformter Körper (25 kg) mit Meßflügel (12 cm Durchmesser) in die Strömung gebracht. Mögliche Fehler bezüglich der genauen Meßtiefe, die sich durch Abdriften des Meßflügels bei hohen Fließgeschwindigkeiten ergeben, können im Nachhinein korrigiert werden.

Das Teileinzugsgebiet Schwarzbach der Elsenz entwässert im Mittelgebirgs-relief eine Fläche von ca. 200 km². Hier werden bei Hochwasser Abflußge-schwindigkeiten bis zu 4 m/s erreicht (Abflußmenge 50–100 m³/s). Bei dieser Größenordnung ist selbst ein 25-kg-Schweremeßflügel nicht mehr ausreichend. Um an dieser Stelle Abflußmessungen bei Hochwasser vornehmen zu können, müßte ein 50- oder 100 kg-Flügel mit Seilkrananlage installiert werden. Dies ist jedoch im Rahmen temporärer Meßnetze in der Regel nicht möglich.

Im Einzugsgebiet der Elsenz sind diese Messungen auch für die vorhande-nen Landespegel selten durchgeführt, so daß die zur Verfügung stehenden Ab-flußkurven für die langjährigen Meßreihen nur sehr wenige Geschwindigkeits-messungen für Hochwässer beinhalten.

Bei der Vielpunktmessung in den Meßlotrechten bleibt es im Grunde dem Bearbeiter überlassen, wieviele Messungen durchgeführt werden. Dyck und Peschke (1989, S. 65) empfehlen zwar, „bei mittlerem Wasserstand und nicht zu unregelmäßiger Profilgeometrie" an 10 Lotrechten zu messen. Sie weisen aber auch darauf hin, daß „deren Zahl bei größeren Gewässern, Hochwasser mit Ausuferung oder komplizierten geometrischen Verhältnissen zu vergrößern ist."

Ähnliches gilt für die Meßpunkte in der Meßlotrechten. Hierbei ist nach unseren Erfahrungen darauf zu achten, daß erstens über die gesamte Lotrechte Messungen durchgeführt werden; zweitens sind dort die Messungen zu verdich-ten, wo es größere Geschwindigkeitsunterschiede gibt. Deshalb stellen die in der Literatur angegebenen Werte, die Messungen in 20%, 40%, 60%, ... der Wassertiefe vorzunehmen, nur Anhaltspunkte dar.

Bei der Bearbeitung eines mittleren Einzugsgebietes ist zu berücksichtigen, daß beim Durchlaufen einer Hochwasserwelle an mehreren Vorflutern gemes-sen werden muß. Die Anzahl der Messungen richtet sich i. d. R. nach der Zahl der Pegelmeßstellen, für die Abflußkurven zu erstellen sind. Im Einzugsgebiet der Elsenz sind dies 11 Meßstellen. Verständlicherweise geht man dabei vom kleineren zum größeren Gebiet, folgt also dem Lauf der Welle.

Bei einem mittleren Hochwasser im Elsenzgebiet dauert die einzelne Mes-sung – je nach Größe des Vorfluters – bis zu einer Stunde. Da man nur selten über mehr als eine Ausrüstung verfügt, ergibt sich damit ein gesamter Meßzeit-raum von über 12 Stunden (ohne Fahrtzeit zwischen den Pegelstellen), um für jede Pegelmeßstelle nur einen Abflußwert zu bestimmen!

Zur Berechnung der Abflußmenge aus der Vielpunktmessung, d. h. der Be-stimmung der Geschwindigkeits- und zugehörigen Querschnittsflächen, kann auf die genannte Literatur verwiesen werden.

8.3 Bestimmung der Schwebstoff-Konzentration

In einem Einzugsgebiet, dessen Oberfläche – so wie das Einzugsgebiet der El-senz – überwiegend mit Löß bedeckt ist, findet der Hauptanteil an fester Fracht in suspendierter Form statt. Das schließt nicht aus, daß Geröll- oder Geschiebefracht an der Sohle auftreten kann, die möglicherweise sogar gerinnebettgestaltend wirkt (vgl. Kap. 9). Nach den bisherigen Beobachtungen an der Elsenz (keine Ablagerungen von Grobmaterial nach Hochwasser) und den Aussagen der Betreiber der Wehre und Kraftwerke findet jedoch kaum Gerölltransport statt, so daß er bei der Stoffbilanzierung nach den bislang vorliegenden Kenntnissen vernachlässigt werden kann.

Die einfachste Methode zur Bestimmung der Suspensionskonzentration ist die manuelle Probennahme einer definierten Wassermenge, die im Labor — nachdem Leitfähigkeit und pH-Wert gemessen wurden — filtriert wird. Durch Trocknung und Auswiegen des Filtrats erhält man die Suspensionskonzentration (mg/l). Die Suspensionsfracht (g/s) ergibt sich aus dem Produkt der Konzentration und dem zugehörigen Abfluß (l/s) z. Zt. der Probennahme, falls die genommene Probe für den genannten Querschnitt repräsentativ ist.

Bei Niedrigwasserabfluß der Elsenz liegen die Werte in der Größenordnung von 10 mg/l, bei Hochwasser werden 7000 mg/l überschritten. Aufgrund dieser Schwankungsbreite der Suspension ergeben sich sowohl bei der Bearbeitung der Proben im Labor, als auch bei der kontinuierlichen Messung im Vorfluter (Trübungsmessung) erhebliche Probleme (vgl. Kap. 7).

Aufgrund des hohen Feinmaterialanteils der Suspension (Ton bis Feinsand) verzögert sich die Filtration bei hohen Schwebstoffkonzentrationen erheblich. Um die bei einem ausgedehnteren Hochwasser anfallenden 300 Proben aufzuarbeiten, sind 2 studentische Hilfskräfte ca. $\frac{1}{2}$ Jahr beschäftigt. Dies entspricht 150 Manntagen. Diese Arbeitszeit kann nur dann wesentlich verkürzt werden (auf etwa 1/6!), wenn man die Wasserproben zentrifugiert und der Rückstand getrocknet wird.

Bei der Filtration sind wegen des hohen Anteils von Schluff und Ton geeignete Filter zu verwenden. Der DVWK (1986) empfiehlt, die Filtration mit handelsüblichen Kaffeefiltern durchzuführen. Der durchschnittliche Porendurchmesser soll bei diesen Filtern 6,1 µm betragen, wobei nicht angegeben wird, wie groß der Schwankungsbereich ist. Nach dieser DVWK-Regel (1986) führt u. a. die Bundesanstalt für Gewässerkunde in Koblenz die Bestimmung des Schwebstoffgehaltes durch.

Eigene Versuche haben gezeigt, daß bei den Kaffeefiltern die Reproduzierbarkeit schlecht ist. Im Extremfall können 20% des Schwebmaterials den Filter passieren. Da in einem Lößgebiet der Feinmaterialanteil < 6,1 µm meist erheblich ist, sind entsprechende Ausgangsdaten für eine Schwebstoffbilanzierung nicht brauchbar. Es empfiehlt sich deshalb, Membranfilter mit einer Porengröße von 0,2 µm zu verwenden. Dies liegt sogar unter den Empfehlungen der „Deutschen Einheitsverfahren für Wasseruntersuchungen", die 0,45 µm vorschreiben. Da durch die Filtration mit 0,2 µm auch Bakterienbruchstücke zurückgehalten werden, wird für die chemischen Untersuchungen der Wasserproben eine höhere Lagerkonstanz erreicht (vgl. Abb. 10).

Ein Problem stellt der Anteil organischer Substanzen dar. Dieser liegt in der Elsenz bei Hochwasser im Bereich von 5%, während er bei Niedrigwasser 25−30% erreichen kann. Dies macht es bei allen Ereignissen erforderlich, bei einer ausgewählten Anzahl von Proben, die entsprechenden C-org-Gehalte zu bestimmen. Dabei ist zu berücksichtigen, daß bei der Bestimmung des organi-

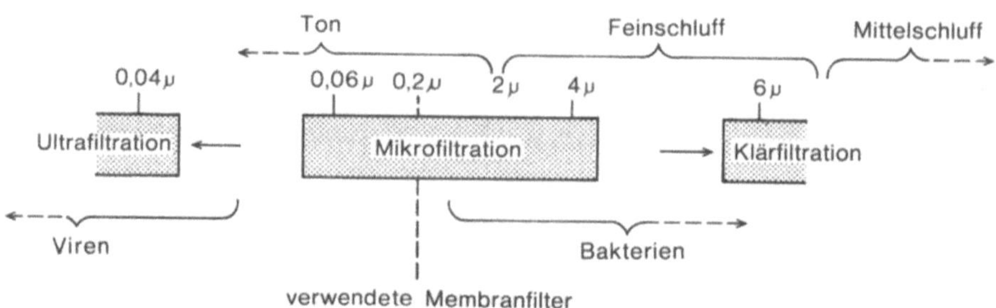

Abb. 10. Für die Filtration der entnommenen Wasserproben werden Membranfilter mit einer Porenweite von 0,2 µm verwendet. Die Abbildung zeigt, welche Partikel durch diese Filter zurückgehalten werden

schen Gehaltes durch Glühen auch bei Temperaturen unter 500 °C Gewichtsveränderungen im mineralischen Anteil auftreten können. Dadurch kann diese Methode zur Bestimmung des C-org zu erheblichen Fehlern führen. Trotzdem bietet dieses Verfahren gegenüber anderen Methoden (nasse Veraschung, H_2O_2) Vorteile, da große Probenzahlen bearbeitet werden können.

Für die automatische Probennahme im Gelände haben sich im Bereich der Teileinzugsgebiete die handelsüblichen Geräte mit 24 1-l-Flaschen bewährt. Im Hauptvorfluter ergaben sich allerdings bei der Erfassung von Frachtschüben aus den verschiedenen Teileinzugsgebieten während eines Hochwassers Probleme. Da eine Erfassung dieser Frachtschübe eine zeitlich hochauflösende Probennahme (zwei bis sechs Takte pro Stunde) erfordert, reichen die handelsüblichen Geräte mit 24 1-Liter-Flaschen zur Erfassung einer Hochwasserwelle nicht aus. Aus diesem Grund ist ein Probennehmer mit 100 1-l-Flaschen konstruiert worden. Er wird über einen selbstentwickelten Datalogger gesteuert, der von Mischprobennahme bei Niedrigwasser auf Ereignisprobennahme bei Hochwasser selbständig umschalten kann.

Als brauchbare Methodik für die Bestimmung der Sedimentkonzentration hat sich die Kombination von Probennahme und quasi-kontinuierlicher Trübungsmessung in situ ergeben. Dabei befindet sich eine Trübungssonde oder Schlammsonde an einem Schwimmer im Vorfluter, die den Gehalt an festen Inhaltsstoffen in Trübungseinheiten wiedergeben. Allerdings sind die Meßwerte abhängig von der Kornzusammensetzung in der Suspension und dem organischen Gehalt, d.h. die gemessenen Trübungseinheiten müssen durch ständige Probennahme geeicht werden. Dies bedeutet, daß auch bei Einsatz von Trübungs-/Schlammsonden eine Probennahme zur Eichung erforderlich ist. Weitere Ausführungen zu diesem Problemkreis (ereignisbezogene Eichkurven) sind dem Kap. 7 zu entnehmen. Da der Meßbereich der Trübungssonde bei ca. 500 mg/l endet, ist aufgrund der starken Konzentrationsschwankungen eine kontinuierliche Erfassung auch bei Hochwasser nur möglich, wenn sowohl Trübungs- als auch Schlammsonden eingesetzt sind.

In der Regel wird die Probennahme an einem Punkt im Stromstrich ca. 10 cm unter der Wasseroberfläche vorgenommen; bei größeren Vorflutern von einer Brücke oder einem Anlegesteg aus mit einem Schöpfer. Ob dieser Probennahmepunkt den Querschnitt des Flusses repräsentiert, ist mit Vielpunktmessungen bei unterschiedlichen Wasserständen zu überprüfen. Diesbezüglich haben die Messungen an der Elsenz und ihren Zuflüssen folgende Ergebnisse geliefert: bei geradlinigem Verlauf des Vorfluters und bei ausreichender Durchmischung durch eine turbulente Strömung liegen die Abweichungen innerhalb des Querprofils im Bereich von 10%. Befindet sich die Meßstelle im Einfluß einer Flußkrümmung oder eines seitlichen Zuflusses, können Abweichungen von mehr als 100% auftreten. In diesem Fall müssen die Einpunktmessungen je nach Lage des Probennahmepunktes im Querprofil mit einem Faktor korrigiert werden (DVWK 1986). Dieser Korrektur ist aber in jedem Fall die Wahl eines geeigneteren Probennahmepunktes vorzuziehen.

8.4 Korngrößenbestimmung mit dem Particle Size Analyzer LAB-TEC 100

Zur Untersuchung der transportierten Korngrößen wird ein Particle Size Analyzer verwendet. Das Meßprinzip des Gerätes beruht auf der Bestimmung der Zeit, in der sich ein Teilchen im Fokus-Bereich eines bewegten Dioden-Laser-Strahls befindet. Die Zeit wird zu einer Korngröße umgerechnet und die Partikel gezählt.

Hier wird der erste Methodensprung erkennbar im Vergleich zur klassischen KÖHNschen Pipettieranalyse: über das Pipettierverfahren werden die Fraktionen in Gewichtsprozenten ermittelt, während das Laserverfahren die Teilchen zählt und eine prozentuale Verteilung der Partikelzahl in den entsprechenden Korngrößenklassen als Ergebnis anbietet. Die ermittelte Teilchengröße stimmt nicht unbedingt mit der tatsächlichen Größe überein. Befindet sich ein Korn nur teilweise im Fokus-Bereich des Lasers, werden die Sekanten ermittelt, d.h. größere Körner werden als kleinere gezählt.

Der zweite Methodensprung liegt in der Quantifizierung der Tonfraktion. Aufgrund des Aufbaus der Laserdiode mit emittierenden Flächen von $0,8 \cdot 2 \, \mu m$ können keine kleineren Teilchen als $0,8 \, \mu m$ detektiert werden. Beim Pipettierverfahren wird dagegen die gesamte Tonfraktion erfaßt.

Um nun das sehr zeit- und arbeitsaufwendige Pipettierverfahren substituieren zu können, muß der Particle Size Analyzer kalibriert werden. Zusätzlich sind verschiedene Modifikationen an der Standardausführung vorzunehmen, wenn im Serienbetrieb gearbeitet werden soll.

Zu den Modifikationen gehört zunächst eine automatische Küvette mit einer 4-Kolben-Membranpumpe mit genau einstellbarer Förderrate zum kontinuierlichen Umpumpen der Suspension. Außerdem wird durch einen Schrittmotor die Fokussierung wesentlich vereinfacht, und ein Gerätegehäuse garantiert die Sicherheit der Meßeinrichtung.

Der Einbau einer automatischen Küvette mit Pumpenbetrieb bringt folgende Vorteile mit sich:

- Keine aufwendige Probenteilung und damit auch keine Verschmutzungsgefahr der Küvette und des Gerätes;

- keine Suche nach dem geeigneten optischen Fenster; nach der Justierung der automatischen Küvette verbleibt diese in ihrer Position;
- durch externen Pumpenbetrieb können exakte Strömungsgeschwindigkeiten der Partikel eingehalten werden;
- durch Einsatz der automatischen Küvette dreifach höherer Probendurchsatz gegenüber der Standardausrüstung.

8.5 Die Kalibrierung

Da sich die reproduzierbare Detektion von Partikeln mit Sandkorngröße mit dem Laser als sehr schwierig erwiesen hat, wird diese Fraktion bei den untersuchten Proben durch Naßsiebung vorher abgetrennt. Der Siebdurchgang kleiner 63 µm wurde mit entsprechender Probenvorbereitung (Dispergieren mit Na-Pyrophosphat, Schütteln etc.) sowohl gelasert als auch nach KÖHN pipettiert. Die Ergebnisse der Schluff- und Tonbestimmung nach KÖHN stellen die Referenz dar, obwohl auch dieses Verfahren kritisch betrachtet werden muß.

Für das Einhängen der Laserkornsummenkurve in die Pipettiersummenkurve sind zwei Fixpunkte nötig. Der eine wird durch die 100%-Summe von U+T als Endpunkt festgelegt, der zweite muß den Tongehalt als Startpunkt repräsentieren. Es hat sich gezeigt, daß der Laserwert für die Fraktion ≤ 4 µm der Kanaleinstellung $< 4 - 28$ µm als Eingabewert in eine Umrechnungsfunktion zur Ermittlung des Tongehaltes tauglich ist.

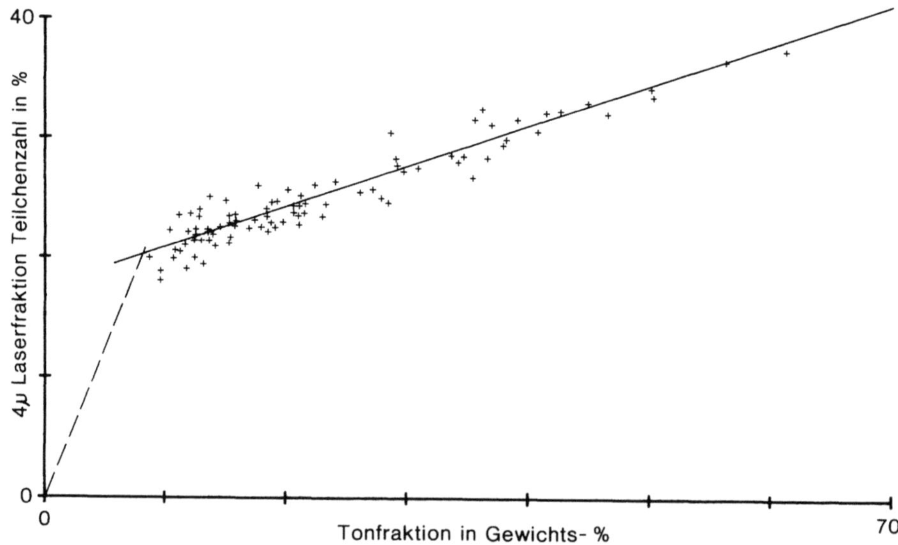

Abb. 11. Verhältnis der Tonfraktion nach KÖHN und der 4 mm-Laser-Fraktion

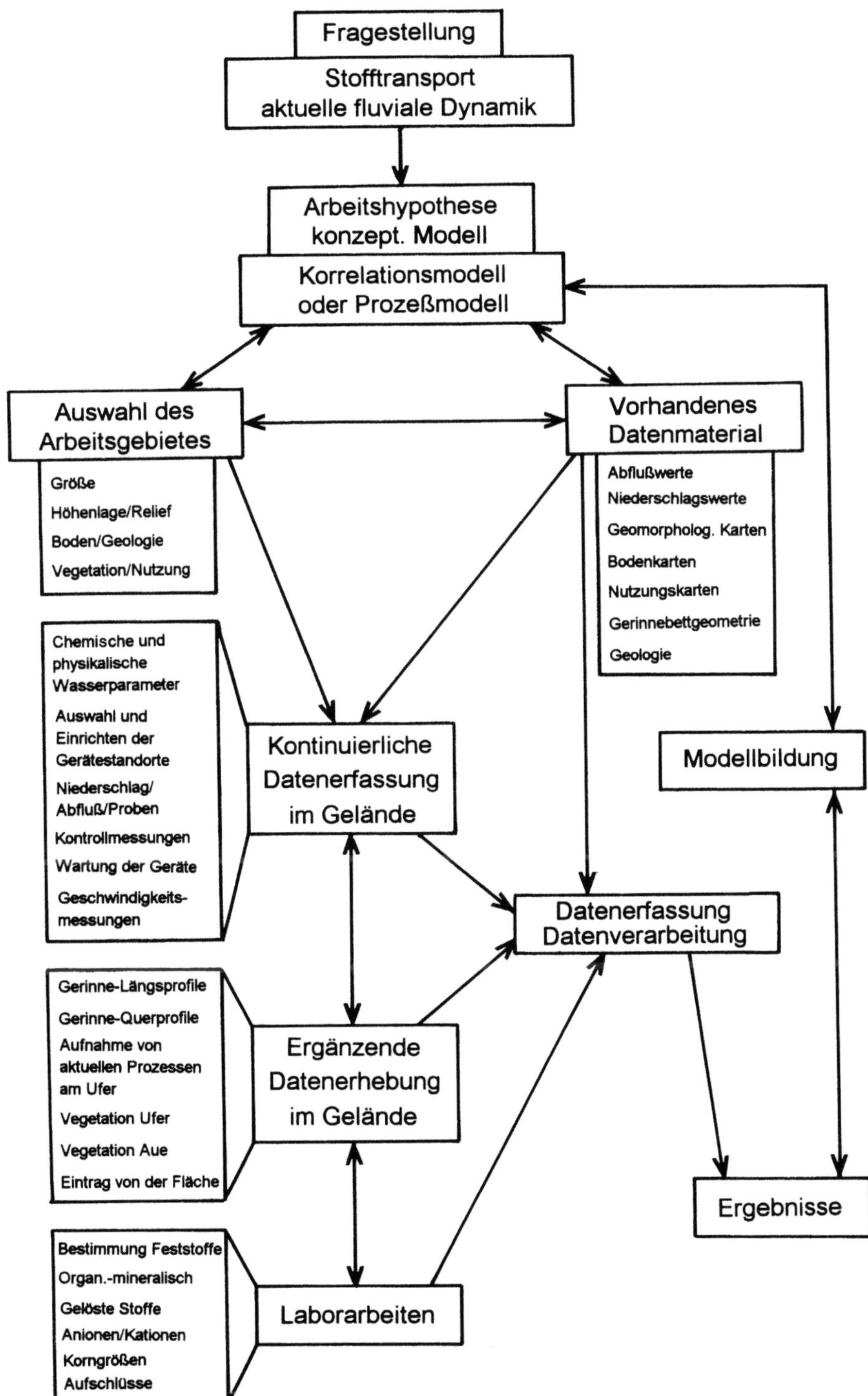

Abb. 12. Ablaufschema für die Erfassung der aktuellen fluvialen Dynamik (Stofftransport) in einem mittleren Einzugsgebiet

Die Funktion lautet:

TON $= -33{,}507 + 2{,}625 \cdot 4\ \mu m$ (LASER) $(r^2 = 0{,}91)$

TON   = Tongehalt (nach KÖHN) in Gewichts-%
LASER = Laserfraktion in %

Sie hat einen Gültigkeitsbereich für Tongehalte von 10 bis 60% bei einer Strömungsgeschwindigkeit der Partikel von 200 cm/s. Für geringere Strömungsgeschwindigkeiten (bis 100 cm/s) ändert sich der Achsenabschnitt, die Steigung bleibt aber annähernd gleich (Abb. 11).

Die Reproduzierbarkeit der Laserwerte liegt im Bereich von ± 1%.

Langjährige Untersuchungen der Korngrößenbestimmung nach KÖHN zeigen, daß eine Reproduzierbarkeit der Ergebnisse auf ± 3% erfolgt. Wegen der geringen Steigung der Eichgeraden bedeutet ein Laserfehler von 1% (z. B. geringer Fokussierfehler oder eine Veränderung der Partikelgeschwindigkeit) eine Ungenauigkeit von 2,7% im Tongehalt, bezogen auf das Pipettierverfahren. Damit liegen die Laserbestimmungen unterhalb der Fehlergrenze des Pipettierverfahrens.

8.6 Lösungsfracht

Zur Ermittlung der Lösungsfracht wird in der Regel das Filtrat der Proben aus den Probennehmern verwendet. Aus den bisherigen Analysen ergibt sich folgende Beziehung zur Leitfähigkeit an der Elsenz:

GESAMTIONEN $= 0{,}77297 \times LF^{0{,}99957}$ $(r^2 = 0{,}958)$

GESAMTIONEN = Ionensumme, berechnet aus der Ionenbilanz
LF   = Leitfähigkeit in $\mu S/cm$.

Für die Bilanzierung der Lösungsfracht (ohne Berücksichtigung der Einzelionen) genügt es deshalb inzwischen, die Leitfähigkeit zu bestimmen. Da diese mit dem Abfluß stark schwankt, müssen während Hochwasserereignissen zahlreiche Proben gezogen werden oder eine kontinuierlich messende Sonde eingesetzt werden. Diese gibt den Verlauf der Leitfähigkeit am detailliertesten wieder (vgl. Abb. 4). Auf dieser Basis ist eine sehr detaillierte, d. h. ereignisabhängige Berechnung der Lösungsfracht möglich.

9 Schlußbemerkung

Aus den im einzelnen diskutierten Punkten ergibt sich das in Abb. 12 dargestellte Ablaufdiagramm für die Erfassung der aktuellen fluvialen Dynamik und dem damit verbundenen Stofftransport. Wie den Ausführungen zu entnehmen ist, sind die verschiedenen Stationen jedoch nicht gleichgewichtig, wenn man die praktische Verwirklichung dieses Konzepts, d. h. die Gelände- und Laborarbeiten, betrachtet. Die größte Bedeutung besitzt aus dieser Perspektive die Größe des ausgewählten Einzugsgebietes und das in diesem Gebiet bereits vorhandene Datenmaterial bzw. die aktuell noch vorhandenen Meßeinrichtungen. Da, wie gezeigt werden konnte, der Meßaufwand mit der Gebietsgröße stark zunimmt, müssen bei Einzugsgebietsgrößen, die 500 km^2 deutlich übersteigen, die Blöcke kontinuierliche Datenerfassung, ergänzende Datenerhebung und Laborarbeiten zurückgenommen werden, um in einem vertretbaren finanziellen Rahmen zu bleiben. Auf welcher Basis dies möglich ist, kann im Moment noch nicht endgültig entschieden werden. Bereits jetzt ist jedoch abzusehen, daß über Modelle, die eine Vielzahl von nur mit hohem Meßaufwand bestimmbaren Parametern enthalten (z. B. ANSWERS, SHE), der Schritt in größere Einzugsgebiete aufgrund der meist nicht zur Verfügung stehenden Daten nur schwer möglich sein wird. Erfolgversprechender scheinen Modelle, wie z. B. das TOP-Modell zu sein, die mit weniger und leichter zugänglichen Parametern arbeiten. Wir gehen davon aus, daß das jetzt eingerichtete Schwerpunktprogramm „Regionalisierung in der Hydrologie" wichtige Anstöße zu diesem Problemkreis liefern wird.

Literatur

Barsch D, Flügel W-A (1978) Das hydrologisch-geomorphologische Versuchsgebiet „Hollmuth" des Geographischen Instituts der Universität Heidelberg. Erdkunde 32; 1:61−70

Barsch D, Flügel W-A (Hrsg) (1988) Niederschlag, Grundwasser, Abfluß. Ergebnisse aus dem hydrologisch geomorphologischen Versuchsgebiet „Hollmuth". Heidelb Geogr Arb 66

Barsch D, Mäusbacher R (1988) Zur fluvialen Dynamik beim Aufbau des Neckarschwemmfächers. Berl Geogr Abh 47:119−128

Barsch D, Mäusbacher R, Schukraft G (1986) Beiträge zur Stoffbilanz der Elsenz. Heidelb Geowiss Abh 5:119−122

Barsch D, Mäusbacher R, Schukraft G, Schulte A (1989a) Die Belastung der Elsenz bei Hoch- und Niedrigwasser. Kraichgau 11:33−48, Eppingen

Barsch D, Mäusbacher R, Schukraft G, Schulte A (1989b) Beiträge zur aktuellen fluvialen Geomorphodynamik in einem Einzugsgebiet mittlerer Größe am Beispiel der Elsenz im Kraichgau. Gött Geogr Abh 86:9−31

Barsch D, Mäusbacher R, Schukraft G, Schulte A (1993) Die Änderung des Naturraumpotentials im Jungneolithikum des nördlichen Kraichgaus dokumentiert in fluvialen Sedimenten. Z f Geom NF Suppl-Bol 93:175−187

Betz M (1987) Die Bestimmung chemischer Wassergüteparameter vor Ort über längere Zeit. Wasser Boden 5:252−254

Brühl H, Spierling P (1986) Ein statistischer Methodenvergleich von Abflußmessungen mit dem hydrometrischen Flügel in kleinen Wasserläufen. Dtsch Gewässerkd Mitt 30; 5/6:143−146

Deutsche Einheitsverfahren zur Wasser-, Abwasser- und Schlammuntersuchung DIN 38409 (1987) H2, Bestimmung der abfiltrierbaren Stoffe und des Glührückstandes. Verlag Chemie, Weinheim

DIN Deutsches Institut für Normung e. V. (1979) 4049, Teil 1, Hydrologie. Beuth Verlag, Berlin

Dikau R (1986) Experimentelle Untersuchungen zu Oberflächenabfluß und Bodenabtrag von Meßparzellen und landwirtschaftlichen Nutzflächen. Heidelb Geogr Arb 81:195 S

DVWK (1986) Regeln zur Wasserwirtschaft, Schwebstoffmessungen, 125. Parey, Hamburg

Dyck S, Peschke G (1989) Grundlagen der Hydrologie. (O-)Berlin. Verlag f Bauwesen, Berlin, 408 S

Eichler H (1974) Bodenerosion im Kraichgauer Löß. Kraichgau 4:174–189, Eppingen
Flügel W-A (1979) Untersuchungen zum Problem des Interflow. Heidelb Geogr Arb 56, 170 S
Flügel W-A (1982) Untersuchungen zum mineralischen Feststoffaustrag eines Lößeinzugsgebietes am Beispiel der Elsenz, Kleiner Odenwald. Z Geomorphol (Suppl) 43:103–120
Flügel W-A (1988) Hydrologische und hydrochemische Untersuchungen zur Wasser- und Stoffbilanz des Elsenzeinzugsgebietes im Kraichgau. Habilitationsschrift an der Fakultät für Geowissenschaften der Universität Heidelberg, Heidelberg
Herrmann R (1977) Einführung in die Hydrologie. Teubner, Stuttgart, 151 S
Kadereit A (1990) Aspekte der Gerinnegeometrie und Gerinnedynamik an Unter- und Mittellauf der Elsenz/Kraichgau. Diplomarbeit Geographisches Institut, Universität Heidelberg
Landesanstalt für Umweltschutz Baden-Württemberg (1981) Handbuch Hydrologie Baden-Württemberg. Karlsruhe
Leopold LB, Wolman MG, Miller JP (1964) Fluvial Processes in Geomorphology. Freeman, San Francisco, 522 S
Maniak U (1988) Hydrologie und Wasserwirtschaft. Eine Einführung für Ingenieure. Springer, Berlin Heidelberg New York, 576 S
Preissler G, Bollrich G (1985) Technische Hydromechanik, Bd 1. VEB Verlag für Bauwesen, Berlin
Quist D (1987) Bodenerosion – Gefahr für die Landwirtschaft im Kraichgau? Kraichgau 10:42–62
Richards K (1982) Rivers. Form and processes in alluvial channels. Methuen, London, 383 S
Schaar J (1989) Untersuchungen zum Wasserhaushalt kleiner Einzugsgebiete im Elsenztal/Kraichgau. Heidelb Geogr Arb 86, 169 S
Schmidt K-H (1984) Der Fluß und sein Einzugsgebiet. Hydrogeographische Forschungspraxis. Steiner, Wiesbaden, 108 S
Schmidt RG (1979) Probleme der Erfassung und Quantifizierung von Ausmaß und Prozessen der aktuellen Bodenerosion (Abspülung) auf Ackerflächen. Physiogeographica 1, 240 S
Schorb A (1988) Untersuchungen zum Einfluß von Straßen auf Boden-, Grund- und Oberflächenwasser am Beispiel eines Testgebietes im Kleinen Odenwald. Heidelb Geogr Arb 80, 193 S
Schottmüller H (1961) Der Löß als gestaltender Faktor in der Kulturlandschaft des Kraichgaus. Forschungen z. Deutschen Landeskunde, Bd 130. Bundesanst. f. Landesk. u. Raumforschung, Bad Godesberg

5 Bilanzierung der Erosionsleistung
am Beispiel eines jungen Mittelgebirgsflusses (Wutach/Schwarzwald)

Elly Kaspar, Ulrich Jordan und Michael Bauer

1 Einleitung

Das durch junge Erosion und eine sehr schnelle Eintiefungsgeschichte gekennzeichnete Flußgebiet der Wutachschlucht (Südschwarzwald) erlaubt die Bearbeitung einer besonders interessanten Fragestellung. Durch die vermutlich jüngste Flußablenkung in Mitteleuropa, bei welcher ein Quellfluß der Donau (Wutach-Donau) während des letzten Kältemaximums des Pleistozäns von einem Nebenfluß des Rheins abgelenkt worden ist, wurde die enorme Tiefenerosion der Wutach ausgelöst. In diesem Projekt soll nun die Frage geklärt werden, ob sich die Wutach aufgrund des hohen Gefällsgradienten heute noch weiter eintieft. Die daran beteiligten Erosionsprozesse setzen sich aus dem fluvialen Lösungs- und Feststoffaustrag und der lateralen Talverbreiterung (Hangerosion) zusammen. Zur Lösung dieser Fragen wurden 4 Teilprojekte eingerichtet, von denen sich ein Teilprojekt mit den landschaftsgeschichtlichen Entwicklungsstadien der Talausräumung und 3 mit aktuellen Lösungs- und Erosionsvorgängen beschäftigen:
- Austrag durch Lösung,
- Austrag durch Feststofftransport,
- Erosion durch Massenverlagerung.

Um die notwendigen Basisinformationen für die genetische Entwicklung der Wutacheintiefung zu erhalten, wurden detaillierte Untersuchungen der aktuellen fluvialen Prozesse durchgeführt, über die Stofftransporte und Frachtbeträge erfaßt werden können. Ausgehend von diesen Daten soll abgeleitet werden, welche Erosionsleistung die Wutach während des Holozäns erbracht hat. Die angestrebte Abschätzung für derartig große Zeiträume bewegt sich deshalb im Rahmen einer ersten Annäherung an die Größenordnung, in der sich fluviale Massentransporte in Mittelgebirgsflüssen vollziehen. Das im Projekt durchgeführte Planungskonzept und die eingesetzte Meßstelleninstrumentierung soll im folgenden dargestellt werden.

2 Lösungs- und Feststoffaustrag

2.1 Untersuchungsgebiet

Das Arbeitsgebiet (Abb. 1) liegt im östlichen Randbereich des Südschwarzwaldes und umfaßt ein Einzugsgebiet von 551,4 km^2 bis zum Pegel Eberfingen.

Baden-Württemberg

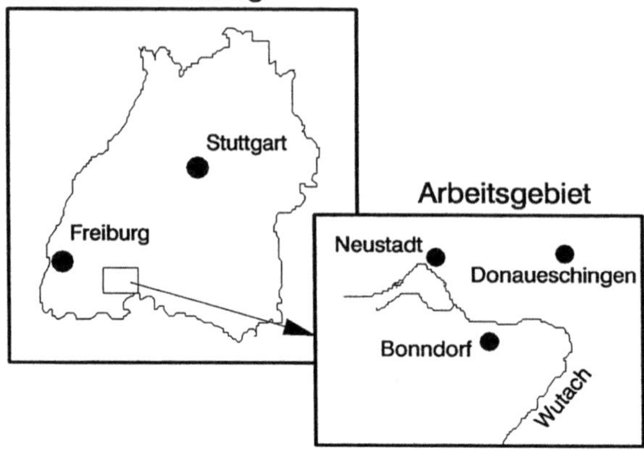

Abb. 1. Lage des Arbeitsgebiets

Das Flußsystem der Wutach durchschneidet ein geologisch stark differenziertes Gebiet (Sauer und Schnetter 1971), das sowohl stratigraphische Einheiten des Grundgebirges (Granit) und des Deckgebirges (Trias, Jura) aus Sandsteinen, Kalken, Dolomiten, Gips, Tonsteinen und Tonmergeln in verschiedenen Abschnitten durchläuft.

Diese Inhomogenität wird im methodischen Ansatz der Untersuchungen genutzt, um geologische Parameter, wie beispielsweise gesteinsspezifische Aquiferdaten (z. B. Leerlaufverhalten) und vom Ausgangsmaterial abhängige, lösungskinematisch bedingte Verfügbarkeiten zu fixieren (vgl. 2.8).

Die klimatischen Bedingungen sind mit durchschnittlich 800 – 1400 mm/a Niederschlag und einer mittleren Jahrestemperatur von 6 – 8 °C als atlantisch-humid zu bezeichnen.

2.2 Arbeitsansatz

Die Vorgehensweise im Wutachprojekt umfaßt die Messung der aktuellen Prozeßabläufe und der daraus resultierenden Frachtbeträge, die letztendlich für das gesamte Holozän hochgerechnet werden sollen. Während das Ziel der verschiedenen Teilprojekte jedoch nur eine möglichst realistische Abschätzung von Größenordnungen von Frachtbeträgen für den 10 000 Jahre langen, einem klimatisch starken Wandel unterzogenen Zeitraum sein kann, müssen als Rechen- und Schätzgrundlage die aktuellen Basisdaten in hinreichender Genauigkeit erhoben werden. Finanzielle, personelle sowie infrastrukturelle Einschränkungen erfordern es, die notwendigen Daten durch drei verschiedene Arbeitsansätze zu erheben (Einsele 1986):

Topologisch – synthetischer Ansatz

– Seit 1986 werden detaillierte Untersuchungen in kleinen, geologisch einheitlichen, anthropogen weitgehend unbelasteten Teilgebieten des Wutach-

Tabelle 1. Geologische Referenzgebiete (unveröffentlichte Diplomarbeiten am Geologischen Institut Tübingen)

Autor	Geologie	Einzugsgebiet
Schiedek (1990)	Granit	Wittenbach
Schnitzlein (1990)	Granit-Buntsandstein	Klausbach
Pfaffenberger (1990)	Buntsandstein	Finsterbodenbach
Strohhäcker (1990)	Buntsandstein	Bruderbach
Poppe (1990)	Malmkalk	Längebach
Droemer (1992 i.V.)	Opalinustonmergel	Krottenbach
Bauer (1989)	Gipskeuper	Immenloch

gebiets durchgeführt, die im folgenden als Referenzgebiete bezeichnet werden. Die Bearbeitung erfolgte jeweils im Rahmen von Diplomarbeiten am Geologischen Institut in Tübingen (Tabelle 1).

Das Ziel der Untersuchungen in diesen Referenzgebieten ist es, Basisdaten zur Abflußdynamik, zur Abflußmenge, zum geogenen und biogenen Stoffaustrag sowie zum atmosphärischen Eintrag in unterschiedlichen geologischen Landschaftstypen zu gewinnen. Die Meßergebnisse sollen zudem als Vergleichsdaten die Abschätzung des anthropogenen Frachtanteils an der Gesamtfracht der Wutach erlauben.

- Für die hydrochemische Charakterisierung der im Wutachgebiet vorkommenden Gesteinseinheiten sollen weitere Literaturdaten aus Gebieten mit ähnlicher Geologie zuhilfegenommen werden (z. B. Andres und Georgotas 1978; Hohberger und Einsele 1979; Rausch 1982; Schmidt-Witte 1985; Einsele 1986).
- Die spezifischen Standortverhältnisse im Wutachgebiet sind entsprechend den geologischen Verhältnissen ebenso stark differenziert. Aufgrund eingeschränkter personeller und technischer Voraussetzungen sollen die Basisdaten hierzu aus geeigneten Literaturangaben entnommen werden (Arbeitsgruppe Bodenkunde 1982; Fleck 1987).

Daten aus offiziellen Meßnetzen (Großflächiger Ansatz)

Unter großflächigem Ansatz wird die Erhebung der Abfluß- und Klimadaten verstanden. Da meist nicht genügend geeignete Meßanlagen verfügbar sind, müssen hier Standort-Meßdaten mit geeigneten Methoden auf größere Teileinzugsgebiete der Wutach übertragen werden. Hierzu gehört die Übernahme der Abflußmeßwerte aus dem amtlichen Meßstellennetz der Landesanstalt für Umweltschutz und die Verwendung von Niederschlags- und Klimadaten des Deutschen Wetterdienstes. Für die Übertragung der Meßwerte kann einerseits auf bekannte Methoden zurückgegriffen werden (Niederschlagspolygone, Abflußspenden), andererseits müssen auf empirischem Weg gebietsspezifische Methoden selbst entwickelt werden. Mit dieser Vorgehensweise sind mehrere Einschränkungen verbunden. Die Abflüsse für viele Meßstellen im Wutachgebiet sind auf rechnerischem Weg ermittelt worden und können deshalb nicht

uneingeschränkt für Prozeßanalysen eingesetzt werden. Die zu ermittelnden
Übertragungsfunktionen geben wegen der großen Streubreite der Ausgangs-
meßwerte nur den Größenordnungsbereich von notwendigen Korrekturgrößen
an.

Daten aus eigenen Erhebungen (Chorologisch-analytischer Ansatz)

Seit 1986 werden Stichtags- und seit 1988 kontinuierliche Messungen zu
Lösungs- und Schwebstoffkonzentrationen in größeren, nicht einheitlichen
Teilgebieten und an vier Stellen der Wutach durchgeführt. Aufgrund dieser
Messungen sollen geogene und anthropogene Frachten differenziert und der
Gesamtstoffaustrag ermittelt werden. Geländeuntersuchungen zur Herkunft
und Mobilisierung des für den Feststoffaustrag bereitgestellten Gesteinsmate-
rials liefern Anhaltswerte für die Feststofffracht der Wutach. Zudem wird die
Feststofffracht in einem Teilgebiet mit Hilfe eines Absetzbeckens direkt gemes-
sen.

Die methodische Konzeption der Meßstelleneinrichtung sowie die Ergänzung durch geeignete Literaturdaten erlaubt somit quantitative und qualitative
Aussagen zu Prozeßabläufen und zum Stofftransfer. Diese Ergebnisse dienen
dann als Basisdaten für die hydrogeologische Pauschalanalyse bzw. die Hoch-
rechnung für den Zeitraum des Holozäns auf einer erweiterten Integrations-
ebene.

2.3 Meßstellennetz und Untersuchungszeitraum

Aufbau des Meßnetzes und Meßprogramm

Der größte Teil der Datenerfassung erfolgt mit Hilfe im Gelände fest eingebau-
ter Meßeinrichtungen. Dadurch wird eine kontinuierliche Datenaufzeichnung
in diskreten Zeitintervallen mit einer der jeweiligen Fragestellung angepaßten
Auflösung möglich.

Vier der insgesamt sechs elektronischen Datenstationen wurden entlang
der Wutach installiert, wobei sich die Position der Meßstationen, im Hinblick
auf eine möglichst differenzierte Interpretation, jeweils vor dem Übertritt in
eine andere geologische Einheit befindet (Abb. 2). Entsprechend dieser methodischen Abgrenzung der verschiedenen Einzugsbereiche befindet sich die
1. Wutachmeßstelle W 1 (durchnumeriert mit zunehmender Flußkilometer-
zahl) am Ende des Grundgebirge-Buntsandsteingebietes, die Meßstelle W 2 am
Ausgang der Muschelkalkschlucht. W 3 erfaßt zusätzlich Lias und Dogger-
gebiete. W 4 bildet die Endmeßstelle des Gesamteinzugsgebietes ohne weitere
neu hinzutretende geologische Parameter. Ferner sind der größte Nebenbach
(Gauchach) ca. 100 m vor der Einmündung in den Hauptvorfluter und das
derzeit aktivste Erosionsgebiet (Krottenbachtal) entsprechend instrumentiert,
um Aussagen über den Einfluß auf den Hauptvorfluter treffen zu können.

Kleinere Teileinzugsgebiete unterschiedlicher Geologie und anthropogener
Belastung werden zur deterministischen Prozeßanalyse herangezogen. Hierzu

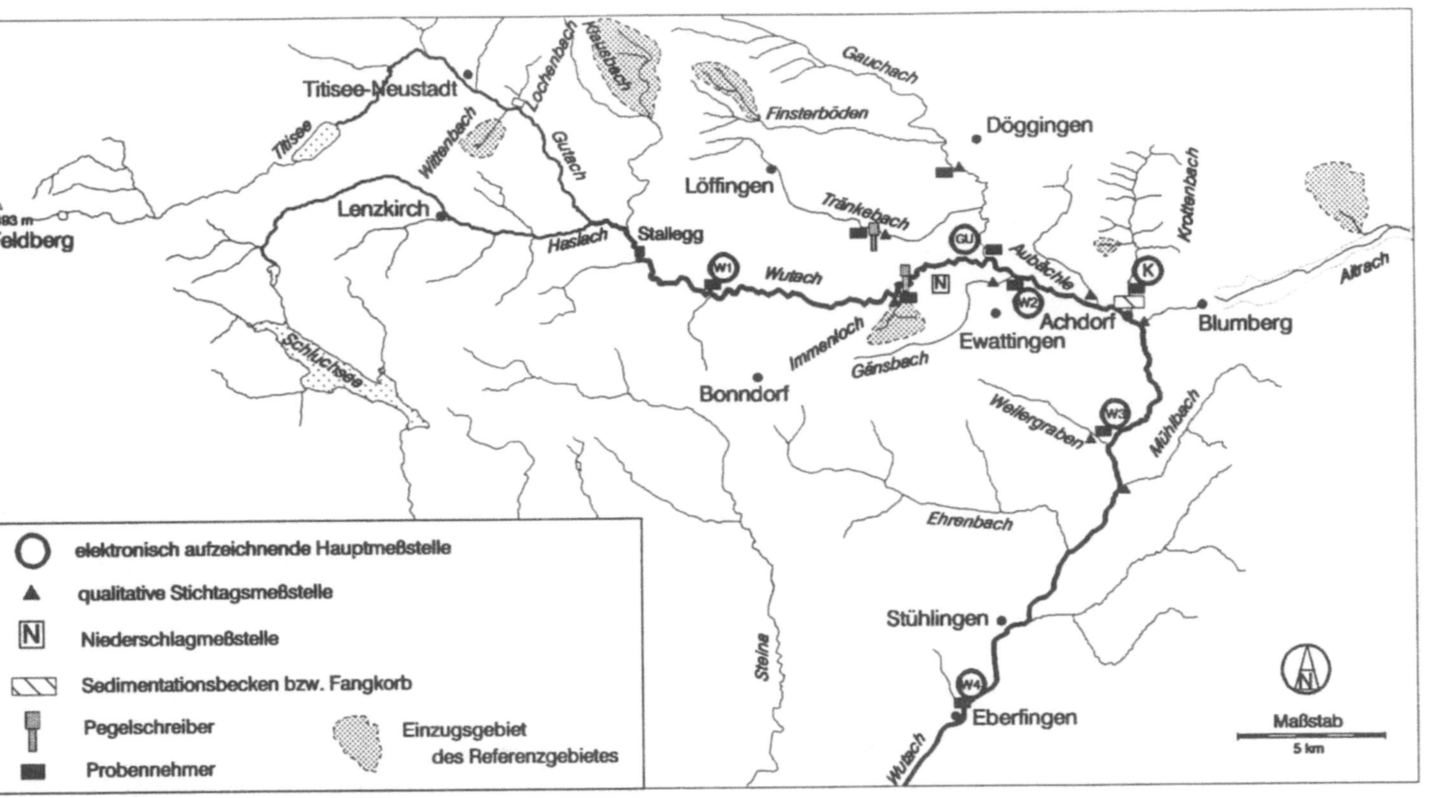

Abb. 2. Meßstellennetz zur Erfassung von Lösungs- und Feststoffaustrag

gehören die Nebenbäche: Lochenbach, Tränkebach, Gänsbach, Aubach, Schleifbach, Mühlbach, Weilergraben (vgl. Abb. 2).

Alle Teilgebiets- und Hauptmeßstellen wurden durch regelmäßige (zwei- bis vierwöchige) Stichtagsmessungen erfaßt. Um die Datenanzahl zu verdichten, wurden bei Hochwasserverhältnissen automatische Probennehmer (Probentakt 0,25 bis 8 Std.) eingesetzt und zusätzlich ambulante Proben genommen. Gleichzeitig mit der Probennahme erfolgte die Messung der elektrischen Leitfähigkeit, der Temperatur, des pH-Wertes und des gelösten Hydrogenkarbonats. Die bei Hochwasser gezogenen Proben wurden hinsichtlich gelöster Stoffe und Schwebstoffinhalt analysiert.

An den mit Datenloggern ausgestatteten Meßstellen erfolgte eine kontinuierliche Aufzeichnung von Druck, Trübung, Leitfähigkeit und Temperatur. Der pH-Wert wurde wegen der Drift der Sonden nur temporär bestimmt. Die Drucksonden dienen im wesentlichen der qualitativen Auswertung und wurden deshalb nicht geeicht, lediglich an der Meßstelle Krottenbach dient die Drucksonde in Verbindung mit einem Rechteckwehr auch der quantitativen Messung des Abflusses.

Die zur Abtrennung des anthropogenen Anteils ausgewiesenen naturnahen Waldgebiete (Referenzgebiete) wurden ebenfalls in Stichtagsmessungen beprobt (Wittenbach, Längebach, Immenloch, Klausbach, Finsterboden, Bruderbach und eine Runse im Krottenbachtal).

Zudem wurden an ausgewählten Tagen bei Trockenwetter- und Hochwasserabflußverhältnissen entlang der Wutach Flußlängsprofile gelegt, bei denen in ca. 1-km-Abständen Proben entnommen und die physikalischen und chemischen Parameter bestimmt wurden. Des weiteren sind mehrfach Trockenwetterstichtagsbeprobungen von wichtigen Quellen in den Einzugsgebieten durchgeführt worden.

Untersuchungszeitraum

Die Datenerhebung im Gelände begann 1986 in der Voruntersuchungsphase zunächst ausschließlich mit Stichtagsmessungen. Die erste Meßstation zur kontinuierlichen Messung wurde im Dezember 1987 errichtet, 1988 folgte der Aufbau fünf weiterer Stationen. Datenlogger und Probennehmer wurden anfangs unabhängig, ab 1989 elektronisch gekoppelt betrieben. Die Messungen wurden nach 5-jähriger Meßzeit im Frühjahr 1991 eingestellt.

2.4 Meßgeräte

Technische Daten

Datenlogger: Hierbei handelt es sich um das Processor Controlled Mobile Data Aquisition System (Prodata) der Firma Phytec, Braunschweig.

Technische Daten: Makrolon-Gehäuse (IP65), 19 Zoll Technik, Mikroprozessor-Steuereinheit mit alphanumerischem LCD-Display, Echtzeituhr und

A/D-Wandler; sehr geringe Ruhestromaufnahme (60 A), Betriebstrom 30 mA, schnellste Erfassungsrate 10 Hz. Datenspeicherung und Transfer (serielles Ausleseinterface, IBM-kompatibel) über C-MOS-RAM-Module (austauschbare Kassetten), Speicherkapazität 32/64 kbyte. Die Stromversorgung erfolgt über Batteriepacks (Alkali-Mangan-Batterien).

Die analogen Meßumformer erlauben den direkten Anschluß von Standardindustriesonden. Seit 1989 erfolgte in Zusammenarbeit mit der Fa. Phytec eine Koppelung der Probennehmer an die analogen Meßumformer der Datenlogger, um die Speicherung der Probennahmezeit zu gewährleisten. Ab 1990 wurden zudem zwei Datenlogger mit einer Ereignissteuerung ausgerüstet, die die Probennehmer selbsttätig bei entsprechender Veränderung der Meßwerte ansteuern kann. Zwischen dem eigentlichen Speichertakt erfolgen Kontrollmessungen in der gewählten Häufigkeit. Als Kontrollparameter können beliebig ein oder mehrere der angeschlossenen Meßkanäle mit der gewünschten Auslösebedingung programmiert werden. Sind die angegebenen Kriterien erfüllt, so schaltet die Aufzeichnung auf die höhere Auflösung der Kontrollfrequenz um und steuert gleichzeitig den Probennehmer an.

Als *Meßsonden* werden Standardsonden von WTW benutzt (Druck-, Temperatur-, pH- und Leitfähigkeitssonden mit PVC- bzw. verstärkten Polyätherurethan-Kabeln). Die Trübung wird mit der Prozeß-Trübesonde PT 1 (Infrarotstreulichtverfahren) der Fa. Dr. Lange (Düsseldorf) mit einem erweiterten Meßbereich auf 1000 TE/Formazin (= 1000 NTU) und Direktanschluß an den Datenlogger gemessen. Die Sonde arbeitet mit einer eigenen Stromversorgung (12 V Batteriepack) und automatischer Reinigung.

Automatische Probennehmer

Typ 1: Mechanische Vakuumprobennehmer (Vertrieb: Fa. Contec, Bad Honneff), z.T. mit elektronischer Steuereinheit und Schwimmerschalter, jedoch ohne Zeitspeicher. Stromversorgung mit 6 V-Akkus, Betrieb mit 12·2-Liter- oder 24·1-Liter-Glasflaschen. Die Evakuierung erfolgt mit einer Handpumpe bis 600 Torr (bzw. 800 mbar). Die Zuleitung führt über ein Separatschlauchsystem, bei dem jede Probenflasche mit der Ansaugöffnung direkt verbunden ist.

Typ 2: Vollautomatischer, elektronischer Probennehmer mit LCD-Zeitanzeige, Tauchpumpe und automatischer Spülung des Zuleitungsschlauches. Der Start wird über einen Kurzschlußschalter bei dem Kontakt mit Wasser ausgelöst. Dieser Gerätetyp ist ein älterer Institutseigenbau und konnte ab Februar 1990 nicht mehr betrieben werden, da die Ausfallquote der elektronischen Schaltteile zu hoch war und zudem zu vernünftigen Kosten keine Ersatzteile mehr verfügbar waren.

Die Vernetzung aller Einheiten und die individuell wählbare Ereignissteuerung ermöglichen die Erstellung einer guten Datenbasis und eine entsprechend der Fragestellung gezielte Probenahme.

2.5 Meßmethodik

2.5.1 Messung der Feststoffe

Messung der Schwebstoffe

Die während des Transports in Suspension gehaltenen Schwebstoffe werden durch photoelektronische Messung der Trübung erfaßt und in stündlichen Intervallen an den Meßstationen während des Hochwasserdurchgangs kontinuierlich aufgezeichnet. Zur Bestimmung der Schwebstoffkonzentration (Cs) werden die registrierten Trübungseinheiten (TE) mit Ereignisproben kalibriert und über Eichkurven in Konzentrationsangaben (mg/l) umgerechnet. Die parallel mitlaufende Druckspiegelaufzeichnung und Zeitspeicherung ermöglicht die genaue Festlegung des Feststofftransporteinsatzes, den Vergleich zwischen eintreffender Hochwasserwelle und Transportmaximum an den einzelnen Meßstationen (vgl. Abb. 3) und der Fortpflanzungsgeschwindigkeit durch zeitparallele Aufzeichnung an mehreren Stationen.

Obwohl die Eichung der Trübesonden nicht unproblematisch ist (vgl. 2.7), erweist sich die elektronische Aufzeichnung von Trübungsganglinien für die qualitative Betrachtung von Transportvorgängen als besonders geeignet. Ein wesentlicher Vorteil dieser Meßmethodik besteht in dem extrem hohen Auflösungsvermögen, das auf 1-Minuten-Intervalle verkürzt werden kann. Der Zeitpunkt

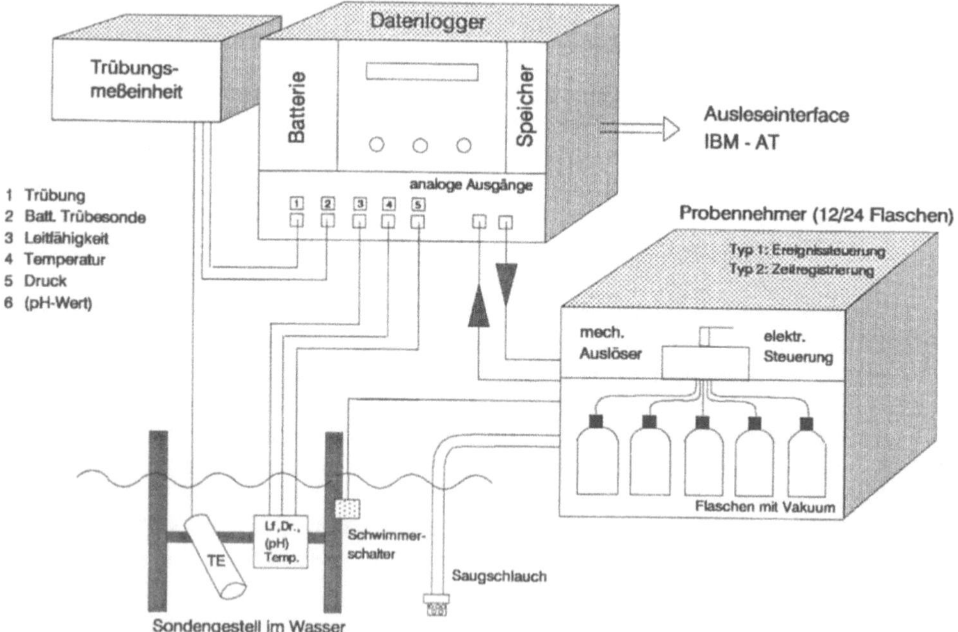

Abb. 3. Schemaskizze der Meßstation

der Materialaufnahme und Diskontinuitäten in der Schwebstofführung (z. B. fahnenartige Ausbreitungen durch Uferabbrüche) kann gegenüber der bisherigen reinen Probenahme-Methode erheblich besser registriert werden (vgl. Kap. 7).

Um die Trübungsaufzeichnungen mit dem Bachbettmaterial zu vergleichen, wurden aus verschiedenen Flußabschnitten Sedimentproben aus der Bachbettsohle und aus Kiesbänken auf ihre Zusammensetzung und das Kornspektrum untersucht. Die im Oberlauf und den Seitenbächen gemessene Schwebstofführung entspricht in etwa den Feinkornanteilen der Siebanalysen.

Messung der Geschiebefracht

Eine Direktmessung der Geschiebefracht konnte in dem vorgegebenen finanziellen Rahmen im Hauptvorfluter selbst nicht durchgeführt werden. Aufgrund dessen werden über kleiner dimensionierbare Einbauten die Randbedingungen der zugeführten Materialvolumina aus zwei extremen Liefergebieten bestimmt. Ausgewählt wurde ein Granitgebiet mit sehr geringer Materialzufuhr (Lochenbach) und ein Lias-Dogger-Gebiet (Krottenbach) mit sehr hoher Materialzufuhr zum Vorfluter.

Im Krottenbach wird die Geschiebefracht mittels eines 38,5 m^3 fassenden Sedimentbeckens erfaßt. Die Dimensionierung orientierte sich an der Größe des Einzugsgebietes von 13 km^2. Das Auffangbecken schließt sich an einen als Stufenwehr ausgebauten Überfall an, an dem in Verbindung mit einer Drucksonde die Wasserstandsveränderung und über die Trübesonde die Schwebstofführung durch einen Datenlogger registriert wird. Beeinträchtigungen der Druckmessung durch Querschnittsveränderungen aufgrund der Sedimentführung sind bei niedrigen und mittleren Wasserständen auszuschließen, bei höheren Abflußverhältnissen treten jedoch während des abfallenden Hochwasserastes im Randbereich durch die Meßstellengeometrie unvermeidbare Sedimentationserscheinungen auf, die regelmäßig entfernt wurden. Da für die Geschiebemessung wegen des erheblichen finanziellen Aufwandes keine ausreichenden Mittel zur Verfügung standen, wurden vorhandene Gegebenheiten zur Sedimentmessung genutzt und eventuelle Nachteile bei der Meßanordnung in Kauf genommen. Für die Konstruktion des Beckens wurde eine geeignete, aus straßenbaulichen Gründen errichtete Bachunterführung mit betoniertem Querschnitt am Ende bis zu einer Höhe von 63 cm mit dicken Holzbohlen verschlossen (s. Abb. 4). Mit einer Länge von 16 m gewährleistet das Auffangbecken eine ausreichende Beruhigungszone, in dem sich alle Grobpartikel vollständig absetzen können. Zusätzlich abgesetztes Feinmaterial (Ton-, Schluffanteil) wird über eine kombinierte Schlämm-/Siebanalyse gravimetrisch ermittelt und von der Gesamtmenge abgerechnet. Die Unterscheidung zwischen der in Suspension und der als Geschiebe transportierten Sedimentfracht ist jeweils von der erreichten Schubkraft während des Hochwassers abhängig und umfaßt, je nach Hochwasserintensität, ein unterschiedliches Korngrößenspektrum. Die Differenzierung Geschiebe-/Suspensionsfracht wurde hier generell an der Korngrenze zwischen Schluff und Feinsand gezogen (vgl. DVWK 125/1986).

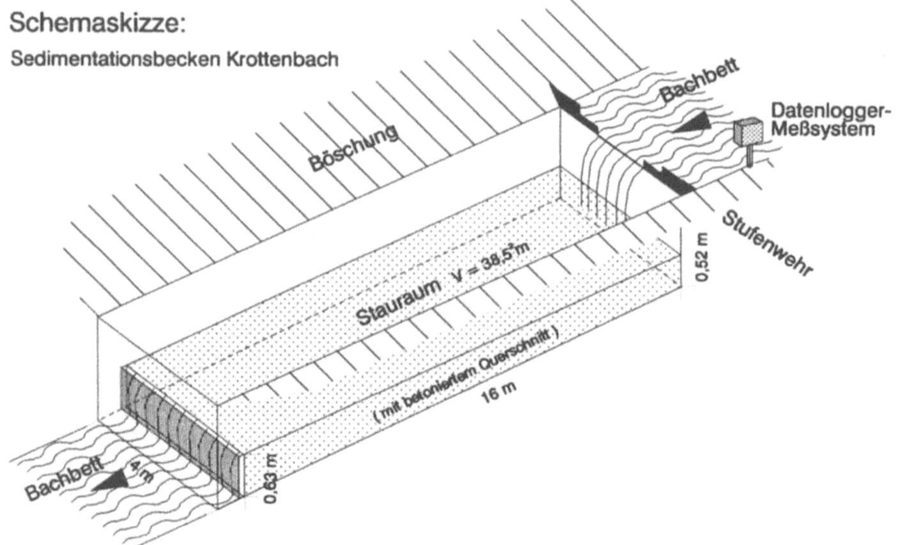

Abb. 4. Konstruktionsskizze des Sedimentbeckens Krottenbach

Der Vorteil der gesamtvolumetrischen Meßmethodik liegt vor allem darin, daß direkte Austragsmengen ermittelt werden können. Nachteilig wirkt sich bei einer größeren Dimensionierung von Auffangbecken jedoch aus, daß durch den häufig erhöhten Abfluß während Hochwasserperioden zwischen den Einzelereignissen nicht geleert werden kann. Für diesen Zeitraum erfolgt eine Gesamtbetrachtung des Materialaustrags. Das Sedimentbecken wurde während des Meßzeitraums mehrfach entleert, sobald der Wasserstand dies zuließ. Des weiteren ist es nicht möglich, Angaben über den Einsatz und das Ende des Geschiebetriebs zu machen. Das Auffangbecken liefert als Ergebnis einen Summenparameter, der in erster Linie quantitative Aussagen ermöglicht und vor allem für diese Fragestellung zur Abschätzung der transportierten Grobfracht konzipiert wurde. Über das Kornspektrum und das transportierte Größtkorn sind jedoch Angaben möglich (s. Abb. 5).

Beim wesentlich kleineren Lochenbach (Einzugsgebiet 2,9 km^2) erfüllte diese Funktion zunächst ein Geröllfangkorb, der jedoch keine verwendbaren Ergebnisse lieferte. Durch eine flußbautechnisch günstige Situation eines zuvor sedimentfreien Staubereichs an einem kleinen Wehr konnte nach dessen Auffüllung durch ein Hochwasser (Februar 1990) dennoch der Sedimenttransport ermittelt werden.

Um für die Wutach selbst doch wenigstens eine eigene Größe für die Grobfracht zu erhalten, werden sedimentologische Beobachtungen (Kiesbankaufschüttungen und -verlagerungen) mit in die Untersuchungen einbezogen.

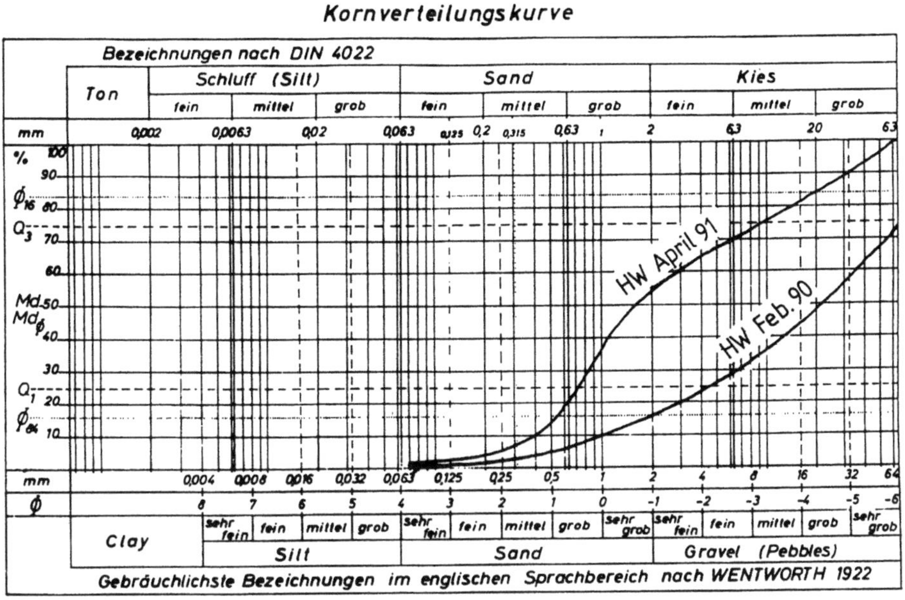

Abb. 5. Kornspektren des bei zwei Hochwässern transportierten Feststoffmaterials (Proben aus dem im Sedimentbecken abgesetzten Material)

2.5.2 Messung der Wasserhaushaltsgrößen

Niederschlag und Verdunstung

Die Datenerhebung geschieht durch den Deutschen Wetterdienst, Wetteramt Freiburg. Es werden 10 Niederschlags- und 2 Klimastationen herangezogen. Kontinuierliche Klimadaten liegen teilweise seit den 20er, vorwiegend seit den 60er Jahren vor.

Abfluß

Die Abflußdaten für den Hauptvorfluter Wutach werden durch amtliche Pegelmeßstellen ermittelt und sind teilweise bis in das Jahr 1924 zurück verfügbar (Gewässerkundliches Jahrbuch).

In den Referenzgebieten mit Einzugsgebietsgrößen zwischen 1 und 2 km^2 wird der Abfluß mit kleinen Rechteck- oder Dreieckmeßwehren in Verbindung mit Pegelschreibern bestimmt, die eine vereinfachte Berechnung der Beziehung Abflußhöhe/Abflußmenge nach den Richtlinien der Gewässerkundlichen Anstalt des Bundes und der Länder (1971) ermöglichen.

Da der Aufwand für Personal und Material für die Erstellung von größeren Meßwehren oder die Herstellung eines unveränderlichen Meßquerschnitts zu hoch gewesen wäre, wurde lediglich an der Station Krottenbach ein vier Meter breites Stufenrechteckwehr mit Lattenpegel und Drucksonde eingebaut. Die

Abflußbestimmung in allen weiteren Teilgebieten erfolgt über die Abflußspendenberechnung aus den Hauptpegeln der Wutach (vgl. 2.8) sowie Stichtagsmessungen mit einem Meßflügel (Fa. Ott, Kempten).

2.6 Laboranalytik

Analytik der gelösten Stoffe

Als chemische Analysengeräte stehen ein AAS (Modell Perkin Elmer 1100) für die Messung der Konzentrationen der Kationen Ca, Mg, Sr, Na und K sowie ein Ionenchromatograph (Modell Dionex 2000i) für die Messung von SO_4^-, Cl- und NO_3-Konzentrationen zur Verfügung (DIN 38405, DIN 38406-E14, E13, E1-1, E3-1). Die entnommenen Wasserproben wurden für die Messungen stark verdünnt (1 : 5 bis max. 1 : 100). Gelöste Kieselsäure wurde als SiO_2 nach der Methode von Winkler (Höll 1974) am Photometer (Modell Perkin Elmer Lambda 15) bestimmt. Die Eigenfärbung der Proben (Huminsäuren) wird ebenfalls gemessen und als Blindwert abgezogen (vgl. Kap. 2).

Analytik der Festbestandteile

Um bei dem Umfang von ca. 1200 Proben eine rationelle, beschleunigte Aufbereitung zu erzielen, wurden die Schwebstoffproben (Probenvolumen 1 bis 2 Liter) in einer Überdruckfiltrationsanlage, die in der Institutswerkstatt eigens dafür konstruiert wurde, filtriert. Durch vorherige und anschließende Trocknung der Filter (Blauband, Fa. Schleicher & Schüll, 589³, Porengröße 2,2 µm) bei 105 °C im Trockenofen und Wiegen mit einer Präzisionswaage wurde die Gesamtschwebstoffkonzentration der Probe ermittelt. Die anschließende Veraschung der organischen Bestandteile im Muffelofen bei 550 °C ergibt den Anteil der mineralischen Substanz (Glührückstand, vgl. DVWK 1986 u. DIN 38414). Die Untersuchung von Sedimentproben (30 kg Mischproben) aus verschiedenen Bachabschnitten und Kiesbänken erfolgte mittels Korngrößenanalysen zunächst quantitativ (Ausschlämmen des Feinanteils < 0.063 mm und Trockensiebung der Grobfraktion nach DIN 18123) und anschließend qualitativ (z. T. mit dem Binokular).

2.7 Auftreten von Meßfehlern

Analytische Fehler bei Messungen im Gelände

Bei der ambulanten Messung der Leitfähigkeit (WTW Lf 91) traten zu Meßbeginn bis zu 5% Abweichungen zwischen unterschiedlichen Meßgeräten auf, die auf Alterungserscheinungen zurückzuführen waren. Abhilfe geschah durch Überprüfung der Geräte mit KCl-Eichlösungen entsprechend den Anweisungen des Herstellers und den Austausch von fehlerhaften Sonden. Meßfehler bis 0,8 pH-Einheiten wurden durch die tägliche Drift bei den pH-Geräten

(WTW PH 90) hervorgerufen, so daß mehrere Nacheichungen pro Tag notwendig waren. Es zeigte sich, daß die eingesetzten Sonden (WTW Typ E50 und E56) eine Lebensdauer von maximal einem halben Jahr hatten.

Die kontinuierliche Leitfähigkeitsmessung unterlag starken Störungen durch die Verkalkung und Veralgung der Meßsonden (Fehler z. T. über 10%). Die wöchentliche bis vierzehntägige Reinigung der Sonden konnte nur bedingt Abhilfe leisten, da die Verunreinigungsprozesse kontinuierlich abliefen. Bei Hochwasser führten Turbulenzen dazu, daß sich Luftbläschen an die Sonden anhefteten oder die Sonden vollständig im Sediment begraben wurden, wodurch die Leitfähigkeitsmessungen verfälscht wurden (Abb. 6 a).

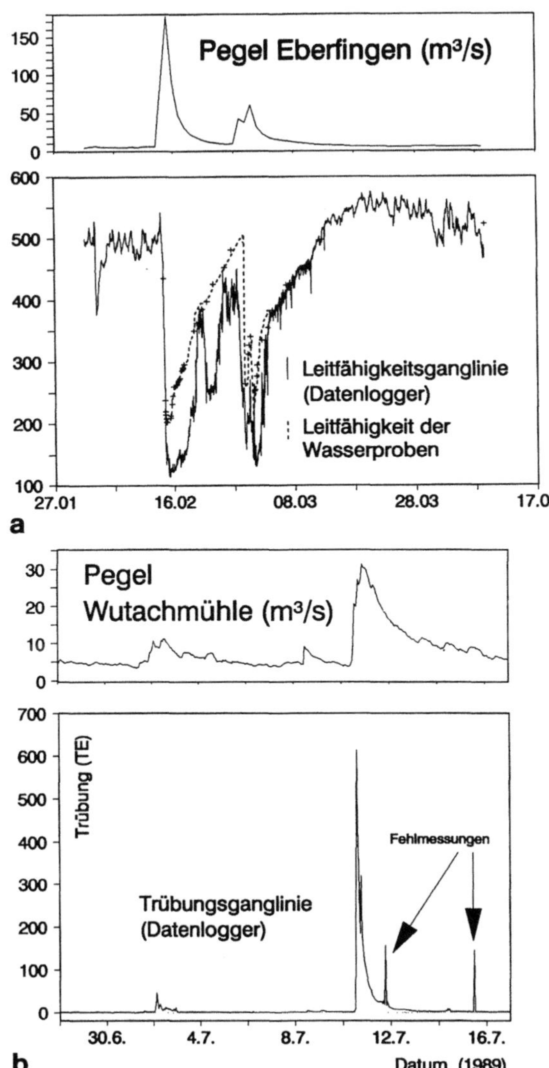

Abb. 6. a Fehlmessungen bei der Leitfähigkeitsmessung mit dem Datenlogger im Vergleich zu ambulanten Messungen. **b** Fehlmessung der Trübung bedingt durch mechanische Störungen

Fehlmessungen der Trübesonden wurden vorwiegend durch Algenbewuchs und Hochwassersedimentation an den Meßeinrichtungen verursacht. Die fehlerhaften Meßwerte können verhältnismäßig leicht identifiziert und aus dem Datensatz entfernt werden (Abb. 6b). Die Drucksonden unterlagen ebenfalls häufigen Sedimentations- und vor allem im Sommer auftretenden Kalkverkrustungserscheinungen, die regelmäßig entfernt wurden.

Bei der Geschiebefrachtmessung im Sedimentationsbecken entstehen Fehlergrößen durch Absatz von Feinanteilen und organischem Material, die unter natürlichen Bedingungen in Suspension verblieben wären. Der Anteil der Grobfraktion kann anhand aus dem Absetzbecken entnommener Kiesproben durch Abtrennung der Feinanteile korrigiert werden. Der Fehler ist für die angestrebte Abschätzung der Grobmaterialfracht vernachlässigbar.

Analytische Fehler im Labor

Die chemischen Analysen werden unter Mithilfe von wissenschaftlichen Hilfskräften und Laborantinnen durchgeführt. Da z. T. mehrfache Verdünnungen erforderlich sind, kommt es hier immer wieder zu Fehlverdünnungen. Weiterhin treten methodische Fehler auf, die durch die benutzten Analysenmethoden bedingt sind und sich in der Regel in Form eines Kationendefizits äußern. Messungen eines Sulfatüberschusses von bis zu 10 mval/l bei Gipskeuperwässern mußten auf eine gealterte Trennsäule im Ionenchromatograph zurückgeführt werden, so daß eine nochmalige Analyse von Rückstellproben erforderlich war (Abb. 7).

Ein systematischer Meßfehler in der Schwebstoffanalytik entsteht beim Wiegen der Filter, sowohl im leeren Zustand als auch mit Probeninhalt. Es er-

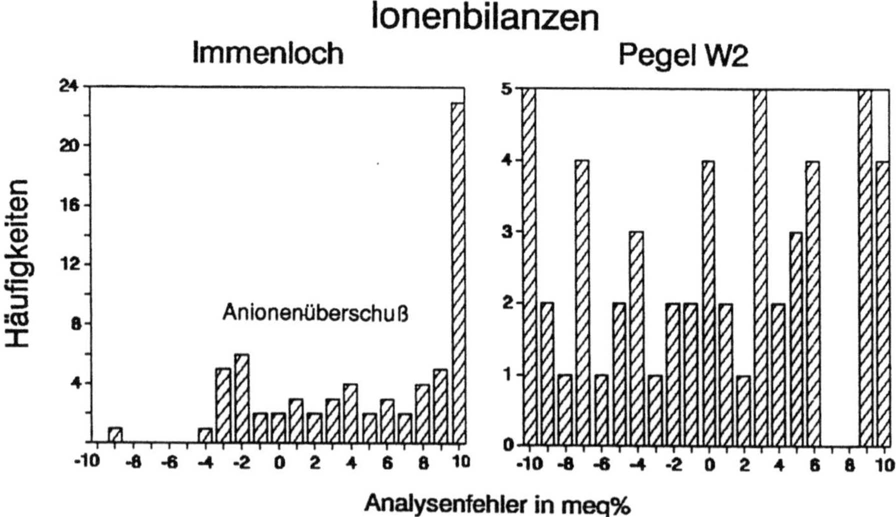

Abb. 7. Gegenüberstellung von systematischem Fehler (Immenloch, Anionenüberschuß) und unsystematischem Fehler (Pegel W 2) in der Ionenbilanz

folgt eine rasche Feuchtigkeitsaufnahme der zuvor bei 105 °C getrockneten Filter, trotz optimierter Arbeitsweise (einzelne Entnahme aus dem Exsikkator, konstante Raumtemperatur, Präzisionswaage). Das Gewichtsdefizit beträgt, je nach Probe, zwischen 2 bis max. 20 mg/l. Dies entspricht einer Fehlergröße zwischen 1 und 10%, die sich bei niedrigen Schwebstoffgehalten am stärksten auswirkt. Des weiteren treten Defizite im Mineralanteil der Proben durch die üblicherweise angewendete Analysenmethode der Glühverlustbestimmung ein. Die Veraschung bei 550 °C verursacht die Zerstörung eines Teils der Tonminerale, woraus (bei 100% Tongehalt) ein Gewichtsverlust von max. 16% resultiert. Ebenso erfolgt eine Reduktion des Kalkbestandteils, der Gewichtsverlust liegt hier bei max. 5%. Die Glühverlustmethode wurde anhand der wesentlich genaueren, jedoch viel aufwendigeren Lichterfeldmethode an ausgewählten Proben überprüft und der oben angegebene Fehlerquotient über den Vergleich bestimmt (Schlichting und Blume 1966).

Methodische Fehler

Meßverfahren und Eichung der Trübungsmeßgeräte

Die verwendeten Trübungssonden (Modell PT1, Fa. Dr. Lange) ermitteln die Trübung durch ein Infrarot-Streulichtverfahren. Das unter einem bestimmten Winkel in das Medium strahlende Infrarotlicht wird an den darin enthaltenen Feststoffteilchen zurückgestreut und von einem Fotodetektor gemessen. Die Sonden werden im allgemeinen mit einer Formazin-Kolloidlösung, deren Teilchengröße 1 µ beträgt, im Labor geeicht. Das Meßsystem arbeitet für diesen Korngrößenbereich weitgehend linear (Ueberbach 1986). Für ein Korngrößengemisch, wie es unter natürlichen Bedingungen auftritt, sind diese Voraussetzungen nicht gegeben. Die Trübesonden müssen deshalb für jede Meßstelle und für jedes Ereignis mit dem natürlichen Schwebstoffgehalt von Proben geeicht werden. Bei hohen Konzentrationen weichen die gemessenen Trübungswerte von einer linearen Beziehung ab, da Volumen und Gewicht der Partikel nicht in das Meßverfahren mit eingehen und entsprechend unterrepräsentiert werden. Dieser Meßbereich wird vorwiegend während des höheren Abflußgeschehens bei der Verfrachtung schwererer Sedimentteilchen erreicht. Dieser Zusammenhang wirkt sich auch in anderen zur Anwendung kommenden optischen Meßverfahren aus (vgl. Reinemann et al. 1982).

Fehler bei der Entnahme von Schwebstoffproben

Methodische Fehler bei der Probenahme können durch die Lage des Ansaugschlauches und der Saugleistung der automatischen Probenehmer entstehen (eventuelle Verstopfung durch Nadeln oder Blätter) (vgl. Kap. 4). Die Größenordnung dieser Fehlerquelle kann nur schwer abgeschätzt werden (vgl. Arbeitsgruppe für Operationelle Hydrogeologie).

Gleichermaßen muß die feste Installierung der Trübesonde im Gewässerlauf als eine nicht ausreichend repräsentative Einpunktmessung betrachtet werden, die aufgrund transportbedingter Konzentrationsunterschiede im Flußquerschnitt zu methodischen Fehlmessungen führt. In einer exemplarischen Beprobung wurde in einem Seitenbach die Schwebstofführung über den Bachquerschnitt ermittelt. Auf die während des Hochwassers erreichte Breite von ca. 4 m und eine Wassertiefe von 1,2 m wurden nur minimale Konzentrationsunterschiede festgestellt. Es ist allerdings zu erwarten, daß sich bei größeren Flußquerschnitten ein bemerkbares Konzentrationsgefälle einstellt (vgl. Vanoni 1977; Kap. 7) und für die Wutach, trotz turbulenter Strömungsbedingungen, angenommen werden muß.

2.8 Auswerteverfahren

2.8.1 Problemerörterung zur Übertragung von Abflußmeßdaten

Die methodische Konzeption des Wutachprojekts erfordert es, die von der Landesbehörde an der Wutach durchgeführten Abflußmessungen zur Berechnung des Stoffaustrags auch auf Teileinzugsgebiete zu übertragen, wo keine eigenen Abflußmeßwerte erhoben werden konnten (vgl. Aschwanden et al. 1986). Dabei muß jedoch berücksichtigt werden, daß in diesen Teileinzugsgebieten uneinheitliche geologische Bedingungen vorliegen und deshalb die unterschiedlichen Speichereigenschaften bzw. „Pufferkapazitäten" der verschiedenen Aquifere zu berücksichtigen sind.

Landespegelmeßstellen und Qualitätsüberprüfung der Meßdaten

An der Wutach bestehen derzeit vier Landespegelmeßstellen. Der Pegel Neustadt dient im wesentlichen der Kontrolle von Bewirtschaftungsmaßnahmen und ist somit für die Bearbeitung morphodynamischer Prozesse ungeeignet. Ebenso ungeeignet ist der Pegel Oberlauchringen, da hier ein größerer Grundwasserabstrom unter der Gewässersohle bekannt ist. Von den weiteren Pegeln ist die Meßstelle W 2 (Abb. 2) vollständig ausgebaut, während die Abflußkurve von Pegel W 4 Unsicherheiten bei Niedrigwasser und bei Hochwasser durch ungenügenden Ausbau aufweist. Dies trifft auch für den 1979 stillgelegten Pegel Stallegg zu. Bei der Auswertung und der Übertragung der Abflußmeßwerte müssen deshalb meßtechnisch bedingte Fehler berücksichtigt werden. Erschwerend kommen Bewirtschaftungsmaßnahmen im Oberen Wutachgebiet hinzu (Stauseehaltung, Trinkwasserüberleitung von 1000 l/s in den Schluchsee), die z. T. eine erhebliche künstliche Regulierung des Trockenwetterabflusses erfordern, damit der Fluß im Oberlauf nicht durch die Zuleitungen von Klärwasser biologisch umkippt.

Probleme bei der Übertragung von Abflußmeßdaten

Bei der Übertragung von Abflußdaten auf Teileinzugsgebiete ist die Abflußsumme dieser Teilgebiete und die Verteilung der Tagesabflüsse zu berücksichtigen. Mithilfe von statistischen Analysen, der klimatischen Wasserbilanz, dem Vergleich mit Abflußmessungen aus Referenzgebieten und der Analyse von

Trockenwetterabflußkurven sollen für charakteristische Gesteinstypen (Granit- und Buntsandsteinlandschaften sowie Karbonat- und Mergelgebiete) langfristige Korrekturfunktionen ermittelt werden.

Qualitativer Datenvergleich mittels statistischer Methoden

Die Abflußwerte können durch statistische Tests und Korrelationsanalysen überprüft werden (Ministerium für Umwelt 1988, S. 4). Die Wutachpegel Stallegg, W2 und W4 zeigen hierbei rechtsschiefe Häufigkeitskurven. Bedingt durch den funktionalen Zusammenhang können die Daten (soweit zeitsynchron vorhanden) linear korreliert und einer Regression unterzogen werden (Abb. 9 und Tabelle 2). Die Standardabweichungen (Std., in Prozent vom Mittelwert) sind höher als die arithmetischen Mittelwerte, was auf eine breite

Kombiniertes Abfluß-Zeit-Summendiagramm

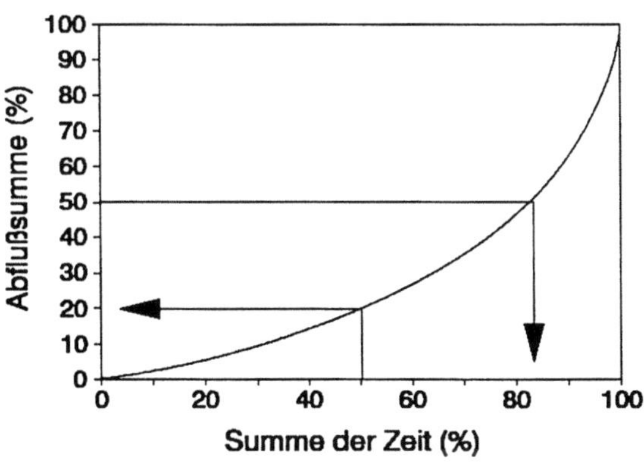

Abb. 8. Korrelation der Abflußsummenkurve (Ordinate: 100% der Abflußmenge) mit der Zeitsummenkurve (Abszisse: 1826 Tagesmittelwerte, 1986–1990, entsprechend 100% der Zeit), jeweils aufsteigend sortiert

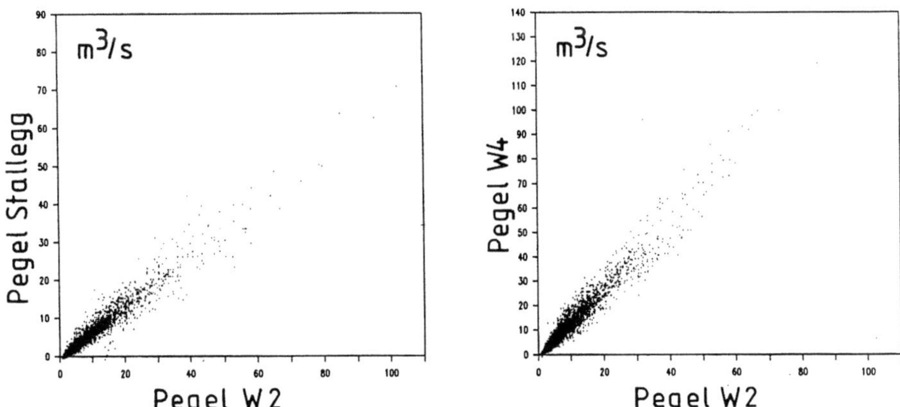

Abb. 9. Korrelation der Abflußtagesmittelwerte der Jahre 1954–1976 für die Pegel Stalleg, W2 und W4

Tabelle 2. Statistische Maßzahlen und Regressionsgleichungen der Wutachpegel (Zeitraum 1. 3. 1954 – 29. 2. 1976), 7962 Tagesmittelwerte

Pegel	Q-Mittel (m³/s)	Std. (%)	Lineare Regression	r	χ^2-Test (99,9% Niveau)
Stallegg	4,35	110	$0,68 \cdot W2 + 0,04$	0,97	Sehr signifikant
W2	6,28	108			
W4	8,85	107	$1,36 \cdot W2 + 0,29$	0,97	Sehr signifikant

Streuung der Meßwerte hinweist. Bedingt durch die rechtsschiefe Abflußverteilung erfolgen in 50% der Zeit lediglich 20% der Jahresabflußmenge (Abb. 8), somit ist das Abflußverhalten durch eine ausgeprägte Bivalenz gekennzeichnet, nämlich langanhaltende Niedrigwasserperioden im Sommer und Herbst sowie ausgeprägte Hochwasserereignisse im Winter und Frühling. Die auf den Mittelwert normierte Verteilung der Abflüsse zeigt, daß im Schwarzwaldgebiet extremere Niedrig- wie auch Hochwasserereignisse stattfinden.

Die Wasserbilanzgleichung zur Ermittlung quantitativer Abflußmeßfehler

Aus der Wasserhaushaltsgleichung (1) wird die Differenz D bestimmt, die der Summe aus der reellen Verdunstung, einem potentiellen Grundwasserabstrom sowie dem Betrag der Meßfehler entspricht.

Wasserhaushaltsgleichung:

$$P = Q_o + D \pm \varrho S_s \pm \varrho S_a \tag{1}$$

$$D = E_{reell} + Q_u + M \tag{2}$$

$$D = P - Q_o \pm \varrho S_a \tag{3}$$

(P = Niederschlag, E = reelle Verdunstung, Q_o = oberirdischer Abfluß, Q_u = unterirdischer Abfluß, $\pm \varrho S$ = Speicheränderung, s = Boden, a = Aquifer, D = Differenzglied, M = Meßfehler).

Die Speicheränderung im Aquifer ($\pm S_a$) kann bei langfristigen Bilanzrechnungen vernachlässigt werden, da sich Entleerungs- und Auffüllungsvorgänge ausgleichen (Matthess 1983, S. 252). Der Gebietsniederschlag (P) wurde anhand der Daten von 10 Niederschlagsstationen nach dem Polygonverfahren berechnet (Richter und Lillich 1975, S. 106f.; Matthess und Ubell 1983, S. 269). Die Bestimmung der potentiellen Verdunstung im Freiland erfolgte mit der empirischen Formel nach Haude (z.B. in Matthess und Ubell 1983, S. 273; DVWK 1990a), die über den Vergleich mit aktuellen Niederschlagsdaten realen Verhältnissen (E) angepaßt wurde (Uhlig 1959). Verdunstungsberechnungen für Vegetationsbestände mit hoher Interzeption müssen getrennt erfolgen. Hierfür wurden ebenfalls empirische Beziehungen (Transpiration: Renger und Strebel 1980; Sokollek 1983; Interzeption: Benecke 1978) und Vergleichsdaten

Tabelle 3. Mittelwerte der Wasserbilanzen für die Jahre 1986–1990; die Speicheränderungen können vernachlässigt werden

Gebiet	P	Q	D	E_{Kult}	E_{Wald}
Stallegg	1434	824	597	496	672
ΔW2	1015	499	503	478	525
ΔW4	991	344	633		
ΔW4$_{korr}$	991	483	496	478	525

P = Niederschlag, Q = Abfluß, D = Restglied aus der Wasserhaushaltsgleichung, E_{Kult} = reelle Evapotranspiration für Kulturland, E_{Wald} = Gesamtverdunstung im Waldbestand, errechnet aus D und E_{Kult} Δ (Fläche zw. zwei Pegeln)

zum Wasserbedarf bestimmter Waldtypen aus der Literatur herangezogen (Roberts 1983).

Für die Wutachpegel Stallegg, W 2 und W 4 ergeben sich aus dem Vergleich zwischen berechneter Verdunstung (E_{reell}) und der Bestimmung des Differenzglieds (D) aus der Wasserhaushaltsgleichung unterschiedlich hohe Diskrepanzen (Tabelle 3). So ist für das Schwarzwaldeinzugsgebiet von Pegel Stallegg mit einem großen Flächenanteil (60%) an geschlossenen Nadelwaldbeständen eine relativ hohe Verdunstung zu erwarten, die sich rechnerisch anhand der Literaturdaten und ebenfalls aus der Wasserhaushaltsgleichung ergibt. Das Einzugsgebiet von Pegel W 2 ist zu 50% mit Mischwald bestockt, so daß die Waldverdunstung nur noch einen Betrag von 525 mm/a erreicht; ähnliche Verdunstungshöhen wurden z. B. auch im Schönbuchprojekt gemessen (549 mm/a, Agster 1986). Der Differenzbetrag von 633 mm/a für den Pegel W 4 fällt zu hoch aus, da nur 30% des Einzugsgebiets bewaldet sind. Da die Talauffüllung relativ undurchlässig ist und mit keinem unterirdischen Grundwasserabstrom zu rechnen ist, muß an diesem Pegel ein Abflußmeßfehler eingeräumt werden, der in der Größenordnung von − 100 mm/a bzw. − 500 l/s im Jahresmittel liegt.

Die Bedeutung des Abflußverhaltens in Referenzgebieten für den Abfluß der Wutach

Geologische Schichten mit schnellem Wasserdurchsatz (z. B. Deckschichtenaquifere in Kristallin- und Buntsandsteingebieten, siehe Referenzgebiete Tabelle 1; Seeger 1990) und hohen Leerlaufkoeffizienten liefern im Gegensatz zu geklüfteten Gesteinen mit hohem Rückhaltevermögen und niedrigen Leerlaufkoeffizienten (z. B. Kluft- und Porenaquifere, Richter und Lillich 1975, S. 149) bei erhöhten Abflußbedingungen relativ mehr Wasser und damit bei Trockenwetterabfluß weniger.

Das unterschiedliche Abflußverhalten von Teileinzugsgebieten wirkt sich auf das Abflußgeschehen der Wutach aus und muß bei der großflächigen Übertragung von Abflußmeßwerten durch die Ermittlung nichtlinearer Übertragungsfunktionen berücksichtigt werden (Bauer 1993).

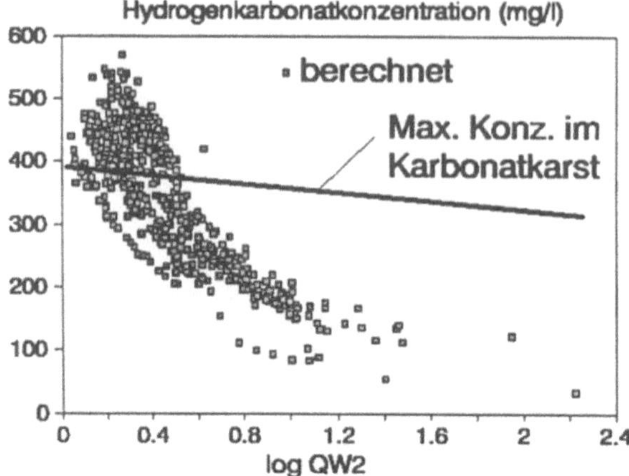

Abb. 10. Berechnung der Lösungskonzentration für ein Teileinzugsgebiet zwischen zwei Pegeln über eine lineare Abflußbeziehung

Die korrigierten Abflußdaten können unter Zuhilfenahme von gemessenen chemischen Analysenparametern auf ihre Verläßlichkeit geprüft werden. Hierzu ist der Quotient aus den Frachten zweier Wutachmeßstellen und dem Abfluß des Teilgebiets zwischen diesen Meßstellen zu bestimmen; dieser entspricht der Stoffkonzentration im Abfluß des Teilgebiets. Die Abb. 10 zeigt für ein Muschelkalk-Teileinzugsgebiet die Konzentrationswerte, die linear aus Abflußmeßwerten der Wutach berechnet wurden. Der Übertragungsfehler durch die lineare Regressionsrechnung zeigt sich darin, daß die maximal mögliche Konzentration eines gelösten Stoffes (HCO_3, bei Trockenwetterabfluß $300-350$ mg/l) überschritten wird. Die breite Streuung der Werte ist in natürlichen Systemen als normal zu betrachten; als Berechnungsgrundlage wurden hier die stündlich ermittelten Werte der Datenloggerstationen verwendet.

2.8.2 Ionenbilanzen und Lösungsfracht

Plausibilitätstests für chemische Wasseranalysen

Zur Genauigkeitsanforderung chemischer Wasseranalysen besteht eine Fülle an Richtlinien, nach denen Analysenfehler $5-10\%$ nicht überschreiten sollen (DVWK 1979; Hem 1985, S. 163; Deutsche Einheitsverfahren zur Wasser-, Abwasser- und Schlammuntersuchung 1987). In langjährigen Meßreihen tritt jedoch oft der Fall auf, daß Probennahme und Wasseranalyse an einer Meßstelle von verschiedenen Personen oder Institutionen durchgeführt werden und daß unterschiedliche Analysenmethoden und -geräte zum Einsatz kommen. In der Praxis ist dabei immer wieder zu beobachten, daß sich verschiedenartige Fehler einschleichen (meßmethodische Fehler, Verdünnungsfehler, Rechenfehler, Eingabefehler), weshalb die Daten vor der weiteren Bearbeitung einer Plausibilitätsprüfung unterzogen werden müssen.

Eine erste Überprüfung kann mittels einfacher graphischer Methoden (x/y-Plots, stat. Verteilungen) geschehen, so daß bereits grobe Ausreißer identifiziert werden können. Die Güte der Wasseranalyse wird durch die Ionenbilanz nach den Elektroneutralitätsbedingungen bestimmt (Freeze und Cherry 1979, S. 96 f):

$$(Na^+) + 2(Mg^{2+}) + 2(Ca^{2+}) = (Cl^-) + (HCO_3^-) + 2(SO_4^{2-}) \tag{4}$$

$$E = (\sum zm_c - \sum zm_a)/(\sum zm_c + \sum zm_a) \cdot 100 \tag{5}$$

(E = Ionenbilanzfehler in Prozent, z = Ionenäquivalente, m_c = Molalität der Kationen, m_a = Molalität der Anionen).

Hierbei muß jedoch beachtet werden, daß z.B. in sauren Wässern das H^+-Ion in die Gleichung mitaufgenommen wird, da vor allem in niedrigmineralisierten Grundgebirgs- und Buntsandsteinwässern pH-Werte von $3-4$ bis zu 40% der Kationensumme ausmachen können.

Weitere Möglichkeiten, Wasseranalysen auf Fehler zu überprüfen, bestehen über den Vergleich der berechneten elektrischen Leitfähigkeit aus den Ionenkonzentrationen mit der gemessenen Leitfähigkeit, wobei berücksichtigt werden muß, daß z.B. durch schadhafte Lf-Geräte oder falsche Temperaturkompensationen auch bei dieser Messung Fehler auftreten können. Die generelle Anwendbarkeit dieser Methode wird in der Literatur kontrovers diskutiert (Rossum 1975; Korn und Walther 1980; Troubounis et al. 1984; Walther et al. 1985; Feuerstein und Grimm-Strele 1989). Für die verschiedenen Wässer aus dem Wutachgebiet wurden gute Übereinstimmungen von berechneter und gemessener Leitfähigkeit auf Basis der Modellvorstellung von Debeye-Hückel (erweiterte Gleichung, in Rommel 1980, S. 20 f; Lloyd und Heathcote 1985, S. 23) und den Äquivalentleitfähigkeiten (Landolt-Börnstein 1959) gefunden. Anhand der Ionenbilanz- und Leitfähigkeitsmethoden können in den meisten Fällen qualitative sowie quantitative Fehler in Ionenbilanzen erkannt und die entsprechenden Parameter korrigiert werden.

Schema zur Berechnung der elektrischen Leitfähigkeit aus Meßwerten der Ionenkonzentration:

1) Berechnung der Ionenstärke (I)

$$I = \frac{1}{2} \sum_i m_i z_i^2 \tag{6}$$

2) Berechnung der Aktivitätskoeffizienten (γ)

$$\log \gamma_i = -Az_i^2 \left(\sqrt{I}/(1 + Ba_i\sqrt{I})\right) \quad \text{für } I < 0,1 \tag{7}$$

3) Berechnung der Normalität (N)

$$N_i = \gamma_i C_i / W_i \quad \{eq/dm^3\} \tag{8}$$

4) Berechnung der Ionenleitfähigkeit (æ) und der Leitfähigkeit der Lösung
$$\left(\sum_{i=1}^{n} æ_i \right)$$

$$\sum_{i=1}^{n} æ_i = \cap_i N_i \quad \{cm^2 \cdot S/eq \cdot eq/dm^3 = S/cm\} \tag{9}$$

(I = Ionenstärke, m = Molarität, z = Ladungszahl, γ = Aktivitätskoeffizient nach der erweiterten Debeye-Hückel-Formel, A, B = temperaturabhängige Parameter, a = Koeffizient für die Ionengröße, N = Normalität, C = Konzentration, W = Äquivalentgewicht, $\{eq/dm^3\}$ = Ionenäquivalente/Liter, æ = Ionenleitfähigkeit, $\cap$ = Ionenäquivalentleitfähigkeit nach Landolt-Börnstein (1959), $\{S\}$ = Siemens)

Beziehung zwischen Ionenkonzentration und Abfluß

Nachdem Analysenmeßwerte auf ihre Richtigkeit überprüft wurden, können die Daten mit entsprechenden Diagrammen zusammengefaßt werden, um den Informationsgehalt zu veranschaulichen (Hem 1985, S. 162 ff; DVWK 1990 b). Die geochemische Dynamik eines hydrologischen Systems kann meist erst dann analysiert werden, wenn die chemischen Parameter zur Wassermenge, zum Pegelstand oder zur Zeit in Beziehung gesetzt werden (Zeitreihenanalysen, Beziehungsdiagramme). Häufig verwendete Beziehungsdiagramme (z.B. Ionenkonzentration/Abfluß, sog. Verdünnungskurven) werden meist doppeltlogarithmisch erstellt, weil dann ein funktionaler Zusammenhang zwischen Stoffkonzentration und Abfluß mit linearen Regressionsgleichungen berechnet werden kann. Beim Auftreten von Extremsituationen in Abflußmeßreihen, wie z.B. lang anhaltenden Niedrigwasserabflüssen oder extremen Hochwassern, ist die Abfluß-Konzentrations-Beziehung nicht mehr durch eine einfache Gleichung zu erfassen (Beziehungen 3. Ordnung, siehe Abb. 11).

Im Wutachgebiet begrenzt z.B. die Löslichkeit von Gips die Sulfatkonzentration in Quell- und Bachwässern, bzw. das Kalk-Kohlensäuregleichgewicht die Höchstkonzentration an gelöstem Hydrogenkarbonat. In beiden Fällen verflachen sich die Verdünnungskurven im unteren Abflußbereich, so daß teilweise konstante Konzentrationen erreicht werden.

In solchen Fällen können die Datenkollektive mit Polynomen n-ten Grades nach der Methode der kleinsten quadratischen Fehlerabweichung eingepaßt werden (Cheney und Kincaid 1985). Weiterhin besteht die Möglichkeit, Grenzwerte einzuführen und den Datensatz in vereinfachter Form durch mehrere Funktionen 2. Ordnung zu beschreiben. Das Gütemaß einer Regression (linear oder nichtlinear) kann durch den Korrelationskoeffizienten, die Signifikanz, den mittleren Fehler oder die Korrelation der Modellwerte mit den Originalwerten bestimmt werden.

Die Parameterkorrelationen sind um so funktionaler, je weniger Faktoren auf die einzelnen Ionenkonzentrationen einwirken. Dazu gehören natürliche geogene und biogene Prozesse, die anthropogene Belastung, aber auch Unge-

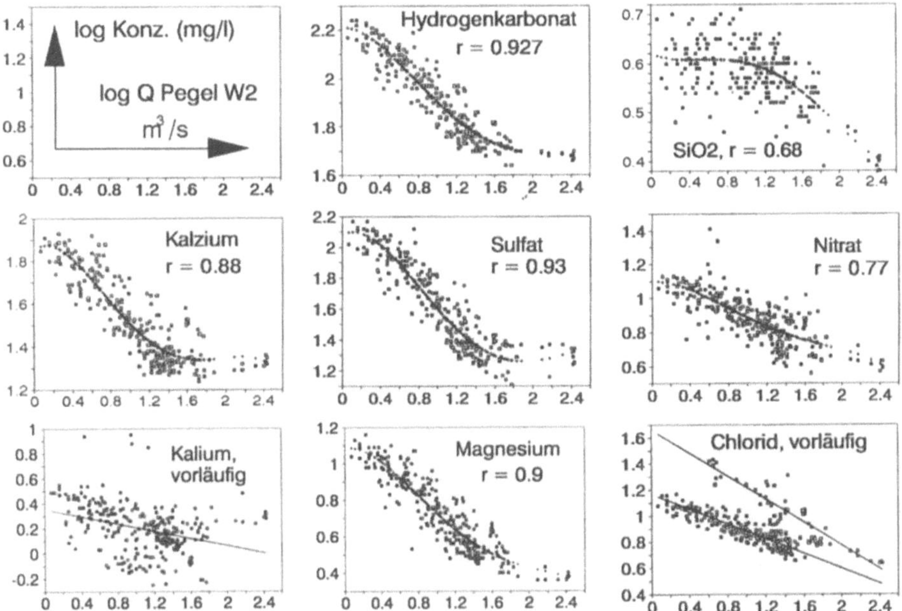

Abb. 11. Verdünnungskurven für die Meßstation Pegel W 2 (1986–1990)

nauigkeiten in der Meßwertbestimmung. Ein Beispiel hierfür stellt die gute Korrelation eines chemischen Parameters mit dem Abfluß dar, der nur aus der Auflösung von Gestein resultiert (z. B. Abb. 11, Hydrogenkarbonat). Solche Beziehungen sind eindeutig und streng funktional. Die Auswaschung von Düngestoffen oder Straßensalz sowie der biogene Rhythmus steuern zusätzlich die Konzentration eines Meßparameters, so daß die funktionale Beziehung zum Abfluß überlagert wird. Beim Kalium ist diese Überlagerung so stark, daß keine funktionale Beziehung zum Abfluß mehr besteht (Abb. 11, Kalium). Eine umfassende Analyse der Wechselwirkung zwischen verschiedenen Parametern ist durch multivariate Verfahren möglich (Davis 1973; DVWK 1990b). Bei der Faktorenanalyse werden z. B. aus den Datenkollektiven über Matrizenoperationen Eigenwerte und Eigenvektoren extrahiert, die ohne großen Verlust an Information die Varianz in den Ausgangsdaten beschreiben können und die Analyse von prozeßsteuernden Faktoren ermöglichen.

Chemische Gleichgewichtsberechnungen

Mit chemisch-thermodynamischen Computermodellen (Plummer et al. 1976; Parkhurst et al. 1980) können aus den physikalischen und chemischen Meßparametern die Gleichgewichtszustände der verschiedenen Wässer gegenüber Mineralphasen berechnet werden. Der Vergleich dieser Sättigungszustände mit Wasserhaushaltsgrößen (N, Q) erlaubt es, Verwitterungsraten zu quantifizieren bzw. die Steuergrößen von Verwitterungsprozessen zu analysieren. Von beson

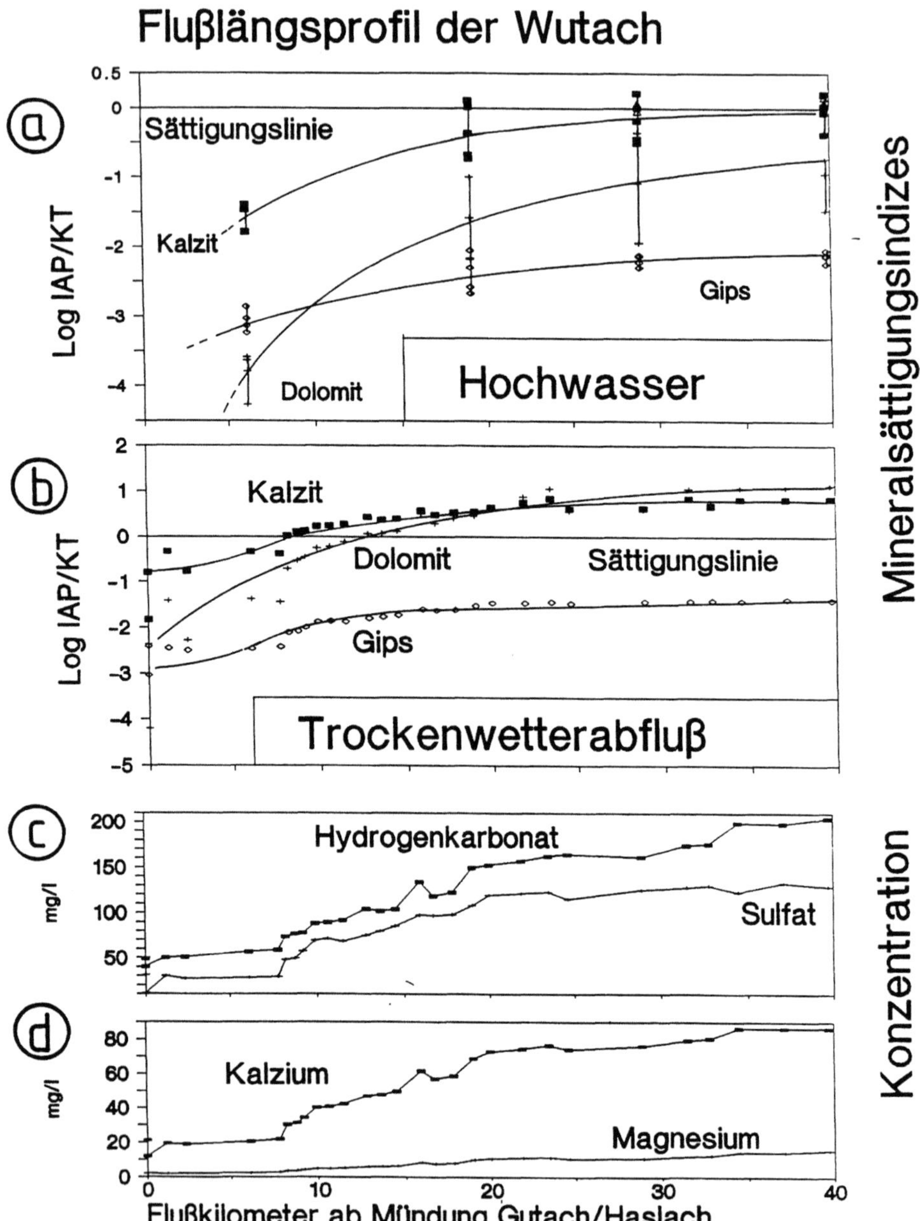

Abb. 12. Mineralsättigungsindizes für Calcit, Dolomit und Gips entlang des Flußlaufes der Wutach. **a** Bei Hochwasser; **b** bei Trockenwetterabfluß (IAP = Ionenaktivitätsprodukt, KT = Löslichkeitskonstante); **c, d** Anstieg der Lösungskonzentrationen entlang des Flußlaufes bei Trockenwetterabfluß

derem Interesse sind derartige Berechnungen im Wutachgebiet für die Festlegung des Kalk-Kohlensäuregleichgewichts in Karbonataquiferen, um Verkarstungsprozesse im Aquifer und im Flußlauf zu erkennen und zu bilanzieren (Abb. 12).

Hydrochemische Lösungsfrachten

Exakte Methoden der Frachtenermittlung beruhen auf kontinuierlichen Abflußmessungen und der Stichprobennahme bei unterschiedlichen Abflußverhältnissen, so daß Regressionsgleichungen aufgestellt werden können (Hall 1970, 1971; Edwards 1973 a, b; Hohberger 1977; Oehler 1978; Hellmann 1986; Klopp 1986; Symader 1988). Auf diese Weise ermittelte Lösungsfrachten erreichen einen relativ hohen Genauigkeitsgrad, der im wesentlichen durch die Güte der Regressionsbeziehungen (bzw. der Variabilität der chemischen Parameter) begrenzt wird.

Die kontinuierliche Leitfähigkeitsmessung im Vorfluter verbessert die Frachtberechnung durch die Einbeziehung einer größeren Variabilität der chemischen Parameter. Die Lösungskonzentrationen werden über Regressionsbeziehungen (meist 0.ter Ordnung) mit der Leitfähigkeit verknüpft, so daß aus Abfluß- und Leitfähigkeitsganglinie Frachtganglinien mit hoher zeitlicher Auflösung berechnet werden können. Gegenüber der Abfluß-Konzentrationsmethode werden durch die kontinuierlichen Leitfähigkeitsmessungen vor allem kurzfristige Veränderungen der Mineralisation erfaßt, so z. B. bei Hochwasser oder bei unnatürlichen Einleitungen in das Gewässer. Bezogen auf den Jahresmittelwert entsprechen sich jedoch beide Methoden weitgehend, da auch die Korrelation der Leitfähigkeit mit Ionenkonzentrationen nicht rein funktionalen Charakters ist und z. B. von Hystereseeffekten überlagert wird. Die Größenordnung des zu erwartenden mittleren Fehlers beträgt jeweils $\pm 10\%$.

Als Beispiel einer Frachtberechnung zeigt Abb. 13 die Lösungsfracht (schmale Balken) der Wutach an der Meßstelle W 1 (Bauer 1993). Die Berechnung der Lösungsfracht basiert auf 250 chemischen Wasseranalysen sowie Tagesabflußwerten, die über eine Gewichtungsfunktion aus der Meßstelle W 2 übertragen wurden. Die Tageswerte wurden für den fünfjährigen Meßzeitraum gemittelt. Gemäß dem Arbeitsansatz im Wutachprojekt soll die Gesamtlösungsfracht in geogene und anthropogene Teilfrachten differenziert werden. Die notwendigen Daten hierzu wurden in Referenzgebieten erhoben (geogene Fracht), aus Literaturdaten ermittelt (atmogene Fracht) sowie an den zuständigen amtlichen Stellen recherchiert. Hierzu gehören die Ableitungen aus Kläranlagen und Industriebetrieben, die Intensität der land- und forstwirtschaftlichen Düngungsmaßnahmen und der Streusalzeintrag (breite gestaffelte Balken in Abb. 13). Bei den meisten Parametern können die Austragsfrachten durch die Bilanzierung vollständig erklärt werden. Unsicherheiten bestehen noch beim Hydrogenkarbonat und Magnesium (Kalkung im Forst); der Sulfataustrag aus den Kläranlagen wurde aufgrund zu weniger Stichproben zu hoch geschätzt.

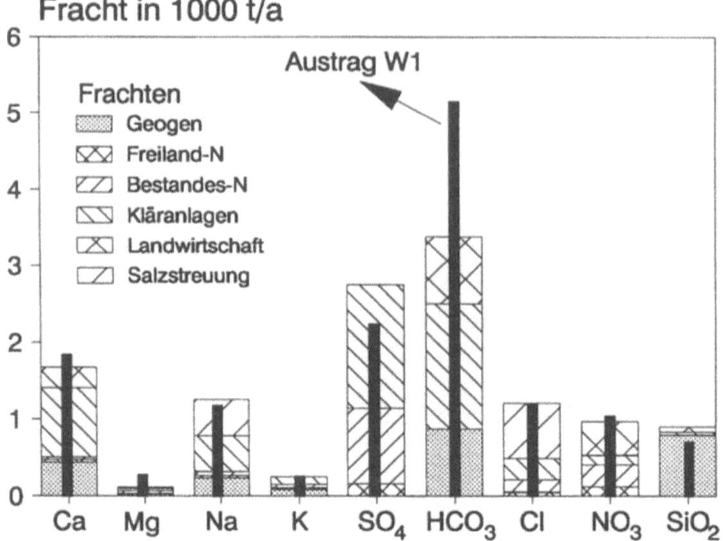

Abb. 13. Gegenüberstellung der Lösungsfracht an der Meßstelle W1 mit den geogenen Lösungsfrachten der Referenzgebiete, dem atmogenen Eintrag sowie anthropogenen Einträgen aus Kläranlagen, Salzstreuung und Landwirtschaft (aus Bauer 1993)

2.8.3 Anwendungsbereich und Aussagefähigkeit der Trübungsmessung

Qualitative Auswertung –
Beziehung zwischen Abfluß und Schwebstofführung

Die Transportleistung eines Hochwassers und der Zeitpunkt seiner maximalen Materiallast wird durch die zeitparallele Aufzeichnung der Abfluß- (bzw. Druck-) und Trübungswerte an den Datenstationen erfaßbar (Ganglinien). Für Betrachtungen zur Dynamik des Feststofftransports (qualitative Analyse) können die direkt gemessenen Trübungswerte (= Anzahl der in Suspension befindlichen Teilchen) herangezogen werden. Durch Korrelation der Abfluß- und Trübungswerte in x/y-Diagrammen ist die direkte Beziehung zwischen Abfluß und Suspensionsdichte darstellbar. Es entstehen Kurvenäste, deren Variabilität verdeutlichen, daß die Suspensionslast bei gleichen Abflußverhältnissen extremen Unterschieden unterliegt und keinem mathematischen Zusammenhang folgt. In Abb. 14a ist eine Hochwasserserie dargestellt, deren einzelne Hochwasserspitzen verschiedene Trübungsäste verursachen. Eine Veränderung im Transportverhalten ist jedoch nicht nur zwischen verschiedenen Ereignissen zu beobachten, sondern auch innerhalb eines Einzelereignisses. Löst man die korrelierten Abfluß- und Trübungswerte genauer auf und setzt sie zeitlich zueinander in Beziehung, so wird deutlich, daß sich die Suspensionslasten des auf- und absteigenden Hochwasterastes ebenfalls voneinander unterscheiden (vgl.

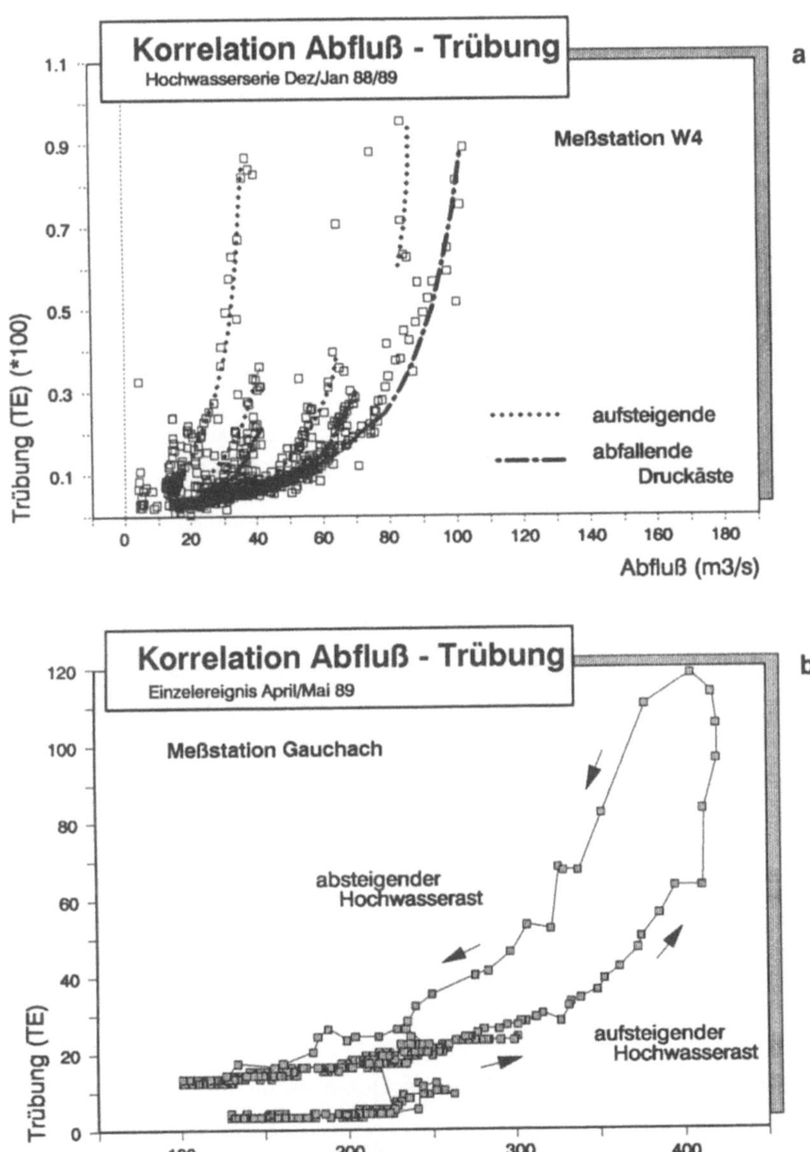

Abb. 14. a Beziehung zwischen Abfluß und Trübung für ein Hochwasserereignis an der Meß-station Gauchach. Der auf- und absteigende Hochwasserast verläuft in einer Hysterese-schleife. **b** Korrelation der Abfluß- und Trübungswerte an der Meßstation Eberfingen (W 4) für eine Hochwasserserie

Abb. 14b). Der Umlaufsinn und die Breite solcher Hysteresekurven variieren bei den einzelnen Ereignissen stark.

Zur Untersuchung des dynamischen Charakters von Hochwassern werden sämtliche Ereignisaufzeichnungen einer Zeitreihen-Analyse unterzogen und auf systematische Variationen untersucht. Die bisherigen Ereignisaufzeichnungen weisen auf unterschiedliche „Ereignis-Typen" hin, die ihr Transportmaximum entweder kurz vor oder nach dem Maximalabfluß erreichen (vgl. Abb. 15a, b). Der Umlaufsinn der Hysteresekurven richtet sich dabei charakteristisch links- oder rechtssinnig aus (vgl. Abb. 15a, b Inlay). Im Wutachgebiet zeigt sich dieser prinzipielle Unterschied vor allem bei Sommerereignissen mit typischen heftigen Regenschauern und bei Winterereignissen mit Schneeschmelzen. Eine genauere Differenzierung der systemsteuernden Faktoren für den Schwebstofftransport ist Gegenstand der momentanen Untersuchung.

Quantitative Betrachtung des Schwebstofftransports

Da weder für Einzelereignisse noch generell für die Gesamtheit der Meßdaten eine Funktion aufgestellt werden kann, die die Beziehung Abfluß/Schwebstoffgehalt (Konzentration) eindeutig beschreibt (s. Abb. 14a), muß der Schwebstoffaustrag über die diskret gemessenen Zeitintervalle ermittelt werden. Aus den kontinuierlichen Trübungsaufzeichnungen können auf diese Weise Gesamtfrachten für die einzelnen Hochwässer errechnet werden. Die gemessenen Trübungswerte müssen über die entsprechenden Hochwasser-Eichkurven in Konzentrationen umgerechnet werden (vgl. 2.7). Für die Dauer der Meßintervalle (z.B. 1 Stunde) werden Konzentration und Abfluß der Einfachheit halber als konstant betrachtet. Aus Konzentration Cs (mg/l) und zeitlich zugehörigem Abfluß Q (m^3/s) wird für die einzelnen Intervalle die Fracht errechnet (kg/s bzw. t/h) und über die Zeitdauer des Hochwassers zur Gesamtfracht aufsummiert. Bei kontinuierlicher Messung können damit Austragsmengen eines Einzelereignisses mit ausreichender Genauigkeit bestimmt werden. Wird die Gesamtfracht der Hochwassergröße (Q_{max}) oder der Dauer gegenübergestellt, kann die Transportleistung von Einzelereignissen verglichen werden.

2.9 Erfahrungsbericht zur meßtechnischen Datenerfassung

Der bearbeitete Mittelgebirgsfluß weist Wasserspiegelschwankungen von über drei Metern auf. Während im Sommer der Trockenwetterabfluß nur noch in Teilen des Flußbettes mit wenigen cm Höhe fließt, kann der Fluß bei Hochwasser die gesamte Aue (100 m) überfluten und entwickelt durch mitgerissene Baumstämme eine unberechenbare, zerstörerische Kraft (z.B. Frühjahr 1990, Zerstörung von zwei Brücken). Diese Tatsache bereitete beim Einbau der Meßsonden Schwierigkeiten, da einerseits der Trockenwetterabfluß, andererseits auch die Trübung bei Hochwasser gemessen werden mußten. Der Einbau erfolgte deshalb am Rand des Gerinnes, so daß einerseits zentnerschwere Gerölle und Baumstämme möglichst keine Schäden anrichten konnten, und die Eintie-

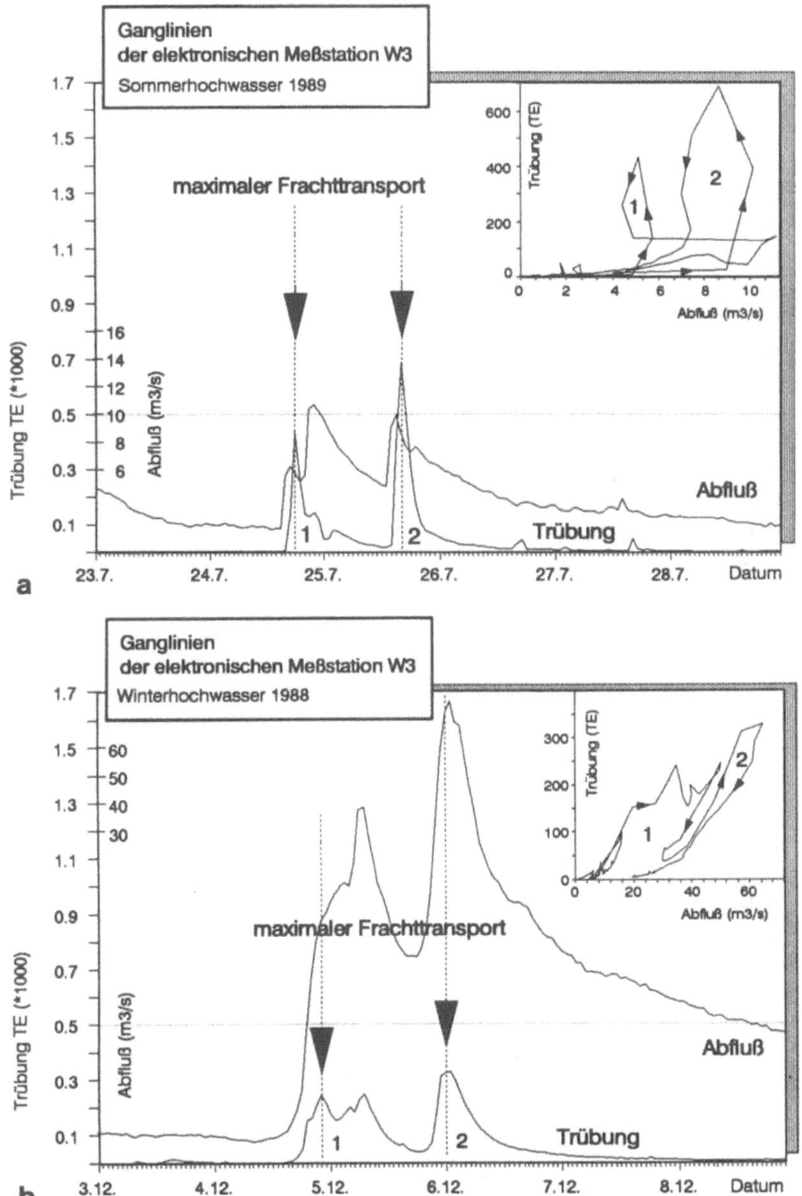

Abb. 15. a Abfluß- und Trübungsganglinie eines Sommerhochwassers für die Meßstation Wutachflühe. Der maximale Frachttransport erfolgt bei zurückgehendem Abfluß (absteigender Druckast). **b** Abfluß- und Trübungsganglinie eines Winterhochwassers mit maximalem Frachttransport während steigendem Abfluß (aufsteigender Druckast), Meßstation Wutachflühe

fung und Wiederaufschüttung der Gewässerbettsohle ohne Einfluß blieb. Trotzdem kam es immer wieder zu einer Verschüttung der Meßsonden und beim über hundertjährigen Hochwasser im Februar 1990 zu Zerstörungen an vier Meßstationen. Die Vakuumprobenehmer erwiesen sich für die Hochwasserbeprobung als teilweise ungeeignet, da sie eine geringe Saughöhe von etwa zwei Metern haben. Zudem war die Geländetauglichkeit durch die Anfälligkeit der Steuerteile bei hoher Luftfeuchtigkeit eingeschränkt.

Im Sommer stört starke Kalkabscheidung und Bewuchs der Sonden mit Köcherfliegenlarven und Algen die Messungen, so daß ein regelmäßiger Ausbau und eine Reinigung der Sonden notwendig ist. Fische, Wasserratten und Wespen nutzen die Meßstationen und Sondenhalterungen als Versteck und für den Nestbau. Wegen Kabelverbiß mußten die Sondenkabel zusätzlich noch mit Gartenschläuchen, Drainflexrohren und Maschendraht geschützt werden. In die Kabel eingedrungenes Wasser zerstörte die Sonden in mehreren Fällen.

Bei Trockenwetterabfluß im Winter froren die Gewässer z. T. zu, so daß ein Ausbau der Sonden (Trübesonde, Drucksonde) notwendig war. Problematisch war der Wiedereinbau der Sonden, da er vor den Schneeschmelzhochwassern geschehen mußte. Im Winter kam es zudem zu Fehlmessungen der Batteriespannung. Die Probennehmer konnten bei Frostgefahr nicht eingesetzt werden (Zufrieren und Platzen von Schläuchen und Flaschen).

Eine Datenlogger-Meßstation wird insgesamt mit vier unterschiedlichen Batterieeinheiten betrieben. Leider kann jedoch nur die Batteriespannung der Trübesonde von dem Datenlogger gemessen werden. Da die Messung der anderen Batterien z. T. nur vom Hersteller selbst vorgenommen werden kann, kommt es wegen entleerten Batterien, dem Einschicken der Geräte etc. immer wieder zu längeren Ausfallzeiten von zwei bis fünf Wochen.

Längere Ausfallzeiten einzelner Meßstationen waren immer wieder durch technische Defekte (defekte Betriebssysteme, defekte elektronische Bausteine etc.) bedingt.

Das Ausleseinterface war mit dem Rechner am Institut nicht voll kompatibel, so daß die Datenkassetten des öfteren zum Hersteller eingeschickt werden mußten.

Die Funktion der Trübesonden wird überdurchschnittlich häufig durch Wassereintritt in die Meßoptik gestört, so daß ein zuverlässiger, kontinuierlicher Betrieb aufgrund der häufigen Reparaturen nicht möglich ist. Es besteht hier noch ein deutlicher Entwicklungsbedarf für geländetaugliche Meßgeräte.

Die aufgeführten Probleme zeigen insgesamt, daß bei derartig aufwendigen und vielseitigen Messungen eine erhebliche Infrastruktur notwendig wäre, um einen optimalen Meßbetrieb zu gewährleisten. Dazu gehören ein entsprechend geländegängiges Fahrzeug, ein mobiles Stromaggregat, Bohrhammer, Schweißgerät etc. für den Einbau der Meßstationen sowie eine elektronisch versierte Werkstatt für die schnelle Durchführung von Reparaturen.

3 Massenbewegungen an den Talhängen

Die lineare Erosion der Wutach, die starke Verwitterungsanfälligkeit der anstehenden mesozoischen Tonsteine, übersteile Oberhänge und sehr mächtige, am Unterhang akkumulierte Rutschmassen, führen im Zusammenhang mit klimatischen Faktoren zu einer ausgeprägten Rutschungstätigkeit an den Talhängen der Wutachschlucht. Mit geeigneten Geländeuntersuchungen sollte versucht werden, das Ausmaß dieser Massenverlagerungen abzuschätzen. Im nachfolgenden wird eine Konzeption zur Erfassung aktueller Bewegungen von Erdströmen und akkumulierter toniger Rutschmassen am Unterhang vorgelegt.

3.1 Voruntersuchungen

Die Voruntersuchungen sollten geeignete Lokalitäten für die Beobachtung von Massenverlagerungen ausfindig machen. Die weiteren Untersuchungsmethoden wurden dann entsprechend den ersten Erkenntnissen aus dem Haupttal der Wutach und den Nebentälern an die jeweiligen Bedingungen angepaßt. Die ersten Arbeiten umfaßten folgende Bereiche:

Quartärmorphologische und geologische Kartierung

Durch Kartierungen wurde die Verbreitung verschiedener Typen von Massenverlagerungen und die davon betroffenen geologischen Schichtglieder erfaßt. Die Hänge wurden dabei in einen übersteilten Oberhang mit anstehenden mesozoischen Tonsteinen und in einen wesentlich flacheren Unterhang mit akkumulierten tonigen Rutschmassen gegliedert. Der Unterhang ist durch kriechende Bewegungen gekennzeichnet.

Luftbildauswertung

Weiterhin wurde eine Auswertung von Luftbildern vorgenommen. Sie diente dazu, Rutschungsformen und ihre relativen Altersstellungen zu kartieren. Es handelt sich dabei um eine wertvolle Ergänzung der herkömmlichen Kartierungen. Krauter und Häfner (1980) geben einen detaillierten Einblick in die Anwendung dieser Methode.

3.2 Geländeuntersuchungen

Ein Punkt der weiteren Arbeiten stellte die Untersuchung von Erdströmen dar. Durch diese Form der Massenverlagerungen können tonig-lehmige Verwitterungsprodukte von mesozoischen Tonsteinen aus dem Oberhang bis unmittelbar zur Wutach verlagert und damit der fluviatilen Erosion ausgesetzt werden. In der Klassifikation nach Varnes (1978) werden diese Massenverlagerungen als earthflow bezeichnet. Weiterhin wurden kriechende Bewegungen der am Hangfuß akkumulierten, tonig-lehmigen Rutschmassen beobachtet. Auch dieser Vorgang führt zu einer Verlagerung von Material in die Wutach bzw. in einen ihrer Nebenbäche.

Rammkernbohrungen

Da sich die Bohrarbeiten auf Rutschungen in bindigen Böden beschränkten, die sich jedoch zum Teil in sehr unwegsamem Gelände befanden, wurden die im nachfolgenden beschriebenen Bohrungen mit einfachen Hilfsmitteln (Cobra, hydraulisches Stangenziehgerät) durchgeführt. Dabei wurde zur Erkundung des Hangaufbaus ein 36-mm-Rammkernrohr verwendet. Mit dieser Ausrüstung konnte eine Bohrtiefe von bis zu 15 m erreicht werden.

Aufgabe der Sondierungen war es, die Tiefenlage des Anstehenden zu ermitteln. Ferner wurde das jeweilige Bohrprofil aufgenommen und Proben für die Bestimmung der bodenmechanischen Parameter der tonig-lehmigen Rutschmassen genommen (vgl. 3.3). An Stellen, an denen sich das Anstehende nicht tiefer als ca. 10 m befindet, wurden anschließend Bohrungen mit einem 80-mm-Kernrohr durchgeführt. Diese Bohrlöcher wurden dann für die Befahrung mit einer Inclinometersonde ausgebaut (siehe Bewegungsmessungen).

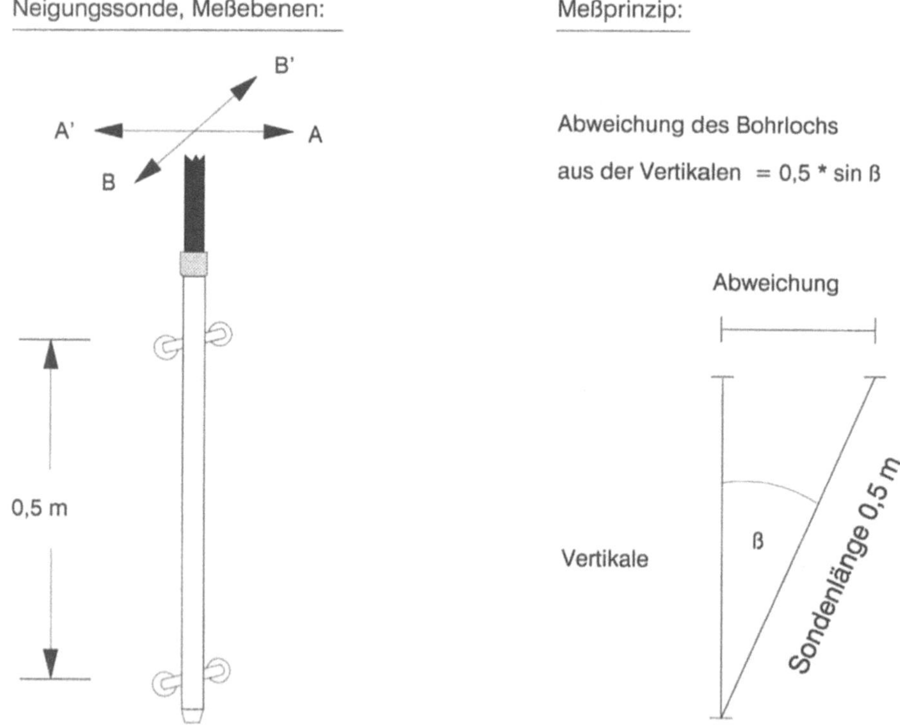

Abb. 16. Schematische Darstellung der Sonde für Inclinometermessungen. Die Sonde bestimmt die Abweichung aus der Vertikalen durch die Messung des Neigungswinkels der Bohrlochverrohrung

Bewegungsmessungen

Eine Übersicht über Methoden, die zur Erfassung von Rutschungsbewegungen herangezogen werden können, und deren spezielle Anwendungsgebiete kann bei Franklin (1984), Baumann (1985) und Krauter (1988) gewonnen werden. Es handelt sich dabei meist um geodätische Methoden und Meßverfahren, die in Bohrlöchern angewendet werden können.

Inclinometermessungen im ausgebauten Bohrloch

Der Ausbau des Bohrlochs erfolgte mit einem Vierkantstahlrohr (50×50 mm, Wandstärke 2 mm). Die Verrohrung sollte das Anstehende erreichen, um die gesamten Bewegungen der Rutschmassen zu erfassen. Die verwendete Meßeinrichtung der Firma Glötzl Baumeßtechnik, Rheinstetten, besteht aus einer Sonde, die an einem Spezialkabel im ausgebauten Bohrloch abgelassen werden kann, und einem digitalen Anzeigegerät, an dem die Abweichung der Bohrlochachse aus der Vertikalen in Millimetern angezeigt wird (Abb. 16). Die Genauigkeit beträgt dabei 1/10 mm. Die Messungen erfolgen in 0,5-m-Schritten, wobei das Bohrloch schrittweise von unten nach oben abgefahren wird. Gemessen werden zwei Meßebenen (A und B), die senkrecht aufeinander stehen (beide Diagonalen des Vierkantrohres). Die Meßebene A ist dabei mit der Richtung der Hangneigung identisch (Abb. 17).

Nach dem Ausbau des Bohrlochs wird zunächst eine Nullmessung durchgeführt. Die eigentlichen Bewegungsraten ergeben sich dann aus den Abweichun-

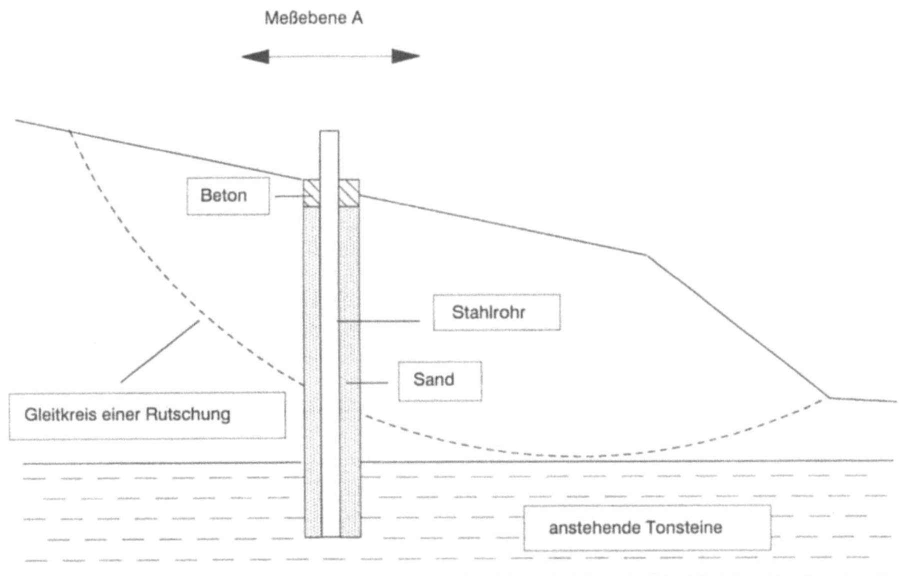

Abb. 17. Bohrlochausbau, Orientierung der Meßebene A

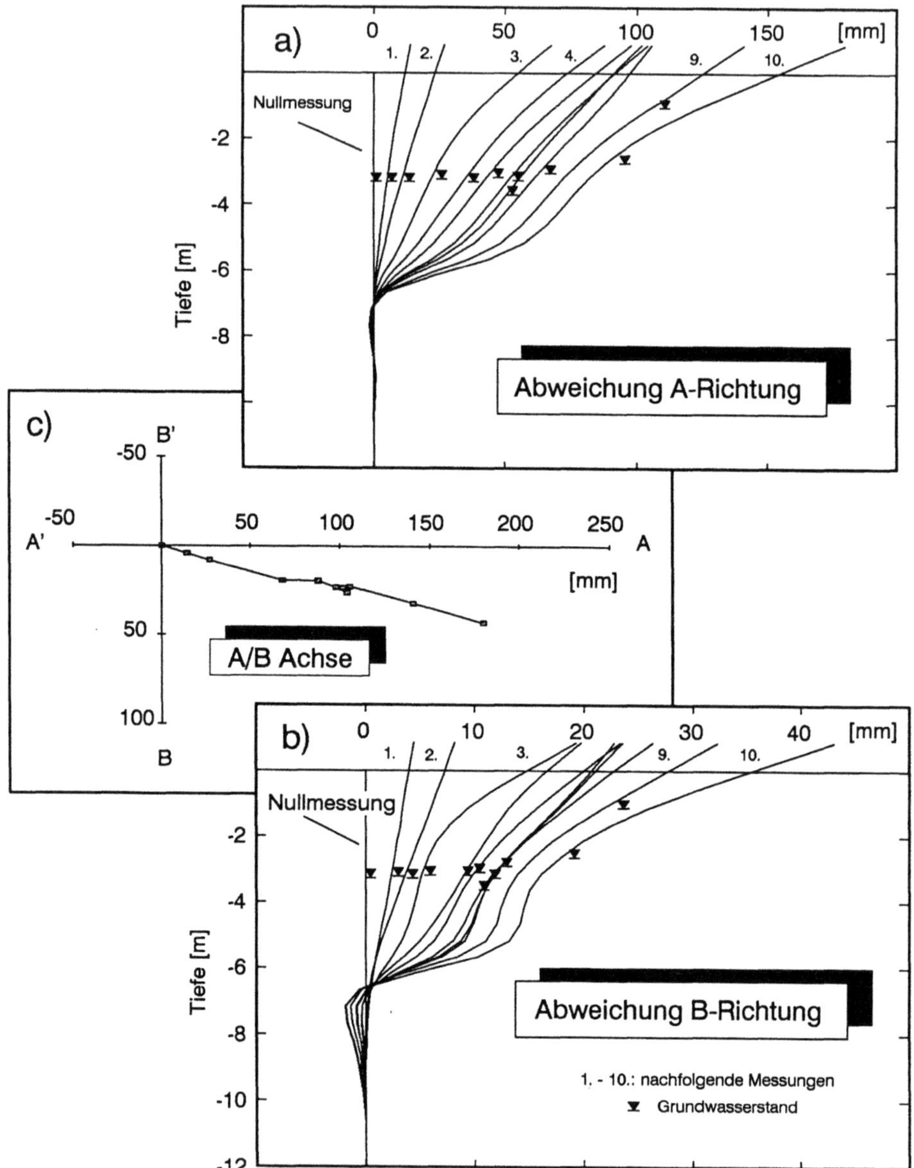

Abb. 18. a Darstellung der Ergebnisse einer Inclinometermessung für die Meßebene A, die parallel der Hangneigung ausgerichtet ist. **b** Ergebnisse der Meßebene B. **c** Kombination der beiden Meßebenen

gen von der Nullmessung (Abb. 18). Dadurch sind Rückschlüsse auf die Tiefe, in der sich die Bewegung vollzieht, und die Bewegungsgeschwindigkeit möglich.

Geodätische Bewegungsmessungen

Für die geodätische Erfassung von Rutschungsbewegungen wurden die entsprechenden Lokalitäten mit Meßpunkten versehen. Ferner wurden Fixpunkte außerhalb der Massenverlagerung angelegt, von denen aus die Meßpunkte und die Überstände der Bohrlochverrohrung eingemessen werden konnten. Sowers und Royster (1978) zeigen verschiedene Möglichkeiten für die Einrichtung eines solchen geodätischen Meßnetzes auf. Für die anschließende Auswertung von geodätischen Bewegungsmessungen finden sich bei Linkowitz (1987) die entsprechenden Verfahren.

3.3 Ermittlung bodenmechanischer Parameter

Zur Klassifizierung der von Rutschungen betroffenen Lockergesteine und zur Bestimmung der bodenmechanischen Eigenschaften wurden mit Bodenproben folgende Laborversuche durchgeführt:

— natürlicher Wassergehalt nach DIN 18121
— Konsistenzgrenzen nach DIN 18122
— Korngrößenverteilung nach DIN 18123
— Dichtebestimmung mit Ausstechzylinderverfahren nach DIN 18125
— Scherversuche nach DIN 18137.

3.4 Auswertung

Die einfache Durchführung und die hohe Meßgenauigkeit von Inclinometermessungen im ausgebauten Bohrloch gestatten eine genaue zeitliche Auflösung der Bewegungsvorgänge. Daher können jahreszeitlich bedingte Änderungen der Bewegungsbeträge von bereits instabilen Böschungen bei entsprechend häufig wiederholten Messungen ermittelt werden. Zur weiteren Auswertung werden dann die ermittelten Bewegungsraten mit den im Bohrloch beobachteten Grundwasserständen, Niederschlägen oder weiteren Klimadaten korreliert. Dadurch kann der Einfluß der klimatischen Faktoren auf das Rutschungsgeschehen bestimmt werden. Weiterhin leitet sich die Tiefenlage der Gleitfläche einer Rutschung aus den Inclinometermessungen im ausgebauten Bohrloch ab. Zusammen mit der geodätischen Erfassung der Bewegung von markierten Oberflächenpunkten ergibt sich damit ein sehr genaues Bild der räumlichen Erstreckung und der zeitlichen Variabilität von Massenverlagerungen.

Literatur

Agster G (1986) Ein- und Austrag sowie Umsatz gelöster Stoffe in den Einzugsgebieten des Schönbuchs. In: Einsele G (Hrsg) Das landschaftsökologische Forschungsprojekt Naturpark Schönbuch. VCH, Weinheim

Andres G, Georgotas N (1978) Das Mainprojekt — Hydrogeologische Studien zum Grundwasserhaushalt und zur Stoffbilanz im Maineinzugsgebiet. Schriftenreihe Bayr. Landesamt für Wasserwirtschaft 7, München

Arbeitsgruppe Bodenkunde der Geologischen Landesämter und der Bundesanstalt für Geowissenschaften und Rohstoffe (1982) Bodenkundliche Kartierung. Schweizerbart, Stuttgart

Arbeitsgruppe für Operationelle Hydrologie (1987) Die mengenmäßige Erfassung von Schwebstoffen und Geschiebefrachten. Mitteilungen 2, Landeshydrologie und -geologie, Bern

Aschwanden H, Weingartner R, Leibundgut C (1986) Zur regionalen Übertragung von Mittelwerten des Abflusses. Dtsch Gewässerkd Mitt 30; 2/3:52−61

Bauer M (1993) Wasserhaushalt, aktueller und holozäner Lösungsabtrag im Wutachgebiet (Südschwarzwald). Diss Geologisches Institut der Universität Tübingen

Baumann HJ (1985) Beobachtung und Berechnungen zur Böschungsentwicklung bei der Talbildung im veränderlich festen Gestein. In: Heitfeld KH (Hrsg) Ingenieurgeologische Probleme im Grenzbereich zwischen Locker- und Festgesteinen. Springer, Berlin Heidelberg New York, S 266−279

Benecke P (1978) Der Umsatz eines Buchen- und eines Fichtenwaldökosystems im Hochsolling (Methoden und Ergebnisse). Institut für Bodenkunde und Waldernährung der Forstlichen Fakultät der Universität, Göttingen

Cheney W, Kincaid D (1985) Numerical mathematics and computing, 2nd edn. Brooks/Cole, Monterey

Davis JC (1973) Statistics and data analysis in geology. Wiley, New York

Deutsche Einheitsverfahren zur Wasser-, Abwasser- und Schlammuntersuchung (1987) Loseblattsammlung mit fortlaufenden Ergänzungen. VCH, Weinheim

DIN 18121 (1971) Baugrund, Untersuchung von Bodenproben, Bestimmung des Wassergehalts. Beuth, Berlin

DIN 18122 (1971) Baugrund, Untersuchung von Bodenproben, Bestimmung der Konsistenzgrenzen. Beuth, Berlin

DIN 18123 (1971) Baugrund, Untersuchung von Bodenproben, Bestimmung der Korngrößenverteilung. Beuth, Berlin

DIN 18125 (Vornorm 1972) Baugrund, Untersuchung von Bodenproben, Bestimmung der Dichte des Bodens, Labormethoden. Beuth, Berlin

DIN 18137 (1971) Baugrund, Untersuchung von Bodenproben, Bestimmung der Scherfestigkeit des Bodens. Beuth, Berlin

DIN 38402 (1991) Deutsche Einheitsverfahren zur Wasser-, Abwasser- und Schlammuntersuchung. Physikalische, chemische, biologische und bakteriologische Verfahren: Allgemeine Angaben. VCH, Weinheim

DIN 38405 (1991) Deutsche Einheitsverfahren zur Wasser-, Abwasser- und Schlammuntersuchung. Physikalische, chemische, biologische und bakteriologische Verfahren: Anionen. VCH, Weinheim

DIN 38406 (1991) Deutsche Einheitsverfahren zur Wasser-, Abwasser- und Schlammuntersuchung. Physikalische, chemische, biologische und bakteriologische Verfahren: Kationen. VCH, Weinheim

DIN 38414 Teil 3 (Entwurf April 1982) Bestimmung des Glührückstands und des Glühverlusts des Trockenrückstandes eines Schlammes. Beuth, Berlin

DVWK, Deutscher Verband für Wasserwirtschaft und Kulturbau (1979) Empfehlungen zu Umfang, Inhalt und Genauigkeitsanforderungen bei chemischen Grundwasseruntersuchungen. DVWK — Regeln zur Wasserwirtschaft 111. Parey, Hamburg

DVWK, Deutscher Verband für Wasserwirtschaft und Kulturbau (1986) Schwebstoffmessungen. Regeln zur Wasserwirtschaft 125. Parey, Hamburg

DVWK, Deutscher Verband für Wasserwirtschaft und Kulturbau (1990a) Grundlagen der Verdunstungsermittlung und Erosivität von Niederschlägen. DVWK-Schr 86. Parey, Hamburg

DVWK, Deutscher Verband für Wasserwirtschaft und Kulturbau (1990b) Methodensammlung zur Auswertung und Darstellung von Grundwasserbeschaffenheitsdaten. DVWK-Schr 89. Parey, Hamburg

Edwards AMC (1973a) Dissolved load and tentative solute budgets of some Norfolk catchments. J Hydrol 18:201–217

Edwards AMC (1973b) The variation of dissolved constituents with discharge in some Norfolk rivers. J Hydrol 18:219–242

Einsele G (Hrsg) (1986) Das landschaftsökologische Forschungsprojekt Naturpark Schönbuch. VCH, Weinheim

Feuerstein W, Grimm-Strele J (1989) Plausibilitätstests für eine routinemäßige Erfassung von Grundwasserbeschaffenheitsdaten. Vom Wasser 73:375–398

Fleck W (1987) Einfluß des Bodenaufbaus und des Waldbestandes auf Verdunstung und Abflußbildung im Naturpark Schönbuch bei Tübingen. Diss Geologisches Institut der Universität, Tübingen

Franklin JA (1984) Slope instrumentation and monitoring. In: Brunsden D, Prior DB (eds) Slope instability. Wiley, Chichester

Freeze RA, Cherry JA (1979) Groundwater. Prentice-Hall, Englewood Cliffs, NJ

Gewässerkundliche Anstalten des Bundes und der Länder (1971) Richtlinien für Abflußmessungen. Bundesanstalt f. Gewässerkunde, Koblenz, 40 S

Hall FR (1970) Dissolved solids-discharge relationships, 1. Mixing models. Water Resour Res 6/3:845–850

Hall FR (1971) Dissolved solids-discharge relationships, 2. Applications to field data. Water Resour Res 7/3:591–601

Hellmann H (1986) Zum Problem der Frachtberechnung in Fließgewässern. Z Wasser- Abwasser-Forsch 19:133–139

Hem JD (1985) Study and interpretation of the chemical characteristics of natural water, 3rd edn. US Geol Surv Water Supply Pap 2254, Washington DC

Hohberger KH (1977) Grundwasserbilanz, Chemismus und Stoffaustrag im Einzugsgebiet der Tauber oberhalb von Bad Mergentheim. Diss Geologisches Institut Universität, Tübingen

Hohberger KH, Einsele G (1979) Die Bedeutung des Lösungsabtrags verschiedener Gesteine für die Landschaftsentwicklung in Mitteleuropa. Z Geomorph NF 23/4:361–382

Höll K (1974) Wasser, 6. Aufl. De Gruyter, Berlin

Klopp R (1986) Über die Ermittlung von Frachten in Fließgewässern. Vom Wasser 66:149–158

Korn K, Walther W (1980) Informationsgehalt und Nutzung der elektrolytischen Leitfähigkeit zur Berechnung von Stoffkonzentrationen in Fließgewässern. Vom Wasser 55:77–93

Krauter E (1988) Applicability and usefulness of field measurements on instable slopes. In: Proc 5th Int Symp Landslides, 10–15 July 1988, Lausanne, vol 1. Balkema, Rotterdam, pp 367–373

Krauter E, Häfner F (1980) Die Bedeutung der Luftbildanalyse für die Baugrunderkundung. Vorträge der Baugrundtagung, Mainz. Dt. Gesellschaft f. Erd- u. Grundbau, Essen, S. 201–222

Landolt-Börnstein (1959) Zahlenwerte und Funktionen aus Physik, Chemie, Astronomie, Geophysik und Technik, II. Band Eigenschaften der Materie in ihren Aggregatzuständen, 7. Teil Elektrische Eigenschaften I. Springer, Berlin Göttingen Heidelberg

Linkowitz K (1987) Meßtechnische Überwachung von Hängen, Böschungen und Stützmauern. In: Grundbautaschenbuch 3. Aufl. Teil 3 Abschn 3.4. Ernst, Berlin

Lloyd JW, Heathcote JA (1985) Natural inorganic hydrochemistry in relation to groundwater. Clarendon, Oxford

Matthess G, Ubell K (1983) Allgemeine Hydrogeologie. Borntraeger, Berlin

Ministerium für Umwelt (1988) Handbuch Hydrologie Baden-Württemberg; Niedrigwasser-abflüsse in Baden-Württemberg, Bodensee- und Rhein-Maingebiet. Ministerium für Umwelt, Landesanstalt f. Umweltschutz Bawü, Karlsruhe

Oehler KE (1978) Stofffracht, Stoffkonzentration und Wasserführung des Neckar. GWF-Wasser/Abwasser 119/6:305–314

Parkhurst DL, Thorstenson DC, Plummer LN (1980) PHREEQE – a computer program for geochemical calculations. US Geol Surv Water Resources Inv 80/96, Washington DC

Plummer LN, Jones BF, Truesdell AH (1976) WATEQF – a fortran IV version of WATEQ, a computer program for calculation chemical equilibrium of natural waters. US Geol Surv Water Res Invest 76/13, Washington DC

Rausch R (1982) Wasserhaushalt, Lösungs- und Feststoffaustrag im Einzugsgebiet der Aich. Diss Geologisches Institut der Universität, Tübingen

Reinemann L, Schemmer H, Tippner M (1982) Trübungsmessungen zur Bestimmung des Schwebstoffgehalts. Dtsch Gewässerkd Mitt 26/6:167–174

Renger M, Strebel O (1980) Jährliche Grundwasserneubildung in Abhängigkeit von Bodennutzung und Bodeneigenschaften. Wasser Boden 8:362–366

Richter W, Lillich W (1975) Abriß der Hydrogeologie. Schweizerbart, Stuttgart

Roberts J (1983) Forest transpiration: a conservative hydrological process? J Hydrol 88:133–141

Rommel K (1980) Die kleine Leitfähigkeitsfibel, 3. Aufl. Wissenschaftlich-Technische Werkstätten, Weilheim i. OB

Rossum JR (1975) Checking the Accuracy of Water Analysis through the Use of Conductivity. J Am Water Works Assoc 67:204–205

Sauer KI, Schnetter M (1971) Die Wutach. Badischer Landesverein f. Naturkunde u. Naturschutz, Freiburg i. Br.

Schlichting E, Blume HP (1966) Bodenkundliches Praktikum. Parey, Hamburg

Schmidt-Witte H (1985) Feststoffaustrag und holozäne Erosion in den bewaldeten Keuper-Lias-Gebieten des Schönbuchs bei Tübingen. Diss Geologisches Institut der Universität, Tübingen

Seeger T (1990) Abfluß- und Stofffrachtseparation im Buntsandstein des Nordschwarzwaldes. Tüb Geowiss Abh 6

Sokollek V (1983) Der Einfluß der Bodennutzung auf den Wasserhaushalt kleiner Einzugsgebiete in unteren Mittelgebirgslagen. Diss Institut Mikrobiologie und Landeskultur, Universität Gießen

Sowers GF, Royster DL (1978) Field investigation. In: Schuster RL, Krizek RJ (eds) Landslides, analyses and control. Transportation Research Board, Spec Rep 176, National Academy of Sciences, Washington

Symader W (1988) Zur Problematik der Frachtermittlung. Vom Wasser 71:145–161

Troubounis G, Löhr J, Hoffmann E, Eppler B, Hahn HH (1984) Geochemische Milieuverhältnisse in einem Fließgewässer. Vom Wasser 62:77–89

Ueberbach O (1986) Trübungsmessungen in der Praxis. CLB Chemie für Labor und Betrieb, 7/8/9, Berlin

Uhlig S (1959) Wasserhaushaltsberechnungen nach THORNTHWAITE. Z Acker Pflanzenb 109/4:384–407

Vanoni VA (1977) Sedimentation Engineering. Headquarters of Society, New York

Varnes DJ (1978) Slope movements and types and processes. In: Schuster RL, Krizek RJ (eds) Landslides, analyses and control. Transportation Research Board, Spec Rep 176, Washington

Walther W, Bock D, Gorsler M, Poltz J, Korn K (1985) Ansätze zur Kalkulation von Ionenkonzentrationen, dargestellt für ausgewählte Meßstationen der Weser. Z Wasser- Abwasser-Forsch 18:250–253

6 Abfluß- und Niederschlagsmessung
eines Wildbachsystems (Lainbach/Oberbayern)

Michael Becht und Karl-Friedrich Wetzel

1 Einleitung

In alpinen Wildbächen wird besonders nach Starkregenereignissen eine große Menge Feststoff transportiert. Das Gefahrenpotential eines Wildbaches wird durch das Relief, den geologischen Untergrund und die Vegetationsbedeckung bestimmt. Das Angebot leicht erodierbarer Lockersedimente im Einzugsgebiet bestimmt die Intensität der Sedimentführung der Gewässer während eines Hochwasserereignisses. In den Kalkalpen finden sich große pleistozäne Sedimentdeponien in Moränenablagerungen und Schutthalden, die wichtige Feststoffherde für die Wildbäche darstellen.

In den Nördlichen Kalkvoralpen sind es vor allem die im Pleistozän abgelagerten Talverfüllungen, die sich in den kleinen Seitentälern entlang der aus den Zentralalpen ins Vorland vorstoßenden Talgletscher bildeten (Becht 1989). Diese Lockersedimente wurden im Holozän nur zu einem geringen Teil erodiert, so daß sie heute die wichtigsten und gefährlichsten Feststoffherde in diesem Raum sind (Karl 1970).

Obwohl das Gefährdungspotential, das von den Wildbächen ausgeht, schon seit langem bekannt ist, fehlen bisher quantitative Untersuchungen zum Feststoffabtrag und zum Feststofftransport. Der Grund liegt vor allem in den besonders großen meßtechnischen Problemen und dem sehr hohen Personalaufwand, der allein die Durchführung derartiger Messungen erlaubt.

Im Lainbachtal sind besonders günstige Voraussetzungen durch die bereits durchgeführten Arbeiten zur Hydrologie (Felix et al. 1988) und zum Sedimenttransport (Becht 1986) gegeben, so daß im Rahmen des SPP den Fragen der Mobilisierung der Feststoffe im Bereich der pleistozänen Lockersedimente, deren Transport, Deposition und möglichen Weitertransport nachgegangen werden konnte.

Die Abtragung an den Hängen wird in der topischen Dimension an kleinen Testflächen mit dem Einbau von Thompson-Wehren und Denudationspegeln erfaßt. Bei der Auswahl der Testflächen wurden unterschiedliche Hangneigungen und wechselnder Vegetationsbedeckungsgrad berücksichtigt.

Aus einem Vergleich der Abtragsraten an den Hängen mit dem Sedimentaustrag in den direkten Vorflutern (Pegelanlagen) können für die Bachstrecken oberhalb der Pegelanlagen Sedimentbilanzen aufgestellt werden (Wetzel 1992). Vermessungen im Bachbereich können zusätzlich die Akkumulation oder Erosion von Bettmaterial in Abhängigkeit von der Abflußdynamik belegen.

2 Abflußmessungen in kleinen Einzugsgebieten mit der Verdünnungsmethode

2.1 Auswahl der Meßmethode

Abflußmessungen in natürlichen Gerinnen sind ein wesentlicher Bestandteil quantitativer Untersuchungen hydrologischer und geomorphologischer Prozesse in kleinen Einzugsgebieten. Oft steht dabei die Erstellung einer Wasserstands-/Abflußbeziehung an Pegelanlagen im Vordergrund der Arbeiten. Die räumliche Differenzierung von Transportprozessen in den Einzugsgebieten erfordert aber daneben auch eine einfache und schnelle Bestimmung der Abflußmenge an jeder beliebigen Lokalität in natürlichen Gerinnen, um neben den Stoffkonzentrationsmessungen auch Daten über die Transportmengen zu erhalten.

Die Wahl der Abflußmeßmethode ist abhängig von den herrschenden Fließbedingungen. Neben der Verdünnungsmethode bietet sich vor allem der hydrometrische Flügel an. Beide Methoden liefern Ergebnisse mit hoher Genauigkeit (Fehler 2%; Behrens und Teichmann 1982; Barczewski 1983). Andere Methoden, wie beispielsweise die Messung mit einem Tauchstab, bieten nicht die Genauigkeit der Ergebnisse und sind daher nur zur Bestimmung grober Richtwerte zu verwenden.

Eine Flügelmessung bietet im Vergleich mit der Verdünnungsmethode entscheidende Nachteile:

- Geschiebe können den Meßflügel beschädigen.
- Schwimmstoffe blockieren den Flügel.
- Der Gerinnequerschnitt muß genau vermessen werden.
- Bei geringen Wasserhöhen ist die Eintauchtiefe des Meßflügels zu gering.
- Turbulentes Fließen, das in natürlichen Gerinnen oft auftritt, kann die Flügelmessung negativ beeinflussen, da durch Walzenbildung die Fließgeschwindigkeit am Meßflügel reduziert wird.
- Die Flügelmessung erfordert einen höheren Zeitaufwand, so daß kurzzeitige Abflußspitzen schwer erfaßt werden können.

In wenig turbulent fließenden Flüssen ist die Abflußmessung mit dem hydrometrischen Flügel vorzuziehen (vgl. Kap. 4), da hier die erforderliche Durchmischungsstrecke bei der Anwendung der Verdünnungsmethode sehr lang (> 10 km) werden kann (Moser und Rauert 1980).

2.2 Die Verdünnungsmethode

Die Verdünnungsmethode kann mit einer kontinuierlichen oder momentanen Einspeisung (Integrationsverfahren) angewendet werden. Bei einer kontinuierlichen Einspeisung geht man davon aus, daß der Markierungsstoff mit immer der gleichen Konzentration in ein Fließgewässer eingegeben wird. Nach vollständiger Durchmischung wird die Tracerkonzentration an einer Meßstelle registriert. Stellt sich ein konstanter Wert ein, kann bei bekannter Eingaberate die Verdünnung errechnet werden. Die kontinuierliche Einspeisung setzt einen im Meßzeitraum weitgehend konstanten Abfluß voraus. Ändert sich das Abflußgeschehen sehr schnell, was in kleinen Einzugsgebieten in der Regel bei Hochwasser der Fall ist, dann wird die Bestimmung der konstanten Verdünnung erschwert.

Bei der Integrationsmethode erfolgt die Tracereinspeisung zu einem Zeitpunkt. Der Tracerdurchgang wird an der Meßstelle registriert und über die Meßzeit integriert. Aus der integrierten Tracerkonzentration läßt sich die zu verdünnende Wassermenge berechnen.

Ein Nachteil der kontinuierlichen Einspeisung gegenüber der Integrationsmethode ergibt sich durch einen größeren Verbrauch an Markierungsstoff. Besonders in kleinen Einzugsgebieten ist die Punkteinspeisung vorzuziehen. Die Genauigkeit der Abflußmessung ist bei beiden Verfahren gleich hoch anzusetzen (Moser und Rauert 1980).

2.3 Wahl der Markierungsstoffe

Die Markierung von Oberflächengewässern kann mit verschiedenen Tracern durchgeführt werden, wobei die Auswahl des geeigneten Stoffes von der Wassermenge, der Sedimentführung, dem pH-Wert des Wassers und der Umweltverträglichkeit des Tracers abhängt.

2.3.1 Radioaktive Markierungsstoffe

Der Einsatz radioaktiver Tracer in der belebten Umwelt sollte − wenn möglich − vermieden werden, zumal die Probengewinnung und -analyse kostenintensiv ist (Moser und Rauert 1980). Mit einer Abflußmessung werden $106-107$ Bq pro $m^3 \cdot s^{-1}$ Abfluß freigesetzt. Als Tracermaterial kann u.a. ^{82}Brom, ^{131}Jod oder Tritium verwandt werden.

2.3.2 Fluoreszierende Markierungsstoffe

Fluoreszenztracer sind auch noch bei sehr starker Verdünnung (10^{-9} bis 10^{-12}) sicher nachweisbar (Felix et al. 1988). Sie eignen sich daher besonders gut zur Messung großer Abflüsse, die mit einer Genauigkeit von ca. 1,5% erfaßt werden können (Behrens und Teichmann 1982). Als Markierungsstoffe werden vor allem Uranin und Amidorhodamin eingesetzt. Folgende Probleme müssen beim Einsatz von Fluoreszenztracern bedacht werden (Behrens und Teichmann 1982; Fischer 1983; Leibundgut 1982):

− Die Adsorption der Tracer an Sedimenten kann zu einer Überschätzung der Abflüsse führen, da die Tracerkonzentration im Wasser geringer wird.

Uranin wird weniger adsorbiert als Amidorhodamin, so daß Uranin bei sedimentbelastetem Abfluß als Tracer vorzuziehen ist.
- Fluoreszenztracer sind lichtempfindlich, d. h. sie werden unter dem Einfluß des Lichtes zerstört. Diese Eigenschaft ist besonders bei Probenahmen mit einer späteren Analyse der Tracergehalte im Labor zu berücksichtigen. Das Probenwasser muß in einem lichtundurchlässigen Behälter gelagert werden. Die Messung im Gelände sollte daher möglichst kurz andauern.
- Die direkte Messung der Tracerkonzentration im Gelände ist nur mit hohem apparativen und finanziellen Aufwand (Geräteinvestition) durchführbar, bietet aber den Vorteil, die Meßergebnisse und -qualität sofort überprüfen zu können und ggf. die Messung zu wiederholen.
- Die Probenahme im Gelände mit anschließender Auswertung im Labor kann nach den Erfahrungen im Lainbachtal in zeitlichen Intervallen von 30 s durchgeführt werden. Der Tracerdurchgang muß dann soweit gestreckt werden, daß das Konzentrationsmaximum noch gut erfaßt werden kann. Die Tracereingabe muß daher in kleinen, schnell fließenden Bächen weiter bachaufwärts verschoben werden. Um einen ausreichend sicheren Nachweis des Tracers zu erhalten, muß die einzugebende Menge des Markierungsstoffes erhöht werden.
- Die Arbeit mit Fluoreszenztracern erfordert höchste Sauberkeit bei der Probenverarbeitung und Durchführung der Messung, da bereits Spuren der Tracer an Bekleidung oder Geräten, die Meßwerte verfälschen.
- Die Gesundheitsverträglichkeit von Fluoreszenztracern ist noch nicht abschließend geklärt.

Im Lainbachgebiet wurden bei Abflußmessungen bis zu 40 m$^3 \cdot$s^{-1} mit Uranin als Tracer sehr gute Erfahrungen gemacht. Die eingegebene Menge lag zwischen 5 g und 20 g.

2.3.3 Kochsalz (NaCl)

Als weiterer Markierungsstoff wird Kochsalz zur Abflußmessung verwendet. Die benötigte Salzmenge wirkt bei der Bestimmung großer Abflüsse limitierend. Sie wird allerdings oft zu hoch angesetzt. So geht Schupp (1983) von 262,5 kg Salz zur Bestimmung von 35 m$^3 \cdot$s^{-1} Abfluß aus. Im Lainbachgebiet wurde dagegen mit 20 kg Salz ein Abfluß von 12 m$^3 \cdot$s^{-1} gemessen. Dieser Wert fügt sich sehr gut in die bisher vorliegenden Abflußmeßergebnisse ein, so daß an der Qualität der Messung nicht zu zweifeln ist. Die Menge des Tracers hängt entscheidend von der Turbulenz des Abflusses ab. Je länger die Durchmischungsstrecke sein muß, desto größer ist auch die Tracermenge. Für Abflüsse oberhalb 50 m$^3 \cdot$s^{-1} sind Messungen mit Kochsalz auch in stark turbulent fließenden Gerinnen schwer durchführbar, so daß hier Fluoreszenztracer eingesetzt werden sollten.

Kochsalz ist besonders für kleine und mittlere Abflüsse geeignet. Es ist kostengünstig, schnell löslich, überall erhältlich, umweltverträglich und zeigt keine Beeinflussung durch Wassertemperatur, pH-Wert und Sedimentbelastung. Außerdem bieten sich im Gelände sehr gute Meßmöglichkeiten. Die Kochsalzzugabe erhöht den Ionengehalt des Wassers, der mit handelsüblichen Konduktometern (z. B. der Firma WTW) gemessen wird. Die Erhöhung der elektrischen Leitfähigkeit kann nun in beliebigen Zeitintervallen mit einem Datalogger registriert werden oder in 3–5 s Zeitabständen vom Beobachter notiert werden. Der Einsatz einer automatischen Registrierung ist vorzuziehen, da bei schnellen Tracerdurchgängen eine höhere Meßgenauigkeit erzielt wird. Die eingesetzten Registriergeräte müssen wetterfest gearbeitet sein (Gehäuseschutzklasse IP 65, IP 67), da es sonst leicht zu Datenverlust kommen kann.

Im Lainbachgebiet wurde anfangs eine Gerätekonstellation verwendet, bei der ein Konduktometer mit einem Pocketcomputer in einem Meßkoffer kombiniert wurde. Zusätzlich war ein kleiner Drucker eingebaut, so daß die Meßergebnisse sofort überprüft werden konnten (Luder et al. 1988). Diese Konfiguration war im Gelände jedoch störungsanfällig (Spannungsabfall, Feuchtigkeitsprobleme). Bessere Erfahrungen werden seit einiger Zeit mit einem Konduktometer (WTW LF 191) gemacht, das nur mit einem Datalogger kombiniert wird. Die Auswertung der Messungen erfolgt davon unabhängig mit einem PC in trockener Umgebung (KFZ, Institut). Die Fehlerrate konnte so minimiert werden.

2.4 Durchführung einer Abflußmessung (Salzverdünnung)

Bei der Durchführung einer Abflußmessung nach der Verdünnungsmethode (Integrationsmethode) sind folgende Schritte zu beachten:

1. Wahl der Meßstelle

Zwischen der Meßstelle und dem Ort der Tracereingabe sollte eine möglichst turbulente Durchmischung stattfinden. „Tracer-Fallen" – z. B. besonders tiefe Abschnitte nach Überfällen – sind unbedingt zu meiden, da der Tracer hier lange Zeit verweilt. Die Messung wird dadurch sehr langwierig.

Der Fluß- oder Bachlauf sollte zwischen der Tracereingabestelle und der Messung nicht verzweigen, solange der Tracer nicht homogen im Abfluß verteilt ist. Ein seitlicher Abfluß ist danach ohne Belang.

2. Länge der Meßstrecke

Die Länge der Meßstrecke ist abhängig von der Turbulenz des Abflusses. In Gebirgsbächen reichen oft wenige Zehner Meter aus. Bei größeren Abflüssen werden sie auf einige 100 m ausgedehnt. Wenn die Entfernung zu gering ist, besteht die Gefahr unvollständiger Durchmischung des Abflusses mit dem Tracer. Der Tracerdurchgang erfolgt unter Umständen so konzentriert, daß er durch die Messung nicht mehr erfaßt werden kann.

3. Salzmenge

Um die Salzmenge auszuwählen, muß die Abflußmenge geschätzt werden. In stark turbulenten Abflüssen kann als Richtwert etwa $1-2$ kg Salz für $1\,m^3 \cdot s^{-1}$ Abfluß gelten. In schwach turbulent fließenden Gewässern muß die Durchmischungsstrecke sehr viel länger sein als bei stark turbulentem Fließen. Damit erhöht sich auch die einzugebende Salzmenge. Die Salzmengenbestimmung erfordert etwas Routine. Die elektrische Leitfähigkeit sollte in Maximum mindestens um 50 µS/cm über dem Basiswert liegen.

4. Lage der Meßsonde

Die Meßsonde ist am günstigsten im Stromstrich gut umflossen anzubringen. Sie kann mit einem Stein beschwert werden. Es ist darauf zu achten, daß sich keine Luftblasen um die Sonde bilden. Dies beeinflußt die Messung sehr negativ.

5. Salzeinspeisung

Das Salz sollte konzentriert in den Stromstrich des Gewässers eingespeist werden. Eine ufernahe Eingabe kann die Durchmischungsstrecke und die Meßzeit verlängern. Das Salz muß bei turbulentem Abfluß nicht vorgelöst werden, sondern kann aufgrund der sehr guten Löslichkeit ungelöst in den Abfluß gegeben werden. Beim Vorlösen großer Salzmengen könnte ein Teil des Salzes im Behälter zurückbleiben und so die Messung negativ beeinflussen. Bei geringer Turbulenz wird das Vorlösen des Salzes empfohlen, da der Zeitraum, in dem das Salz noch ungelöst an der Gerinnesohle liegt, die Abflußmessung negativ beeinflussen kann.

6. Messung

Die Messung beginnt vor der Eingabe des Salzes und endet, nachdem sich der Wert der Basisleitfähigkeit wieder eingestellt hat. Unter ungünstigen Bedingungen kann sich ein geringfügig höherer Wert einstellen, da geringe Tracermengen an schlecht durchströmten Stellen im Gerinne lange Zeit verweilen. In diesem Fall kann die Messung bei konstanter elektrischer Leitfähigkeit beendet werden (max. ca. $2-3$ µS/cm über Ausgangswert).

7. Auswertung

Die Sekundenwerte der elektrischen Leitfähigkeiten werden für den Meßzeitraum aufsummiert (A), wobei die Basisleitfähigkeit, die sich aus dem Mittelwert der elektrischen Leitfähigkeit bei Meßbeginn und bei Meßende errechnet, subtrahiert wird. Danach errechnet sich der Abfluß aus folgender Beziehung:

$$Q = \frac{A}{E \times S}$$

wobei S die eingegebene Salzmenge in Milligramm und E der Eichkoeffizient ist. Der Eichkoeffizient wird im Labor oder Gelände ermittelt und ist der Regressionskoeffizient ‚b' einer linearen Regressionsfunktion, die die Beziehung zwischen Salzkonzentration (mg/l) und elektrischer Leitfähigkeit (μS/cm) wiedergibt. Der Wert des Eichkoeffizienten liegt zwischen 0,4 und 0,6 und ist abhängig von dem verwendeten Salz und der Zusammensetzung des Wassers. Daher sollte in petrographisch stark differenzierten Einzugsgebieten der Eichkoeffizient für jede petrographische Einheit neu bestimmt werden. Luder et al. (1988) weisen außerdem darauf hin, daß mit verschiedenen baugleichen Konduktometern unterschiedliche Ergebnisse für den Eichkoeffizienten ermittelt wurden.

Auf dem Markt sind eine Vielzahl von Konduktometern und Dataloggern erhältlich. Im Lainbachgebiet wurden mit Meßgeräten der Firma WTW und mit Dataloggern der Firma Ecotech gute Erfahrungen gemacht.

3 Niederschlagsmessungen

3.1 Vorbemerkungen

Experimentelle Naturversuche in der Geomorphologie und der Hydrologie verlangen die genaue Kenntnis von Niederschlagssummen und Niederschlagsintensitäten. Doch so einfach die korrekte meßtechnische Erfassung der Niederschläge auf den ersten Blick sein mag, so viele Komplikationen und Fehlermöglichkeiten können sich in der Praxis ergeben. Schon die große Anzahl an Meßmethoden und Meßgeräten (Joss und Müller 1985; Sevruk und Klemm 1989a, b) zeigt die Komplexität des Themas. Für Fehlerabschätzungen und Korrekturmöglichkeiten sei auf die umfangreiche Literatur verwiesen (z. B. Toebes und Ouryvaev 1970; Sevruk 1981, 1989a).

Es liegen eine Reihe sehr unterschiedlicher Zusammenfassungen, Anleitungen und Regelwerke zur Niederschlagsmessung vor (z. B. WMO 1969, 1970a; Kohler 1970; DVWK 1985, 1988, 1991; Sevruk 1989a). Mit diesem Text soll dem potentiellen Anwender eine praxisorientierte Hilfe für Planung, Aufbau und Durchführung von Niederschlagsmessungen gegeben werden. Dabei fließen die Erfahrungen zum Thema Niederschlagsmessungen ein, die von den Arbeitsgruppen im Hochgebirge des Schwerpunktprogramms zur „Fluvialen Geomorphodynamik im jüngeren Quartär" der Deutschen Forschungsgemeinschaft gemacht wurden.

Im folgenden wird ein sicher unvollständiger Überblick über die Vielfalt der Geräte und Methoden mit Hinweisen auf die Literatur gegeben. Dabei wird zunächst auf die Planung und den Aufbau von Meßnetzen zur Niederschlagsmessung eingegangen. Es schließt sich eine Beurteilung verschiedener in der Bundesrepublik Deutschland häufig eingesetzter Meßgeräte an. Den Schluß bilden Verfahren zur Berechnung von Gebietsniederschlägen. Besonderes Gewicht wird dabei auf Meßprobleme in stark reliefiertem Gelände und dem Hochgebirge gelegt, weil hier in der Praxis Meßprobleme auftreten, die in der Literatur nicht zusammenfassend dargestellt werden.

3.2 Aufbau eines Meßnetzes

Eine elementare Flächeneinheit bei Untersuchungen zur Wasserbilanz und zum Feststoffhaushalt ist das Einzugsgebiet. Niederschläge sollen daher für Einzugsgebiete bestimmt werden und ihre räumliche und zeitliche Variabilität so genau wie möglich erfaßt werden (Toebes und Ouryvaev 1970). Nur in kleinen Einzugsgebieten des Flachlandes genügt dazu ein einziger gut plazierter Niederschlagsmesser.

Die optimale Plazierung im Gelände und die Stationsdichte setzt die Kenntnis der gebietsspezifischen räumlichen Niederschlagsstrukturen schon voraus. Einen Ausweg aus diesem Dilemma bietet die Verdichtung eines weitmaschigen provisorischen Meßnetzes mit Hilfe statistischer Methoden (z. B. Benichou 1989; Gandin 1970), oder die Planung des Netzes unter Berücksichtigung der Orographie, der Hauptwindrichtungen und der Expositionen mit entsprechend vielen Meßgeräten (Leibundgut 1985).

Allgemein gilt für die Stationsdichte, daß sich der Niederschlag einer Station mit einem Korrelationskoeffizienten von $>0,9$ aus dem Niederschlag benachbarter Stationen vorhersagen lassen muß (Wilhelm 1987). Daraus resultiert in alpinen Gebieten ein sehr dichtes Meßnetz mit etwa einem Niederschlagsschreiber pro km^2 (vgl. Abb. 1). Darüber hinaus ist die Dichte und die Verteilung der Niederschlagsmeßstationen von der Fragestellung der Untersuchung und von der Größe des Untersuchungsgebietes abhängig. Im Gebirge ist eine gute Erreichbarkeit der Meßstationen vor allem während der Wintermonate zu bedenken. Außerdem spielen die Energieversorgung und die Eigentumsverhältnisse eine Rolle. Man wird deshalb bei der Standortwahl Kompromisse eingehen müssen.

Im eng gekammerten alpinen Bereich verursachen lokale Luv- und Lee-Effekte stark schwankende Niederschlagssummen und -intensitäten (Baumgartner et al. 1983; Joss und Müller 1985; Wetzel 1992). Unabhängig von einem Meßnetz müssen daher an Versuchsflächen immer zusätzliche Niederschlagsschreiber installiert werden, so daß die mittlere Dichte von einem Niederschlagsschreiber pro km^2 weit überschritten werden kann.

Oberstes Gebot bei Niederschlagsmessungen müssen einheitliche Meßbedingungen sein, um die Vergleichbarkeit der Daten innerhalb des eigenen Untersuchungsgebietes, aber auch mit Daten anderer Untersuchungen und denen des Deutschen Wetterdienstes zu gewährleisten. Der Aufbau von Ombrographen und Ombrometern im Gelände sollte daher entsprechend den DVWK Regeln (DVWK 1988) vorgenommen werden. Die Auffangöffnungen von Totalisatoren sind in einer Höhe von 1 m über dem Boden zu installieren, bei Regenschreibern beträgt die Gerätehöhe ca. 1,20 m. Es treten jedoch im Gebirge oftmals Situationen auf, die andere Aufstellungsmodi nötig werden lassen. So macht es die teilweise mehrere Meter mächtige Schneedecke im Winter erforderlich, daß Niederschlagsschreiber, die das ganze Jahr über betrieben werden sollen, so hoch aufgestellt werden, daß sie die zu erwartende winterliche Schneedecke um 1 m überragen (Felix et al. 1988).

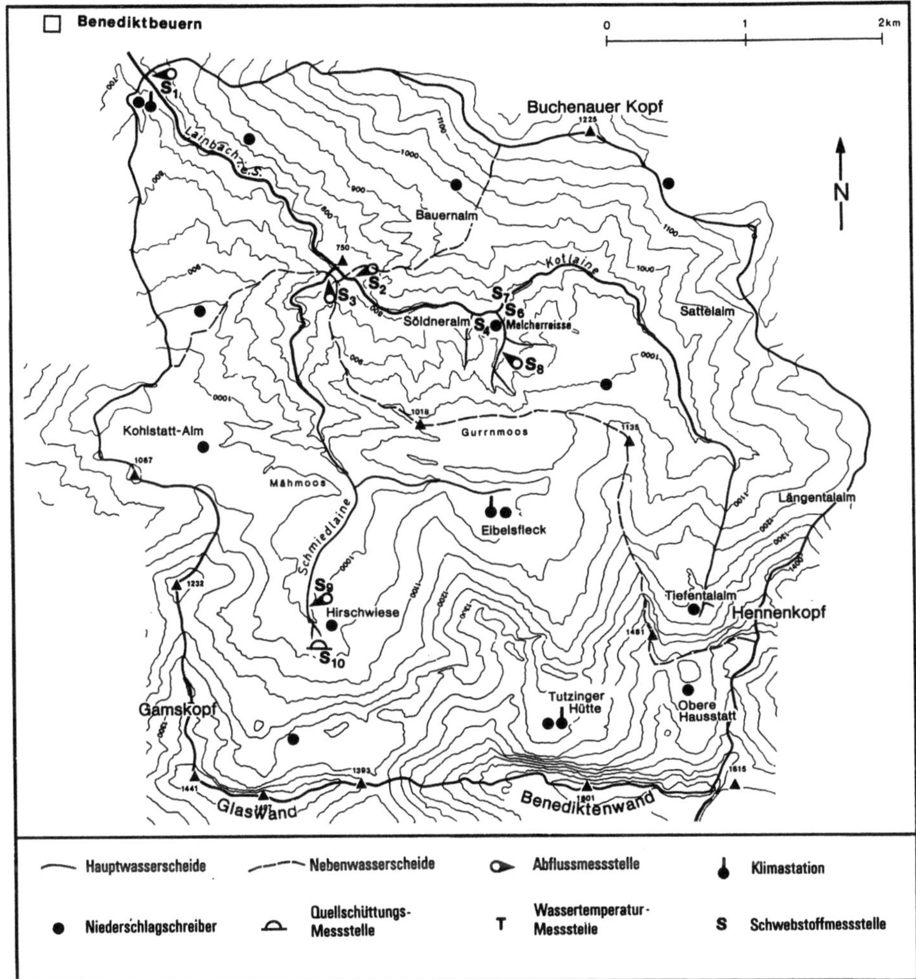

Abb. 1. Das hydrologische Meßnetz im 18,8 km² großen Lainbachgebiet bei Benediktbeuern/Obb. (Felix et al. 1988)

3.3 Wahl der Meß- und Registriergeräte

Auf dem Markt werden eine Reihe unterschiedlicher Geräte zur Messung und Registrierung von Niederschlägen angeboten. Übersichten finden sich bei Sevruk (1981), Joss und Müller (1985), sowie bei Sevruk und Klemm (1989a, b). Viele Meßgeräte lassen sich mit verschiedenen Registriergeräten (Uhrwerke, Zählwerke, Datenlogger) kombinieren. Daher werden im folgenden Geräte zur Niederschlagserfassung und Registriergeräte getrennt vorgestellt und besprochen.

3.3.1 Niederschlagsmeßgeräte und Methoden

Das Standardgerät für Niederschlagsmessungen in der Bundesrepublik Deutschland ist der Niederschlagsmesser nach Hellmann mit 200 cm^2 Auffangfläche (vgl. Abb. 2). Er wird seit 1886 in Niederschlagsmeßnetzen eingesetzt. Der Deutsche Wetterdienst betreibt seine über 3000 Stationen mit diesem Gerätetyp (DVWK 1988). Nahezu alle schreibenden Niederschlagsmesser mit 200 cm^2 Auffangfläche (Ombrographen, Pluviographen) bauen auf dem Hellmann-Gerät auf. Dabei werden unterschiedliche Meß- und Registriereinrichtungen mit einem dem Hellmann-Gerät entsprechenden Auffangteil kombiniert. Für den Anwender bedeutet das eine gute Vergleichbarkeit der Meßergebnisse auch beim Einsatz von Meßgeräten unterschiedlicher Hersteller und Bauart. Dennoch sollten beim Aufbau eines neuen Meßnetzes möglichst Meßgeräte gleicher Bauart Verwendung finden.

Generell lassen sich Niederschlagsmesser in einfache Sammler (Totalisatoren, Pluviometer, Ombrometer) und Niederschlagsschreiber (Pluviographen, Ombrographen) unterteilen. Totalisatoren erfassen nur die Niederschlagssumme in einem bestimmten Zeitraum und gestatten daher keine Intensitätsberechnungen. Bei der Gruppe der Totalisatoren werden nahezu ausschließlich Geräte nach Hellmann mit 200 cm^2 Auffangfläche angeboten. Anweisungen zum Betrieb und zur Wartung solcher Totalisatoren werden in DVWK (1985, 1988) gegeben.

Hellmann-Totalisatoren können aufgrund ihrer Bauart nur flüssige Niederschläge erfassen. Das übliche Sammelgefäß hat einen Inhalt für ca.

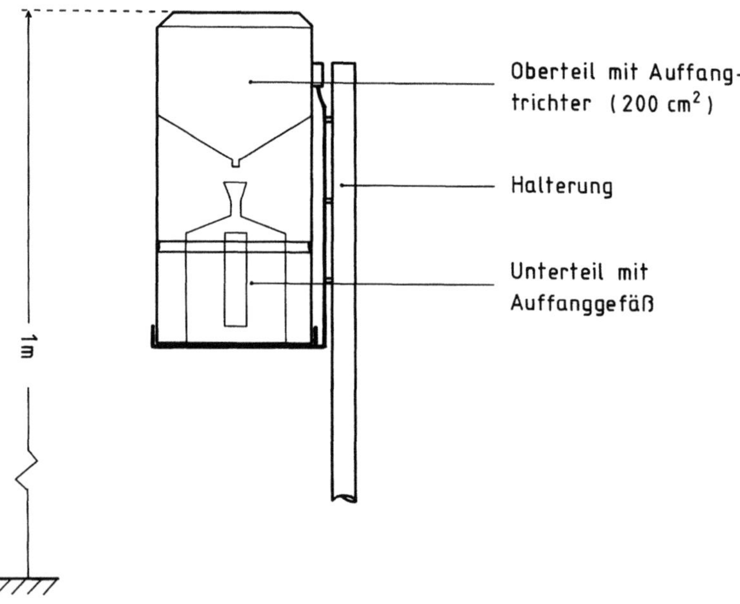

Abb. 2. Niederschlagsmesser (Totalisator) nach Hellmann

75–100 mm Niederschlag. Werden die Totalisatoren täglich kontrolliert, können auch kleinere Mengen fester Niederschläge durch Austausch der Totalisatoren und anschließendem Abtauen erfaßt werden.

Eine derartig intensive Betreuung der Meßanlagen ist nur selten gewährleistet. Im Gebirge, besonders am Alpenrand, treten mehrmals im Sommerhalbjahr Niederschlagssummen von über 100 mm in wenigen Tage auf (vgl. Kern 1961), so daß die Auffanggefäße überlaufen und die Niederschläge nicht mehr erfaßt werden. Mit größeren Auffanggefäßen ausgerüstet eignen sich Hellmann-Totalisatoren auch im Gebirge recht gut für den Einsatz während des Sommerhalbjahres.

Totalisatoren für feste Niederschläge bestehen aus einem einfachen Behälter mit genormter Auffangöffnung. Sie sind wegen der hohen Verdunstungsverluste im Sommer nicht einsetzbar. Zwar kann mit Hilfe von Speiseöl die Verdunstung aus dem Totalisator herabgesetzt werden, doch ist das Öl bei der Niederschlagsbestimmung hinderlich. Aber auch im Winterhalbjahr ist der Wert solcher Geräte zweifelhaft, da sich Schneeniederschläge wegen der starken Verdriftung bei Wind nur mit großen Fehlern erfassen lassen (Martinec 1969; Föhn 1985). Daher ist die Messung der Wasserrücklage in der Schneedecke vor allem nach stärkeren Schneeniederschlägen dem Einsatz von Totalisatoren vorzuziehen. Auf Freiflächen werden mit Schneesonden (Ausstechrohre) Schneekerne gezogen und gewogen (Anweisungen in DVWK 1988). Bei bekanntem Rauminhalt der Sonde lassen sich Schneedichte und Wasseräquivalent bestimmen (UNESCO/IASH/WMO 1970; WMO 1970b; Wilhem 1975; Felix et al. 1988). Wegen der stark schwankenden Schneemächtigkeiten müssen viele Messungen durchgeführt werden um genaue Angaben über die Rücklage zu erhalten. Da jedoch die Schneedichte kaum schwankt, können mit Hilfe weniger Dichtebestimmungen und vieler schnell durchführbarer Schneehöhenmessungen verläßliche Angaben über die Gebietsrücklage gewonnen werden (Becht 1989).

Niederschlagswaagen, Hellmann-Regenschreiber und Niederschlagskippwaagen sind die wichtigsten Geräte der Gruppe der Niederschlagsschreiber. Form und Abmessung des Auffangteiles der Geräte entsprechen weitgehend dem Hellmann-Totalisator. Nur die Niederschlagswaage nach FUESS ist anders geformt und voluminöser. Daraus ergeben sich Meßdefizite gegenüber Hellmann-Regenschreibern (Felix et al. 1988).

Niederschlagswaagen sind in der Lage, flüssige und feste Niederschläge ohne Heizung während des ganzen Jahres aufzuzeichnen. Sie haben ebenfalls eine Auffangfläche von 200 cm^2, unter der auf einem Waage-System ein genormter Behälter steht. Im Lainbachgebiet sind vier Niederschlagswaagen nach FUESS seit 1971 im Einsatz. Sie können Niederschläge bis zu einer Summe von 160 mm aufzeichnen. Schwierigkeiten ergeben sich bei starken Schneeniederschlägen, wenn der Schnee die Auffangöffnung verstopft. Während des Sommers treten bei Strahlungswetter erhebliche Verdunstungsverluste auf, so daß die Niederschlagsmenge im Auffangbehälter nicht mit einem geeichten Meßzylinder zur Plausibilitätskontrolle der Registrierung nachgemessen werden kann. Während sommerlicher Regenperioden kann die Meßgrenze von

160 mm Niederschlag in einem Aufzeichnungsintervall überschritten werden
und zu Datenausfall führen. Dieses Problem würde durch eine Ölfüllung, die
zwar die Verdunstung herabsetzt, noch verschärft. Der Wert der Niederschlagswaage besteht jedoch nicht allein darin, daß sie den zeitlichen Verlauf von
Schneeniederschlägen im Winter erfassen kann, sondern daß sie in den Über-
gangsjahreszeiten mit Nachtfrösten und plötzlichen Kaltlufteinbrüchen pro-
blemlos arbeitet, während andere Niederschlagsschreiber ausfallen oder Schaden nehmen.

Bei den Hellmann-Niederschlagsschreibern läuft das aufgefangene Niederschlagswasser in ein Gefäß, in dem ein Schwimmer die Wasserhöhe abgreift
und auf die Schreibeinrichtung überträgt (Abb. 3). Nach 10 mm Niederschlag
wird das Gefäß automatisch über ein Siphon-System in einen großen Sammelbehälter entleert. Der Sammelbehälter ist gegen Verdunstungsverluste geschützt, so daß die aufgefangenen Wassermengen nachgemessen und die Aufzeichnungen ggf. korrigiert werden können (Plausibilitätskontrolle). Dieses
Meßsystem ist bei Frost sehr empfindlich. Daher können solche Regenschreiber ohne Heizung nur in der frostfreien Zeit betrieben werden. Der Hellmann-
Regenschreiber ist aufgrund seiner Konstruktion in der Lage, unbegrenzte

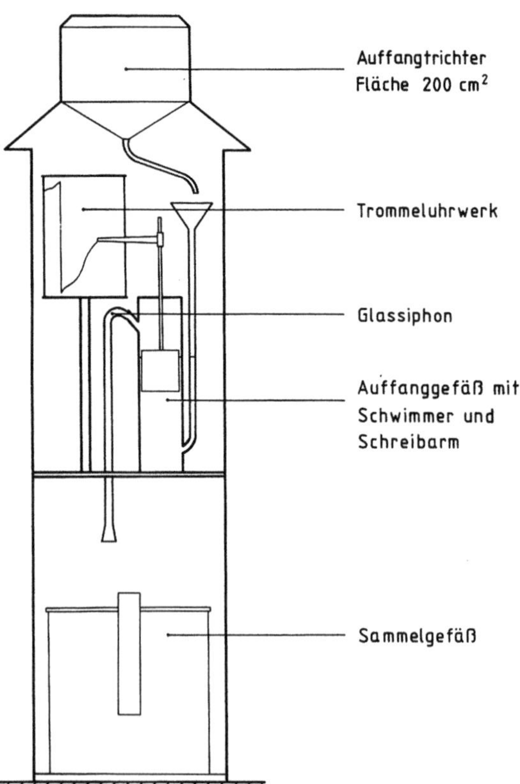

Abb. 3. Niederschlagsschreiber
nach Hellmann

Niederschlagsmengen aufzuzeichnen. Niederschlagsintensitäten bis ca. $25 \, mm \cdot 15 \, min^{-1}$ werden bei ausreichendem Papiervorschub aufgezeichnet. Höhere Intensitäten führen zu einer Überlastung des Siphon-Systems. Eine ausführliche Beschreibung des Hellmann-Regenschreibers befindet sich in den DVWK-Regeln zur Niederschlagsmessung (DVWK 1988).

Der Hellmann-Schreiber kann mit einer Gasheizung versehen werden und ist damit auch bei Frost einsetzbar. Die Heizung ist jedoch teuer und wartungsintensiv. Elektrische Heizungen scheiden für den Geländeeinsatz in den meisten Fällen wegen mangelnder Stromversorgung von vornherein aus. Eine Heizung mit Kerzen (Grablichtern) hat sich bei Frösten bis ca. $-10\,°C$ und guter Isolierung des Gehäuses bewährt, doch ist sie im Gebirge bei den niedrigen Temperaturen, die auch nach plötzlichen Kaltlufteinbrüchen im Frühjahr und Herbst auftreten können, nicht ausreichend. Ein weiterer Schwachpunkt des Hellmann-Schreibers ist der Glassiphon, der schon bei geringer Verschmutzung nicht mehr störungsfrei arbeitet. Er sollte daher in regelmäßigen Abständen gereinigt werden.

Niederschlagskippwaagen stellen von ihren Einsatzmöglichkeiten das Bindeglied zwischen Niederschlagswaagen und Hellmann-Schreibern dar. Mit ihnen können flüssige Niederschläge beliebiger Menge und Intensität gemessen werden, ohne daß das Meßgerät bei eventuell auftretenden Frösten Schaden nimmt. Eine elektrische Heizung für den Winterbetrieb wirft die gleichen Probleme wie bei Hellmann-Regenschreibern auf. Aufgrund ihrer kompakten Bauweise und des geringen mechanischen Aufwandes sind Niederschlagskippwaagen sehr robust (Abb. 4).

In alpinen und randalpinen Einzugsgebieten sind bei der Auswahl der Niederschlagsmeßgeräte der hohe Anteil fester Niederschläge im Jahresverlauf, der strenge Winter und die oftmals schlechte Zugänglichkeit der Meßstationen zu bedenken. Daher sind generell nur solche Meßgeräte empfehlenswert, die den klimatischen Verhältnissen gerecht werden und möglichst lange ohne Wartung betrieben werden können. Der Stromverbrauch neuerer Geräte ist so niedrig, daß er das ganze Jahr aus Batterien oder über Solaranlagen zur Verfügung gestellt werden kann. Dies gilt nicht für eine elektrische Beheizung im Winter, die nur bei Netzanschluß praktikabel ist.

Die Verdriftung von Regen durch Wind ist die wichtigste Ursache für Meßfehler (vgl. Sevruk 1989a). Windschirme zur Verringerung des Fehlers sind in ihrer Wirksamkeit umstritten und werden heute nicht mehr empfohlen (DVWK 1991). An besonders windexponierten Lagen sollten Standardgeräte mit $200 \, cm^2$ Auffangfläche nicht mehr eingesetzt werden, da die Verluste durch Winddrift zu hoch sind. Dann müssen teurere Gebirgsniederschlagsmesser mit größerer Auffangfläche (meistens $500 \, cm^2$) eingesetzt werden (Matthess und Ubell 1983). Bestandsniederschläge werden mit speziellen Konstruktionen gemessen, die im Handel nicht erhältlich sind. Anleitungen und Hinweise zur meßtechnischen Erfassung von Bestandsniederschlägen finden sich bei Benecke (1984) und in den DVWK Empfehlungen (DVWK 1986) (vgl. Kap. 1). In einigen Fällen kann es sinnvoll sein, Niederschlagsmessungen mit Messungen des Windfeldes (Windgeschwindigkeit, Windrichtung) zu kombi-

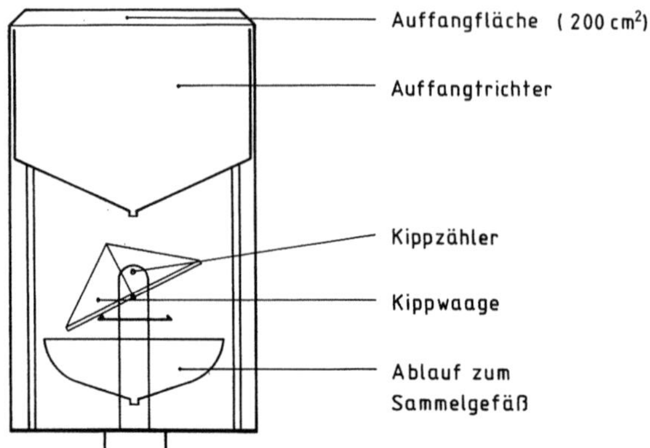

Abb. 4. Konstruktionsprinzip einer Niederschlagskippwaage

nieren, um windinduzierte Meßfehler korrigieren zu können (Sevruk 1981, 1989 b).

Neben dem windinduzierten Fehler bei Niederschlagsmessungen durch Deformation des Windfeldes am Auffanggerät tritt im Gebirge der Hangeffekt (Grunow 1960; Sevruk 1973) auf. Unter dem Hangeffekt versteht man die ungleiche Verteilung der Niederschläge auf Luv- und Leehänge, die sich aufgrund der variierenden Flächen bei schräg fallendem Niederschlag ergibt (vgl. Abb. 5). Dabei können Mehreinnahmen auf dem Luvhang von ca. 20% gegenüber einer horizontalen Vergleichsfläche entstehen (Grunow 1953, 1954).

In größeren Einzugsgebieten mit einer Vielzahl von Luv- und Leehängen gleicht sich der Hangeffekt wieder aus. Sollen jedoch einzelne Hänge oder Täler untersucht werden, muß dieser Einfluß berücksichtigt werden. Zur Messung der Niederschläge am Hang dienen normale Niederschlagsschreiber oder Totalisatoren, die einen der Hangneigung entsprechenden Aufsatz bekommen. Auch schräg aufgestellte Totalisatoren (vgl. Abb. 6), bei denen allerdings der verkleinerte Grundriß der Auffangöffnung zu beachten ist, können verwendet werden.

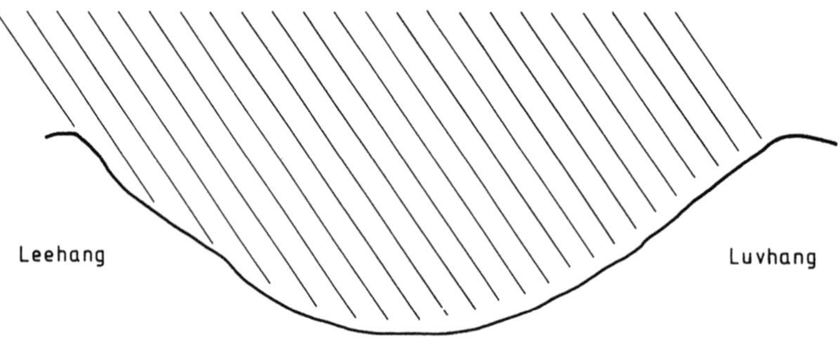

Abb. 5. Der Hangeffekt des Niederschlags (nach Grunow 1953)

Abb. 6. Schräg aufgestellter Hellmann-Totalisator (Photo Wetzel)

3.3.2 Registriergeräte

Niederschlagsschreiber lassen sich mit verschiedenen Registriergeräten kombinieren. Bislang wurden dazu meistens Trommel- oder Bandschreiber mit mechanischen oder quarzgesteuerten Uhrwerken eingesetzt. Seit einigen Jahren stehen preisgünstige elektronische Speicher (Datenlogger) zur Verfügung, die eine digitale Speicherung der Meßdaten ermöglichen und ein nachträgliches Digitalisieren (DVWK 1985) der Meßstreifen ersparen.

Trommel- und Bandschreiber unterscheiden sich im Aufzeichnungszeitraum und in der zeitlichen Auflösung (Vorschub) voneinander. Mit Bandschreibern lassen sich die Niederschläge in 5-minütigen Intervallen auswerten, während bei Trommelschreibern mit 7-tägigem Umlauf nur noch 30-minütige Intervalle aufgelöst werden können. Leider sind Bandschreiber störanfälliger als Trommelschreiber, vor allem wenn die Geräte einige Jahre alt sind. Besonders im Gebirge mit häufiger Taupunktüberschreitung auch in der warmen Jahreszeit führt aufgeweichtes Papier und Kondenswasser auf dem Uhrwerk zu Unregelmäßigkeiten beim Papiertransport. Eine hohe zeitliche Auflösung der Niederschläge ist jedoch für viele Fragestellungen wichtig, so daß die mechanischen Nachteile der Bandschreiber in Kauf genommen, oder ggf. zwei Meßgeräte aufgestellt werden müssen.

Unproblematisch im Geländeeinsatz sind Datenlogger, die den rauhen Bedingungen im Feldeinsatz angepaßt sind (Schutzklasse IP 65). Laborgeräte sind für den Einsatz im Gelände ungeeignet, da Kondenswasserbildung zu Störungen im Betrieb und zu Datenausfällen führen kann. Datenlogger bieten den entscheidenden Vorteil der hohen zeitlichen Auflösung von Meßdaten bei langen Aufzeichnungszeiträumen. Durch die absolute zeitliche Genauigkeit werden Daten benachbarter Stationen besser vergleichbar. Außerdem können andere meteorologische und hydrologische Meßparameter zusammen mit den Niederschlagsdaten aufgezeichnet werden, so daß weitere Registriergeräte unnötig sind.

Nachteile der elektronischen Datenaufzeichnung werden bei Betriebsstörungen deutlich. Auf den Schreibstreifen der mechanischen Geräte können Defekte an der Meßanlage schnell erkannt werden. Schäden an den Schreibern selbst lassen sich meistens noch im Gelände mit einfachen Mitteln reparieren. Um auch beim Einsatz von Datenloggern Meßfehler sofort zu erkennen, sollten elektronische Speicher vor allem in entlegenen Gebieten immer mit einem tragbaren PC vor Ort ausgelesen werden, damit die Daten noch im Gelände graphisch dargestellt und auf Plausibilität kontrolliert werden können. Auf eine schnelle Software zur Datenübertragung und Darstellung der Messungen ist bei der Auswahl eines Datenloggers unbedingt zu achten.

Bei Defekten am Datenlogger selbst können Ausfallzeiten von mehreren Wochen entstehen, wenn keine Werkstatt für Elektronik zur Verfügung steht und die Geräte zum Hersteller geschickt werden müssen. Gerade im Gebirge ist an exponierten Standorten die Gefahr des Blitzschlages mit nachfolgender Zerstörung elektronischer Geräte gegeben. Schutzeinrichtungen gegen Blitzschlag sind jedoch so teuer, daß nur bei entsprechender Risikoabwägung eine Anschaffung ratsam ist.

3.4 Gebietsniederschläge

Der Gebietsniederschlag ist die „Niederschlagshöhe gemittelt über einem bestimmten Gebiet", wobei unter Niederschlagshöhe „das gesamte Wasserdargebot aus atmosphärischen Niederschlägen an einem bestimmten Ort, ausgedrückt als Wasserhöhe über einer horizontalen Fläche während einer bestimmten Zeitspanne" verstanden wird (DIN 4049, Teil 1 1979). Berechnet wird der Gebietsniederschlag aus punktuell erfaßten Niederschlagswerten, die von den tatsächlichen Niederschlagshöhen aufgrund von systematischen und statistischen Fehlern abweichen. Direkte Messungen von Gebietsniederschlägen sind nur für größere Gebiete mit Hilfe des Wetterradars oder von Satelliten aus möglich.

Zur Berechnung von Gebietsniederschlägen wurden eine Vielzahl von Verfahren entwickelt. Sie reichen von der einfachen Mittelwertbestimmung bis hin zu Rechenprogrammen, die auf der Theorie der finiten Elemente basieren. Neuere Übersichten finden sich bei Mendel (1977, 1979), Giesecke et al. (1983) und Schädler (1985). Alle Verfahren sind Näherungsverfahren und ermitteln den Gebietsniederschlag mit einem statistischen Fehler, der sich zu dem Meßfehler addiert (Felix et al. 1988). Die Gebietsgröße, die Stationsdichte, die Orographie, die Niederschlagsmenge und der Niederschlagstyp beeinflussen die Genauigkeit der Berechnung, wobei die einzelnen Berechnungsverfahren unterschiedlich reagieren. Doch ist bei wachsender Gebietsgröße mit einer generellen Zunahme der Genauigkeit zu rechnen, wobei die Bedeutung des zugrunde liegenden Berechnungsverfahrens abnimmt (Ludwig 1978; Luft 1980). Schädler (1985) veröffentlichte einen Entscheidungsbaum, der bei der Auswahl der geeigneten Berechnungsmethode hilfreich ist.

Im Gebirge sind spezielle Gebietskenntnisse für die Auswahl der Berechnungsmethode nötig (IHP/OHP-Sekretariat 1985). Felix et al. (1988) verwenden zur Berechnung von Gebietsniederschlägen im Lainbachgebiet das THIESSEN-Polygonverfahren mit festen Stationsgewichten. Ein Vergleich mit anderen Berechnungsmethoden ergab Differenzen, die innerhalb des Meßfehlers lagen. Offensichtlich hat bei einer so großen Stationsdichte (14 Stationen auf 18,8 km^2) das Berechnungsverfahren auch im Gebirge nur eine untergeordnete Bedeutung für die Genauigkeit des Ergebnisses (Felix et al. 1988).

Literatur

Barczewski B (1983) Meßgrößen, Meßgeber, Meßfehler. 3. DVWK — Fortbildungslehrgang Techn. Hydraulik — Abflußmessung in offenen Gerinnen, Selbstverlag, Stuttgart
Baumgartner A, Reichel E, Weber G (1983) Der Wasserhaushalt der Alpen. Oldenburg München
Becht M (1986) Die Schwebstofführung der Gewässer im Lainbachtal bei Benediktbeuern/Obb. Münch Geogr Abh B 2. Geobuch, München
Becht M (1989) Zur terrestrischen Erfassung der Schneerücklagen auf Repräsentativflächen — Ein Beitrag zur Methodik von Schneedeckenaufnahmen. DGM 33/2:49−56
Behrens H, Teichmann G (1982) Neuere Ergebnisse über den Lichteinfluß auf Fluoreszenztracer. Beiträge zur Geologie der Schweiz — Hydrologie 28 I. Kümmerly+Frey, Bern, S 69−77
Benecke P (1984) Der Wasserumsatz eines Buchen- und eines Fichtenwaldökosystesm im Hochsolling. Schriftenreihe der forstlichen Fakultät der Universität Göttingen 77. Selbstverlag Göttingen, 158 S
Benichou P (1989) Taking topography into account for network optimization in mountainous areas. In: Sevruk B (Hrsg) Precipitation measurement. WMO/IAHS/ETH Workshop on precipitation measurement, Zürich. Selbstverlag Zürich, S 307−313
Benischke R, Harum T (1984) Computergesteuerte Abflußmessungen in offenen Gerinnen nach der Tracerverdünnungsmethode (Integrationsverfahren). Steir Beitr Hydrogeol 36. Selbstverlag Graz, S 127−139

DIN 4049 (Teil 1) (1979) Hydrologie. Begriffe, quantitativ. Beuth-Verlag, Berlin

DVWK (Hrsg) (1985) Niederschlag – Aufbereitung und Weitergabe von Niederschlagsregistrierungen. In: DVWK Regeln 123. Paul Parey, Hamburg

DVWK (Hrsg) (1986) Ermittlung des Interzeptionsverlustes in Waldbeständen bei Regen. In: DVWK Merkblätter zur Wasserwirtschaft 211. Paul Parey, Hamburg

DVWK (Hrsg) (1988) Niederschlag – Anweisungen für den Beobachter an Niederschlagsstationen – ABAN 1989. In: DVWK Regeln 126. Paul Parey, Hamburg

DVWK (Hrsg) (1991) Wasserwirtschaftliche Meß- und Auswerteverfahren in Trockengebieten. In: Schriftenreihe des DVWK 96, Paul Parey, Hamburg, S 259

Felix R, Priesmeier K, Wagner O, Vogt H, Wilhelm F (1988) Abfluß in Wildbächen. Untersuchungen im Einzugsgebiet des Lainbaches bei Benediktbeuern/Oberbayern. Münch Geogr Abh B6. Geobuch, München, S 549

Fischer M (1983) Abflußmessungen mit Tracern nach dem Verdünnungsverfahren. Beiträge zur Geologie der Schweiz – Hydrologie 28 II. Kümmerly + Frey, Bern, S 447 – 458

Föhn PMB (1985) Besonderheiten des Schneeniederschlags. In: Beiträge zur Geologie der Schweiz – Hydrologie 31. (Der Niederschlag in der Schweiz), Kümmerly + Frey, Bern, S 87 – 96

Gandin LS (1970) The planning of meteorological station networks. WMO, Technical Note 111, Selbstverlag Genf

Giesecke J, Schmitt P, Meyer H (1983) Vergleich von Rechenmethoden für Gebietsniederschläge. Wasserwirtschaft 73/1:1 – 7

Grunow J (1953) Niederschlagsmessungen am Hang. Meteorol Rundsch 6:85 – 91

Grunow J (1954) Die Niederschlagsmessung mit hangparallelen Auffangflächen. Methode, Erfahrungen, Folgerungen. IASH Publ 36. IAHS PRESS, Wallingford, S 322 – 334

Grunow J (1960) Ergebnisse mehrjähriger Messungen von Niederschlägen am Hang und im Gebirge. IASH Publ 53. IAHS PRESS, Wallingford, S 300 – 316

IHP/OHP – Sekretariat (Hrsg) (1985) Empfehlung für die Auswertung der Meßergebnisse von kleinen hydrologischen Einzugsgebieten. In: IHP/OHP-Berichte 5. Bundesanstalt für Gewässerkunde, Koblenz

Joss J, Müller G (1985) Instrumente. In: Beiträge zur Geologie der Schweiz. – Hydrologie 31. (Der Niederschlag in der Schweiz), Kummerly + Frey, Bern, S 31 – 46

Karl J (1970) Über die Bedeutung quartärer Sedimente in Wildbachgebieten. Wasser Boden 9:271 – 272

Kern H (1961) Große Tagessummen des Niederschlags in Bayern. Münch Geogr Hefte 21. Verlag Michael Laßleben

Kohler MA (1970) Design of hydrological networks. WMO, Technical Note 25. Selbstverlag, Genf

Leibundgut C (1982) Stand und Entwicklung der Tracerhydrologie. In: Beiträge zur Geologie der Schweiz – Hydrologie 28. Kümmerly + Frey, Bern, S 23 – 39

Leibundgut C (1985) Niederschlagsuntersuchungen in kleinen Einzugsgebieten. In: Beiträge zur Geologie der Schweiz – Hydrologie 31. (Der Niederschlag in der Schweiz), Kümmerly + Frey, Bern, S 187 – 204

Luder B, Fritschi B, Burch H (1988) Abflußmessung nach dem Salzverfahren (interner Bericht). Eidgen. Anst. f. d. forstl. Versuchswesen. Selbstverlag, Birmensdorf

Ludwig K (1978) Systematische Berechnung von Hochwasser-Abflußvorgängen mit Flußgebietsmodellen. Mitteilungen der Institute für Wasserwirtschaft, Hydrologie und landwirtschaftlichen Wasserbau der TU Hannover 45. Selbstverlag, Hannover

Luft G (1980) Abfluß und Retention im Löß, dargestellt am Beispiel des hydrologischen Versuchsgebietes Rippach, Ostkaiserstuhl. Beiträge zur Hydrologie 1. Selbstverlag, Kirchzarten, S 241

Martinec J (1969) Hydrologische Charakteristik des Testgebietes Dischma mit Rücksicht auf den Schnellabfluß. Eidgenössisches Institut für Schnee- und Lawinenforschung Weißfluhjoch/Davos, Interner Bericht Nr 495. Selbstverlag

Matthess G, Ubell K (1983) Allgemeine Hdyrogeologie – Grundwasserhaushalt. In: Lehrbuch der Hydrogeologie B 1. Gebrüder Borntraeger, Berlin

Mendel HG (1977) Die Berechnung von Gebietsniederschlägen. DGM 21/6:129 – 141

Mendel HG (1979) Zur Berechnung von Gebietsniederschlägen aus Punktmessungen. Versuchsanstalt für Wasserbau, Hydrologie u. Glaziologie an der ETH Zürich 41, S 187–213

Moser H, Rauert W (1980) Isotopenmethoden in der Hydrologie. Gebrüder Bornträger, Berlin

Schädler B (1985) Gebietsniederschläge. In: Beiträge zur Geologie der Schweiz – Hydrologie 31. (Der Niederschlag in der Schweiz), Kümmerley + Frey, Bern, S 171–186

Schupp J (1983) Meßverfahren für Sonderfälle (Ultraschall, Verdünnung). 3. DVWK – Fortbildungslehrgang Technische Hydraulik – Abflußmessung in offenen Gerinnen. Selbstverlag, Stuttgart

Sevruk B (1973) Erfahrungen mit schiefen, geneigten und bodenebenen Auffangflächen im Einzugsgebiet der Baye der Montreux. Veröff Schweiz Meteorol Zentralanstalt 20/I. Selbstverlag, S 1–21

Sevruk B (1981) Methodische Untersuchungen des systematischen Messfehlers der Hellmann Regenmesser im Sommerhalbjahr in der Schweiz. Mitteilungen der Versuchsanstalt für Wasserbau, Hydrologie und Glaziologie 52, S 296

Sevruk B (Hrsg) (1989a) Precipitation measurement. WMO/IAHS/ETH Workshop on precipitation measurement. Selbstverlag, Zürich

Sevruk B (1989b) Reliability of precipitation measurement. In: Sevruk B (ed) Precipitation measurement. WMO/IAHS/ETH Workshop on precipitation measurement. Selbstverlag, Zürich, S 13–19

Sevruk B, Klemm S (1989a) Types of Standard precipitation gauges. In: Sevruk B (ed) Precipitation measurement. WMO/IAHS/ETH Workshop on precipitation measurement. Selbstverlag, Zürich, S 227–232

Sevruk B, Klemm S (1989b) Catalogue of national Standard precipitation gauges. In: WMO Instruments and observing Methods Report 39. Selbstverlag, Genf, S 50

Toebes E, Ouryvaev V (Hrsg) (1970) Representative and experimental basins. UNESCO, Paris

UNESCO/IAHS/WMO (1970) Seasonal snow cover. In: Technical papers in hydrology 2. Selbstverlag, Paris

Wagner O (1987) Untersuchungen über räumlich-zeitliche Unterschiede im Abflußverhalten von Wildbächen, dargestellt an Teileinzugsgebieten des Lainbaches bei Benediktbeuern/Oberbayern. Münch Geogr Abh B3. Geobuch, München

Wetzel K-F (1992) Abtragsprozesse an Hängen und Feststofführung der Gewässer. Dargestellt am Beispiel der pleistozänen Lockergesteine des Lainbachtales (Benediktbeuern/Obb.) Münch Geogr Abh B17. Geobuch, München, S 178

Wilhelm F (1975) Schnee- und Gletscherkunde. De Gruyter, Berlin

Wilhelm F (1987) Hydrogeographie. In: Das Geographische Seminar. Höller + Zwick, Braunschweig

WMO (1969) Hydrological network design. WMO (IHD) Report 12. Selbstverlag, Genf, S 51

WMO (1970a) Methods of estimating areal average precipitation. WMO (IHD) Report 3. Selbstverlag, Genf, S 43

WMO (1970b) Guide to hydrometrological practices. 2nd edn. World Meteorological Organization, Genf

7 Schwebstofferfassung
über die Trübungsmessung in einem Wildbach (Lainbach/Oberbayern)

Dagmar Bley und Karl-Heinz Schmidt

1 Einführung

Die Quantifizierung des Schwebstofftransports in einem Fließgewässer ist sowohl im Hinblick auf morphologische als auch auf wasserwirtschaftliche Fragestellungen von Bedeutung. Im allgemeinen werden hierfür in regelmäßigen (z. B. 2-wöchigen bis 1/2-stündigen) Abständen oder in Abhängigkeit von der Wasserstandshöhe Schwebstoffproben aus dem Gewässer entnommen, die im Labor auf ihre Sedimentkonzentration hin untersucht werden. Von diesen wird auf die Gesamtfracht eines Hochwasserereignisses (z. B. in kg/d) bzw. auf längerfristige Erosions- und Denudationsraten (z. B. in mm/1000 a) geschlossen. Korrelationen zwischen der Sedimentkonzentration bzw. -fracht und der Abflußmenge, sogenannte „sediment rating curve techniques" (Campbell und Bauder 1940), die nach der Beprobung über einen gewissen Zeitraum hinweg erstellt werden, bilden vielfach die Grundlage für eine Abschätzung der Sedimentfracht ohne arbeitsaufwendige Beprobung und Laboranalyse.

Die gängigen Methoden zur Bestimmung der Suspensionsfracht sind problematisch. Bei der Probennahme in regelmäßigen Abständen wird die Erfassung von Schwebstoffspitzen und -schwankungen um so unsicherer, je größer die Zeitabstände zwischen den einzelnen Probenahmen werden (Bley und Schmidt 1991). Der Umfang der Stichprobe und damit auch der Auswertungsaufwand korrelieren mit der Exaktheit des ermittelten Frachtergebnisses. Da ein synchroner oder gar paralleler Verlauf von Wasserstands- bzw. Abflußganglinie und Sedimentkonzentration nur in den seltensten Fällen gegeben ist (Olive und Rieger 1988), bildet auch die Wasserstandshöhe keinen geeigneten Anhaltspunkt, wann die Beprobung erfolgen soll. Die Anwendung der „sediment rating curve techniques" ist deshalb problematisch, weil die Konzentration von Schwebstoffen nicht ausschließlich von der Höhe der Abflußmenge abhängt (vgl. Walling 1977). Auch die Niederschlagsart, -dauer und -intensität, die Charakteristika der Teile des Einzugsgebietes, die beregnet werden und Veränderungen des Flußbettes haben einen Einfluß auf die Höhe des Suspensionsgehaltes.

Fehler bei der Ermittlung kurfristiger Transportmengen vergrößern sich, wenn die Werte für längerfristige Erosions- und Denudationsraten extrapoliert werden. Trotz zahlreicher Untersuchungen in den letzten Jahrzehnten fehlen noch immer praktikable Ansätze, die es ermöglichen, die Schwebstoffkonzentration hinreichend genau zu ermitteln. Eine vom Grundgedanken her ideale

Methode, den Suspensionsgehalt mit geringem Aufwand kontinuierlich registrieren zu können, bietet die photoelektrische Trübungsmessung.

2 Meßtechnik der Trübungsmessung

„Als Trübung bezeichnet man die optische Eigenschaft eines Wassers, eingestrahltes Licht zu streuen. Die Streuung entsteht durch ungelöste, fein disperse Stoffe und ist bestimmbar als Schwächung des Lichtflusses in der Probe (Durchlichtmessung) oder durch die Intensität des Streulichtes" (Reinemann et al. 1982, S. 168). Erstere bezeichnet man auch als Turbidimetrie i. e. S., während man bei letzterer von Nephelometrie spricht. Die Trübung hängt zwar von dem Gehalt an Schwebstoffen im Wasser ab, Rückschlüsse von der Stärke des gestreuten oder geschwächten Lichtes auf die Menge im Probenwasser vorhandener Feststoffe sind aber nicht ohne weiteres möglich. Die Höhe des Trübungssignals hängt von gerätespezifischen Faktoren wie spektraler Sensitivität (Wellenlänge) und geometrischer Anordnung (Winkel) von Lichtquelle und Photodetektor, dem Lichtweg und von der Beschaffenheit der Suspensa (Anzahl der Partikel, geometrische und streuende Partikeloberfläche, sowie Brechungsindex von Dispergens und Dispersum) ab. Ein unterschiedlicher Aufbau von Trübungsmeßgeräten führt zu verschiedenen Meßergebnissen, selbst wenn das gleiche Kalibrierungsmaterial zugrunde liegt.

Trübungsmessungen in natürlichen Gewässern werden dadurch erschwert, daß kein homogenes Feststoff-Flüssigkeits-Gemisch vorliegt. Eine Vielzahl unerwünschter, variierender Faktoren (Korngrößenzusammensetzung, Anteil an organischem Material, Farbe der Suspension, Ionenzusammensetzung des Wassers, Form der Partikel und die mineralogische Zusammensetzung bzw. Dichte der Schwebstoffe) beeinflussen neben der Sedimentkonzentration die Stärke der Trübung (Gippel 1989). Die Kalibrierung Trübung-Schwebstoffkonzentration ist dann einfach, wenn sich die Suspension wenig in ihrer Zusammensetzung ändert. Für eine Eichung unter Berücksichtigung der Veränderungen der wichtigsten trübungsbeeinflussenden Größen gibt es bisher nur wenige Ansätze (vgl. Engelsing und Nippes 1979, 1983).

Am Lainbach/Obb. wurde im Rahmen des Teilprojektes „Geschiebetransport und Flußbettdynamik" die Anwendung der Trübungsmessung zur Bestimmung des Schwebstoffgehalts für extreme Bedingungen untersucht. Es traten z. T. sehr hochkonzentrierte Suspensionen (Maximum im Meßzeitraum 34,1 g/l) und schnelle Konzentrationsschwankungen auf (z. B. am 12.8.88 Änderung von 26,3 g/l auf 17,3 g/l in 8 min). Starke Veränderungen der granulometrischen Zusammensetzung der Suspensionen sowie Transport von relativ grobem Material als Schweb (bis zu 3 mm Korngröße) waren zu beobachten. Der organische Gehalt (Glühverlust) schwankte zwischen 0,016 g/l bzw. 1% (Minimum) und 2,430 g/l bzw. 81% (Maximum). Die vereinzelt sehr hohen organischen Gehalte sind auf dem Transport von relativ grobem organischem Material, wie Teilen von Blättern und Ästen, unter hochenergetischen Bedingungen zurückzuführen. Das auf der Basis von Streulicht arbeitende Trübungsmeßgerät „SURFACE SCATTER 5" der Firma HACH (Chem. Comp., USA), das unter anderem für die Analyse von Abwasserschlämmen konstruiert wurde, erwies sich auch unter den oben genannten extremen Bedingungen als geeignet.

3 Meßanordnung im Gelände

Die Probenwasserentnahme für die Trübungsmessung erfolgte mit Hilfe einer in 20 cm Höhe über Sohle installierten 12 V-Tauchpumpe (Abb. 1). In 40 und 60 cm über Grund waren 2 weitere Pumpen angebracht, die der Vergleichsmessung bzw. als Ersatz dienten. Die Pumpen waren an der linksseitigen Ufer-

Abb. 1. Meßstelle im Überblick (Foto D. Bley)

mauer mit 40 bzw. 60 cm langen, stabilen und doch flexiblen Eisenträgern befestigt. Das Probenwasser wurde über einen Höhenunterschied von 5 m bzw. eine Gesamtstrecke von 12 m unter dem Fußweg zum Trübungsmeßgerät im Meßwagen gepumpt. Trotz des Geschiebetriebs und des starken Sandtransports funktionierten die Pumpen über den gesamten Meßzeitraum tadellos.

Die Stromversorgung des Trübungsmeßgerätes erfolgte durch einen 220 V-Generator. Ein x/y-Schreiber sowie ein Datalogger zeichneten die Meßwerte kontinuierlich bzw. in einminütigen Abständen auf (Abb. 2). In einem schützenden perforierten Rohr befanden sich eine Leitfähigkeits- und eine Temperatursonde, deren Daten ebenfalls mit Hilfe von Datalogger und x/y-Schreiber registriert wurden. Wasserstandsaufzeichnungen in hoher zeitlicher Auflösung lieferte das an einem Dreieckskörper angebrachte Ultraschall-Echolot. Die Aufzeichnung der Meßwerte mit Hilfe eines Dataloggers erleichterte die rechnerische und graphische Aufbereitung der Meßwerte, da sie direkt vom Datalogger zum PC überspielt werden konnten.

4 Funktionsweise des Trübungsmeßgerätes „Surface Scatter 5"

Über einen Zulauf (vgl. Abb. 3) wird dem Schrägrohrkörper im Gerät Probenwasser zugeführt, das diesen mit einer möglichst hohen Durchflußrate passieren sollte. Die Durchflußrate muß derart gewählt sein, daß möglichst wenig Material auf der Transportstrecke verloren geht. Andererseits kommt es bei einer zu hohen Durchflußrate zu unerwünschten Luftblasen und Wasserspiegelschwankungen am Überlauf. Bei uns erwies sich eine Durchflußrate von 5 l/min als günstig.

Die ebene Wasseroberfläche an der Überlaufkante des Schrägrohrs wird unter einem Winkel von 15 ° von einer Wolframfadenglühbirne bestrahlt. Die Lichtquelle arbeitet mit einer Farbtemperatur von ca. 2700 K. Sie ist durch eine breite spektrale Verteilung mit einem Maximum bei ca. 1100 nm gekennzeichnet. Die maximale Sensitivität des Gesamtgerätes liegt bei ca. 700 nm. Sie ergibt sich aus der Kombination der Empfindlichkeiten von Photozelle (Maximum ca. 540 nm) und Lichtquelle und bedingt die Sensitivität bezüglich bestimmter Partikelgrößen. Generell steigt die Empfindlichkeit für gröbere Partikel mit zunehmender Wellenlänge. Partikel im Wasser bewirken eine Veränderung der geradlinigen Strahlungsausbreitung und es kommt zur Lichtstreuung. Jedes Teilchen sendet eine Sekundärwelle mit der gleichen Wellenlänge wie der Primärstrahl nach allen Richtungen mit verschiedenen Intensitäten aus. Die Photozelle, die in einem Winkel von 90 ° zur Wasseroberfläche angebracht ist, empfängt einen Teil des gestreuten Lichtes, während der restliche Teil von den schwarzen Innenwänden des Gerätes absorbiert wird. Neben der Wellenlänge des Primärstrahls ist der Meßwinkel von entscheidender Bedeutung für die Intensität des registrierten Lichtstrahls. Insbesondere bei im Vergleich zur Wellenlänge sehr großen Partikeln kommt es zu unsymmetrischen Streuungen bzw. zu einer starken Vorwärtsstreuung. Das von der Photozelle empfangene Licht-

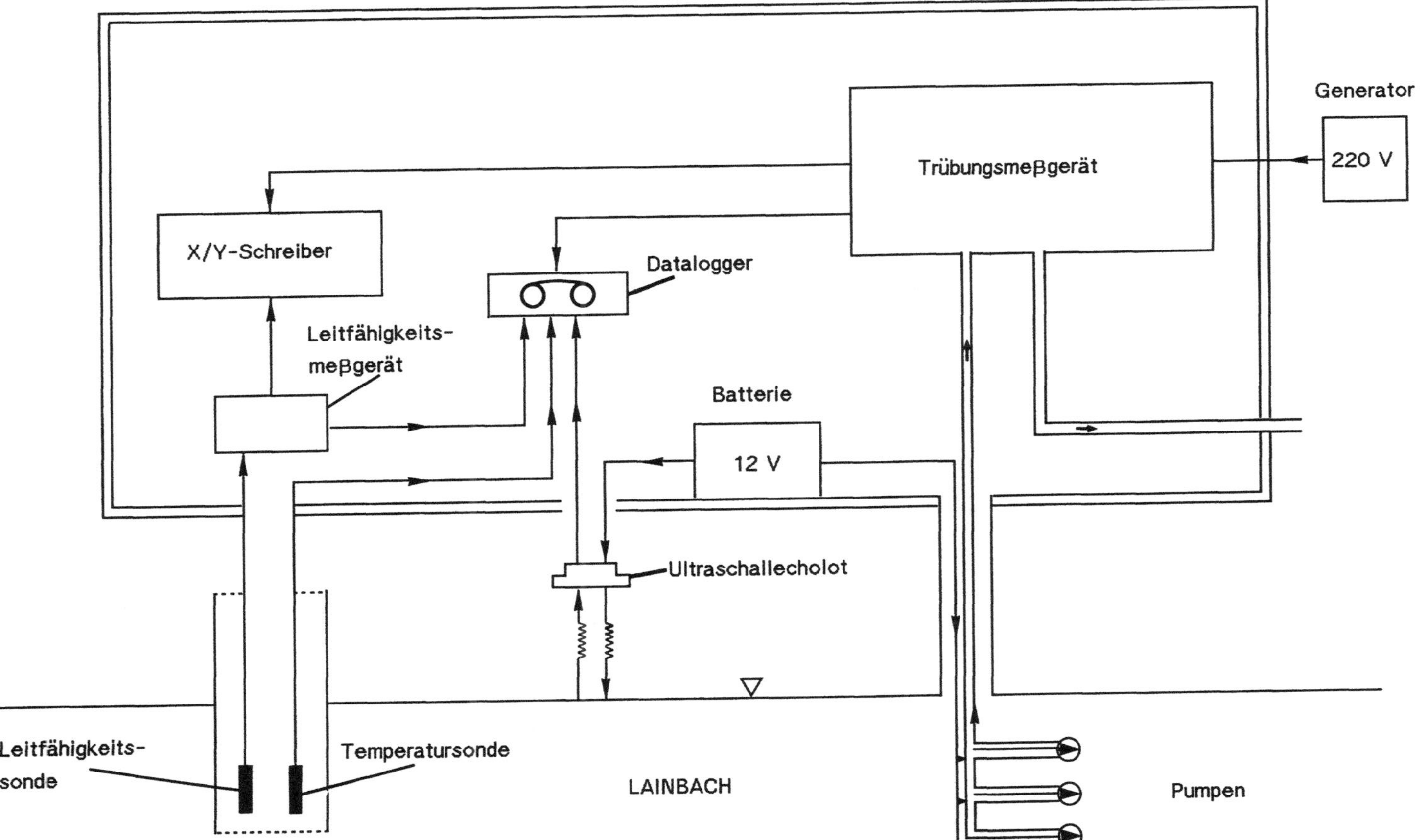

Abb. 2. Schematische Skizze der Meßanordnung

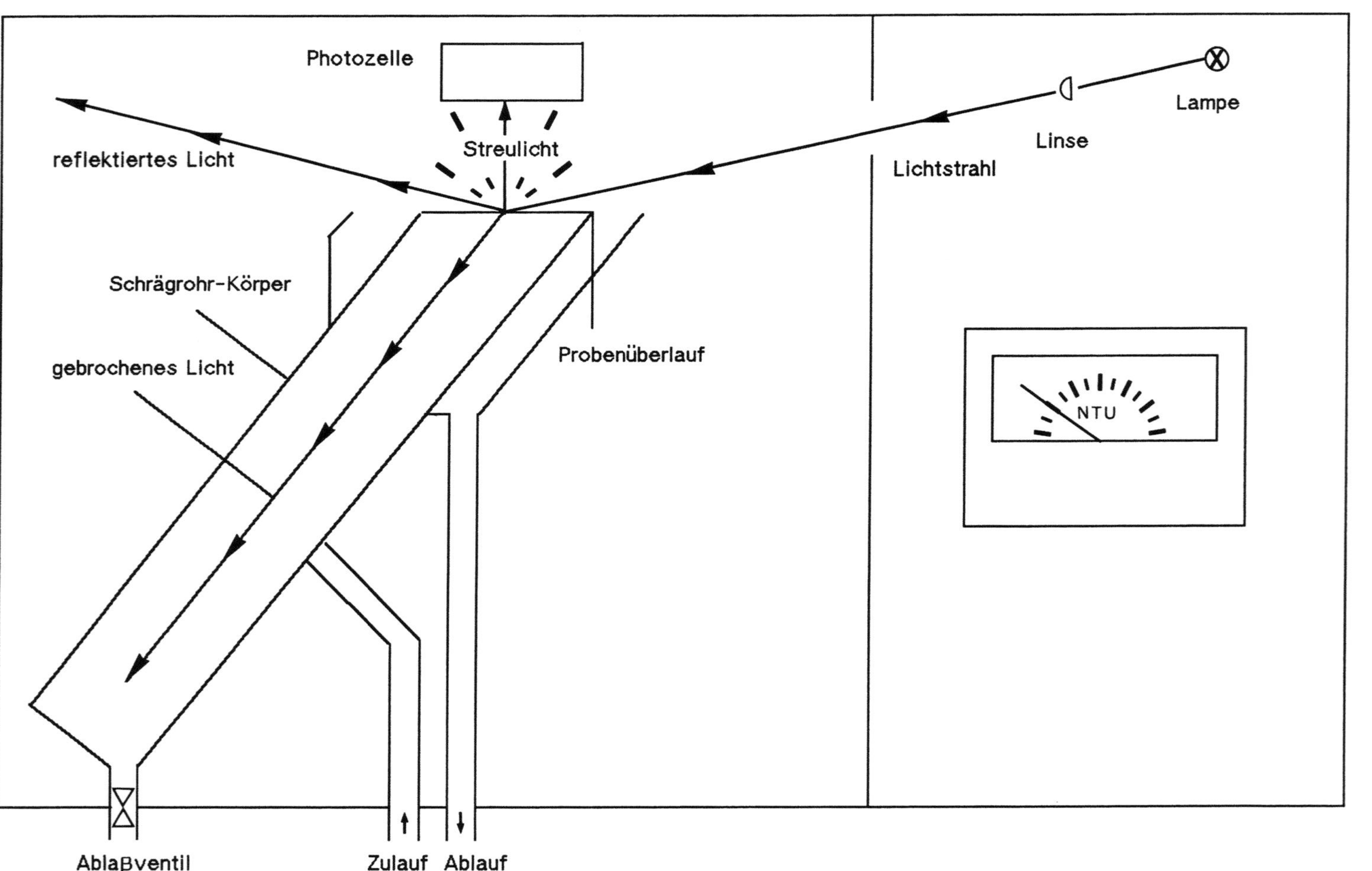

Abb. 2. Funktionsskizze des Trübungsmeßgerätes SURFACE SCATTER 5 (nach der Gebrauchsanweisung der Fa. Hach)

signal wird geräteintern in mV umgewandelt. Diese Spannung kann an einem Ausgang von einem Datalogger oder Schreibgerät aufgezeichnet werden.

Auf der Vorderseite des Trübungsmeßgerätes befindet sich eine Analoganzeige in NTU-Einheiten (nephelometric turbidity units), die auf der international üblichen Standardkalibrierung mit Formazinlösung beruhen. Eine Kalibrierplatte mit definierten Trübungseinheiten ermöglicht eine unkomplizierte Kontrolle des Gerätes. Die Kalibrierung mV-NTU ist unschwer über den Vergleich von Analoganzeige und mV-Eingängen am Datalogger und Schreiber möglich. Der Meßbereich des Gerätes ist durch die Möglichkeit zur 5-Stufen-Umschaltung von 1−10 bis 1−5000 NTU umfangreich und exakt. Am unteren Ende des Schrägrohrkörpers befindet sich ein Ablaßventil, an dem am besten ein durchsichtiger Schlauch angebracht wird, der von Zeit zu Zeit von Sediment zu befreien ist.

Bis auf die gelegentliche Säuberung des Schrägrohrkörpers sowie die Justierung und Nullpunkteinstellung bei Neuinstallation ist das Trübungsmeßgerät wartungsfrei.

5 Probennahme und Laboranalyse

Die Schwebstoffentnahme erfolgte am Ort der Pumpeninstallation als vertikalintegrierende Probennahme mit 1-Liter-Weithalsflaschen. Die Flaschen wurden ständig im selben Rhythmus von Hand bis knapp über die Sohle abgetaucht, wodurch die beste Möglichkeit für eine spätere Extrapolation auf die Gesamtfracht gegeben schien. Darüberhinaus wurden Proben aus dem Ablaßschlauch des Trübungsgerätes genommen.

Zur Überprüfung der Repräsentativität unserer Vertikalmessungen erfolgten Vielpunktmessungen. Hierzu diente eine Stange, an der drei Weithalsflaschen befestigt waren, deren selbstschließende Klappen im Wasser gleichzeitig mit Hilfe eines Seilzuges geöffnet werden konnten (Abb. 4).

Die Schwebstoffproben wurden, orientiert an den DVWK-Richtlinien (DVWK 1986), im Labor auf Gesamtschwebstoffkonzentration, Anteil an organischer Substanz, Lösungsrückstand und teilweise granulometrische Zusammensetzung hin untersucht. Im Sommer 1988 erfolgte die Filtration der Proben mit Blaubandfiltern der Fa. Schleicher und Schüll (589^3). Die Filter wurden eine Stunde bei 105 °C im Trockenschrank getrocknet und ihr Leergewicht bestimmt. Nach der Filtrierung mit einer Wasserstrahlunterdruckpumpe wurden sie noch einmal eine Stunde getrocknet und wieder gewogen. Über die Differenz konnte die Gesamtschwebstoffkonzentration ermittelt werden, die dann auf das Volumen der Probe zu beziehen war. Nach der Veraschung der Filter bei 550 °C im Muffelofen konnte der Anteil an organischer Substanz über den Glührückstand bestimmt werden. Das filtrierte Wasser wurde verdampft und der Lösungsrückstand ermittelt.

Im Jahr darauf wurden die Labormethoden erheblich durch eine Druckfiltrationsanlage mit Kleinkompressor verbessert. Damit konnten die Proben ohne hohen Wasserverbrauch wesentlich schneller filtriert werden. Da das

Abb. 4. Vielpunktprobennehmer (Foto D. Bley)

Schwergewicht nun auf der Untersuchung der Korngrößenverteilung lag, wurden Membranfilter mit einer Porengröße von 0.2 µm verwendet (vgl. Kap. 4), von denen das Substrat wieder abgenommen und für die Korngrößenanalyse aufbereitet werden konnte.

6 Meßergenisse

Nachdem festgestellt werden konnte, daß die Ganglinien von Trübung und Schwebstoffkonzentration über den gesamten Meßzeitraum synchron verlaufen (vgl. Abb. 5), wurden die beiden Größen (125 Wertepaare) in einer Korrelationsanalyse einander gegenübergestellt.

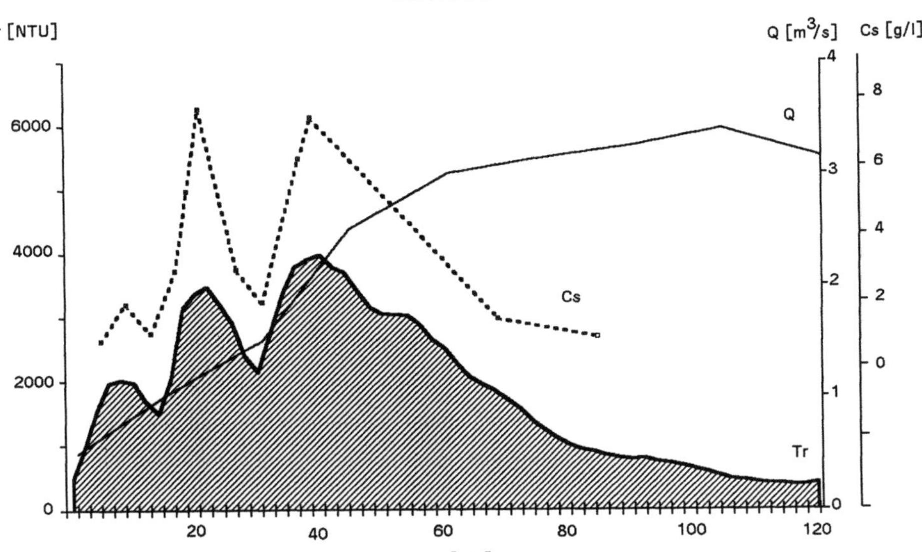

Abb. 5. Der Gang von Trübung (Tr: [NTU]), Schwebstoffkonzentration (Cs: [g/l]) und Abflußmenge (Q: [m³/s]) während des Hochwassers vom 18.7.1989

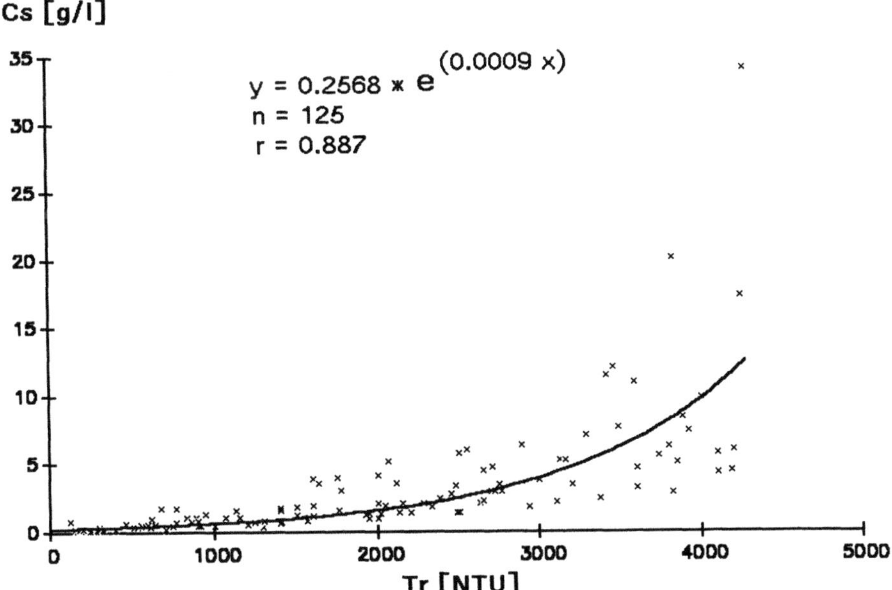

Abb. 6. Die Beziehung zwischen Trübung (Tr: [NTU]) und Schwebstoffkonzentration (Cs: [g/l]) für die Gesamtpopulation (125 Wertepaare)

Beim Vergleich der Schwebstoffkonzentrationen mit den entsprechenden Trübungswerten zeigte sich eine Scharung der Wertepaare um eine Exponentialfunktion (Abb. 6). Mit einem Korrelationskoeffizient von r = 0,887 ist die Beziehung zwischen den beiden Größen zwar signifikant, doch weichen die durch die Trübung vorhergesagten Schwebstoffgehalte um bis zu 21,55 g/l von den tatsächlichen Schwebstoffkonzentrationen ab. Die absoluten Differenzen werden mit zunehmender Trübung größer. Der relative Unterschied bleibt gleich.

Nachdem bei der zusammenfassenden Betrachtung aller Werte aus 13 Hochwasserereignissen (1988 und 1989) nur unbefriedigende Ergebnisse erzielt wurden, schloß sich im nächsten Schritt die gesonderte Untersuchung von einzelnen Hochwässern an (Abb. 7). Auf der Basis von Einzelereignissen ergab sich ein hoch signifikanter Zusammenhang Trübung-Schwebstoffkonzentration (Schmidt et al. 1989). Bei Ereignissen mit Schwebstoffkonzentrationen über 8 g/l zeigte sich eine bessere Annäherung mit Hilfe einer Exponentialfunktion als durch lineare Regression. Das bedeutet, daß die spezifische Trübung (Trübung/Schwebstoffkonzentration) bei höheren Konzentrationen abnimmt. Diese Tatsache ist vermutlich auf Absorption und den Effekt des „multiple scattering" (Van de Hulst 1981) zurückzuführen und läßt sich u. a. damit erklären, daß bei vielen Partikeln nicht mehr jedes einzelne vom Primärstrahl erreicht wird. Wie Abb. 8 zeigt, lassen sich die Streuungen in Abbildung 6 durch unterschiedliche Hochwasser erklären. Die Ereignisse unterscheiden sich in erster Linie durch die maximal erreichte Niederschlagsintensität, sowie durch den Maximalabfluß. Diese beiden Faktoren dürften für den Transport

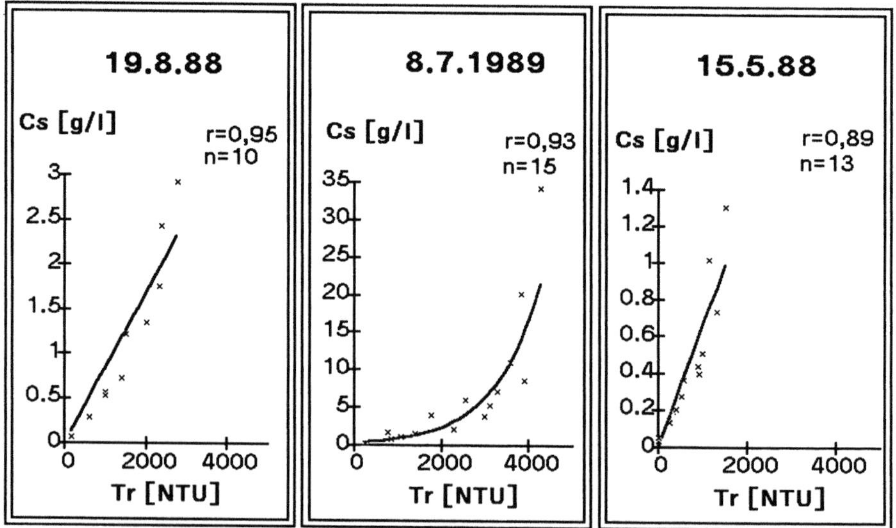

Abb. 7. Die Beziehung zwischen Trübung (Tr: [NTU]) und Schwebstoffkonzentration (Cs: [g/l]) für die Hochwasserereignisse vom 19.8.88, 8.7.89 und 15.5.88

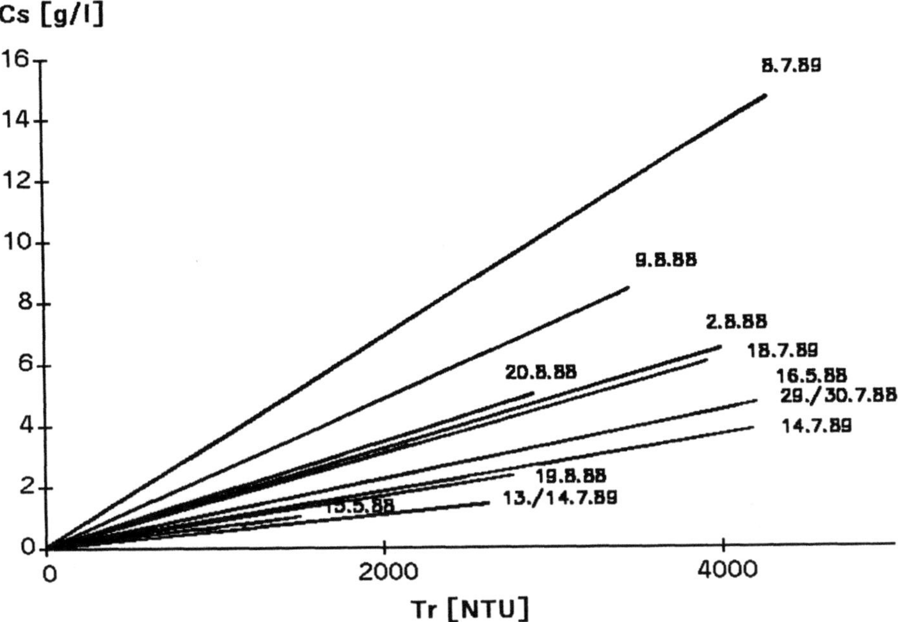

Abb. 8. Zusammenstellung der Eichfunktionen Trübung/Schwebstoffkonzentration für Einzelereignisse von 1988 und 1989 (lineare Regression)

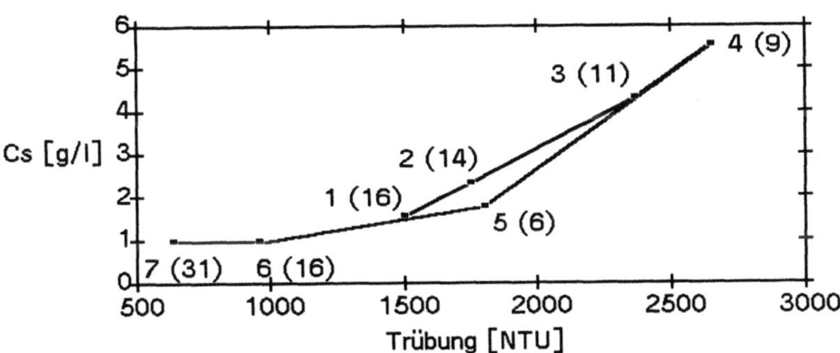

Abb. 9. Die Veränderung der Beziehung Trübung/Schwebstoffkonzentration im Verlauf des Hochwasserereignisses vom 17.7.1991. Nummern beziehen sich auf die Reihenfolge der Schwebstoffentnahme. Werte in Klammern geben das arithmetische Mittel der Korngrößenverteilung [μm] der jeweiligen Schwebstoffproben an

von unterschiedlich grobem Material verantwortlich sein. Ferner konnte festgestellt werden, daß sich bestimmte Hochwasser bezüglich ihrer Steigung ähnlich verhalten und in Hochwassertypen (z. B. nach Schauern, Landregen, Starkniederschlags- und Hagelereignissen) klassifizieren lassen (Schmidt et al. 1992).

Bei der Analyse von Veränderungen der Beziehungen Trübung/Schwebstoffkonzentration im Verlauf der Einzelereignisse zeigten sich in der überwiegenden Mehrzahl aller Fälle (bei sämtlichen eingipfligen Ereignissen) relativ niedrigere Schwebstoffkonzentrationen in der zweiten Hälfte der Schwebstoffwellen, welche aufgrund einer entsprechenden Veränderung in der Körnung der Schwebstoffe (feines Material mit einer größeren streuenden Oberfläche bedingt im allgemeinen eine relativ stärkere Trübung) vermutlich primär auf Korngrößenveränderungen zurückzuführen sind (Abb. 9). Es ist daher für die Kalibrierung Trübung/Schwebstoffkonzentration in unserem Falle eine Differenzierung in steigenden und fallenden Ast der Schwebstoffwelle anzustreben. In einem weiteren Ansatz wurde eine differenzierte Kalibrierung für verschiedene Abflußmengenklassen (unterschieden nach steigendem und fallendem Abflußast) vorgenommen. Auch auf dieser Basis ließen sich sehr gute Korrelationen erzielen (Bley und Schmidt 1991).

7 Fehlerbetrachtung

Das Trübungsmeßgerät „Surface Scatter 5" ist im Gegensatz zu den meisten Durchlichtgeräten, welche in der Regel unmittelbar im Gewässer selbst installiert werden, vor beschädigenden Einflüssen durch Grobgeschiebe und Beeinträchtigungen der Meßwerte durch sich anlagerndes organisches Material sicher. Es besitzt allerdings den Nachteil, daß die Suspensa zuerst über eine gewisse Transportdistanz zum Trübungsmeßgerät zu befördern sind. Der Vergleich von Gewässerproben und Proben aus dem Auslauf des Trübungsmeßgerätes zeigte bei kleinen und mittleren Hochwasserereignissen vernachlässigbar geringe Unterschiede in den Schwebstoffgehalten. Bei extremen Hochwasserereignissen konnte allerdings beobachtet werden, daß sich einzelne, besonders grobe Partikel im Ablaßschlauch sammeln (vgl. Kap. 4), die die Überlaufkante des Schrägrohrkörpers vermutlich nicht erreichten und somit bei der Trübungsmessung unberücksichtigt blieben. Das hierdurch möglicherweise entstandene Fehlerpotential konnte bislang noch nicht quantifiziert werden. Es ist allerdings davon auszugehen, daß bei weniger hochenergetischen Gewässern und Abflußzuständen mit keiner Beeinträchtigung der Meßwerte zu rechnen ist.

Der Einsatz eines Trübungsmeßgerätes (bei begleitender gezielter Probennahme) bietet auch in Wildbächen die Möglichkeit, Fehlerquellen weit größerer Dimension auszuschalten, die bei herkömmlichen Methoden durch die Nichtbeachtung zeitlicher Variabilitäten im Schwebstoffgehalt bedingt sind.

Ein nicht zu vernachlässigender Fehler bei der Bestimmung der Schwebstofffracht ergibt sich bei den meisten gegenwärtig angewandten Methoden aus der Veränderung des Schwebstoffgehalts über den Fließquerschnitt. Beim Lainbach handelt es sich zwar um einen sehr turbulenten Wildbach, doch mußte auch hier festgestellt werden, daß Einpunktmessungen nicht als repräsentativ für den gesamten Gerinnequerschnitt herangezogen werden können. Es konnten Unterschiede von über 2 g/l bzw. 30% festgestellt werden (vgl. Abb. 10). Horizontale Veränderungen sind möglicherweise auf Unterschiede in der Beschaffenheit der Gerinnebettsohle bzw. Sekundärströmungen zurückzu-

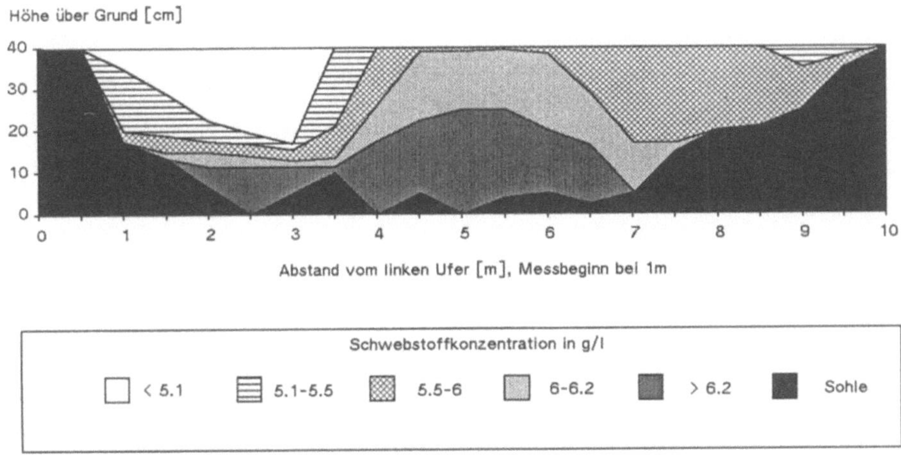

Abb. 10. Schwebstoffkonzentrationsverteilung im Gerinnequerschnitt bei einem Wasserstand von 40 cm

führen. Es werden mehrere Vielpunktprobenahmen zu verschiedenen Wasserständen nötig sein, um einen Korrekturfaktor in die Frachtberechnungen einbeziehen zu können.

8 Zusammenfassung

Die Anwendung der Trübungsmessung für die Bestimmung des Schwebstoffgehalts ist auch unter extremen Bedingungen möglich. Sie stellt eine Verbesserung und Vereinfachung der herkömmlichen Methoden dar. Auf Ereignisbasis und unter Bildung von Abflußmengenklassen ergeben sich hochsignifikante Beziehungen zwischen Trübung und Schwebstoffkonzentration. Beim Vergleich der Anwendung der Trübungsmessung (Ansatz auf Ereignisbasis mit verschiedenen Eichfunktionen für die jeweiligen Äste der Schwebstoffwellen) mit der Methode einer hochfrequenten Beprobung in 1/4-stündigen Zeitintervallen zeigten sich beim Ereignis vom 18.7.1989, bei dem die Schwebstoffwelle nur ungefähr 1 1/2 Stunden andauerte, bereits ein Unterschied in der ermittelten Fracht von 7 t (ca. 20%).

Die Trübungsmessung bietet die Möglichkeit, den Schwebstoffgang zu beobachten und zu beurteilen, wann der geeignete Zeitpunkt für eine Beprobung ist. So bietet z. B. die Kopplung definierter Trübungssignale mit der Aktivierung eines automatischen Probennehmers (Truhlar 1978) die Möglichkeit zu verbesserter Konzentrationsbestimmung, bzw. zur kontinuierlichen Aufzeichnung des Schwebstoffgehaltes, ohne daß sich jemand vor Ort befinden muß. Für die Bestimmung des Suspensionsgehaltes aus der Trübungsaufzeichnung unter Verzicht jeglicher Beprobung bietet sich eine Kalibrierung unter Bildung von Abflußmengen- und Ereignisklassen an (Bley 1990, unveröffentlicht). Veränderungen in der Beziehung zwischen Trübung und Schwebstoffgehalt erlauben möglicherweise Rückschlüsse auf Veränderungen in der Materialbeschaffenheit. Die inhomogene Schwebstoffkonzentrationsverteilung im Gerinnequerschnitt erfordert Vielpunktmessungen oder die Anwendung theoretischer Modelle zur Konzentrationsverteilung, auch in turbulenten Gewässern wie dem Lainbach.

Literatur

Bley D, Schmidt KH (1991) Die Bestimmung von repräsentativen Schwebstoffkonzentrationsgängen – Erfahrungen aus dem Lainbachgebiet/Oberbayern. Freib Geogr Hefte 33:121–129

Campbell FB, Bauder HA (1940) A rating curve method for determining silt-discharge of streams. Trans Am Geophys Union 21:284–305

DVWK (1986) Schwebstoffmessungen. DVWK – Regeln zur Wasserwirtschaft 125. Parey, Hamburg

Engelsing H, Nippes KR (1979) Untersuchungen zur Schwebstofführung der Dreisam. Ber Naturf Ges Freib i Br 69:2–29

Engelsing H, Nippes KR (1983) Erfassung von Schwebstofftransporten in Mittelgebirgsflüssen. Geoökodynamik 4:105–124

Gippel JC (1989) The use of turbidity instruments to measure stream water suspended sediment concentration. Monograph Series 4. Department of Geogr. and Oceanogr., University of New South Wales, Campbell

Olive LJ, Rieger WA (1988) An examination on the role of sampling strategies in the study of suspended sediment transport. In: IAHS Publ 174 Sediment Budgets. Wallingford, IAHS Press, pp 159–267

Reinemann L, Schemmer H, Tippner M (1982) Trübungsmessungen zur Bestimmung des Feststoffgehalts. DGM 26:167–174

Schmidt KH, Bley D, Busskamp R, Gintz D (1989) Die Verwendung von Trübungsmessung, Eisentracern und Radiogeschieben bei der Erfassung des Feststofftransports im Lainbach, Oberbayern. Gött Geogr Abh 86:123–135

Schmidt KH, Bley D, Busskamp R, Ergenzinger P, Gintz D (1992) Feststofftransport und Flußbettdynamik in Wildbachsystemen – Das Beispiel des Lainbachs in Oberbayern. Die Erde 123:17–28

Truhlar JF (1978) Determining suspended sediment loads from turbidity records. Hydr Sci Bull 23:409–417

Van de Hulst HC (1981) Light scattering by small particles. Dover Publ, New York

Walling DE (1977) Limitations of the rating curve technique for estimating suspended sediment loads, with particular reference to British rivers. In: IAHS Publ 122. Erosion and solid matter transport in inland waters. Adlard, Dorking, Surrey, pp 34–48

8 Sohlrauhigkeit und Flußbettgeometrie
in einem Wildbach (Lainbach/Oberbayern)

Robert Jüpner und Peter Ergenzinger

1 Einführung

Zur Beschreibung der hydrodynamischen Bedingungen eines Flusses ist die genaue Kenntnis der Gerinnegeometrie und der Rauhigkeit des Flußbettes erforderlich. Zwischen Flußbettgeometrie und Sohlrauhigkeit bestehen vielfältige Wechselbeziehungen. Der Fluß paßt sich den wechselnden Abflußmengen z. B. durch eine Erhöhung des Wasserspiegelgefälles und der Fließgeschwindigkeit an; die wechselnden energetischen Bedingungen führen so zu einer ständigen Veränderung der Flußsohle.

Viele wichtige hydraulische Parameter, wie zum Beispiel Abflußtiefe, Geschwindigkeitsprofil oder die Gefälleverhältnisse, sind wesentlich von der Sohlrauhigkeit beeinflußt. Während die Probleme der Rauhigkeitsbestimmung von Rohren als gelöst betrachtet werden können, gibt es für die Beschreibung von Sohlrauhigkeiten natürlicher Gewässer, insbesondere von Flußbetten aus Grobmaterial wie steilen Wildbächen, nur unbefriedigende Lösungsvorschläge.

2 Meßansätze

In den letzten Jahren wurden eine Vielzahl von Untersuchungen zu diesem Themenkreis durchgeführt (u. a.: Hey 1979; Bathurst 1985; Robert 1990, Whiting und Dietrich 1990), eine allgemeine Beschreibung der Rauhigkeitsverhältnisse ist aber nicht gelungen. Die extrem unterschiedlichen Flußbettformen (z. B. Kiesbänke, große Steinblöcke) machen die Erfassung der Rauhigkeit durch einen für den ganzen Fluß repräsentativen Wert unmöglich. Vielfach wurde versucht, das Flußbett in Bereiche ähnlicher Rauhigkeitsverhältnisse aufzuteilen, um die Rauhigkeit als Summe von Teilrauhigkeiten zu erfassen. Auch bei diesem Ansatz liegt die größte Schwierigkeit in der Bestimmung des jeweils repräsentativen Korngrößenparameters D_x für die Teilbereiche.

Unzulänglichkeiten der Beschreibung der Sohlrauhigkeit durch einen repräsentativen Korngrößenparameter D_x sind seit mehreren Jahrzehnten bekannt. Vertreter der „Züricher Schule" (u. a. H. A. Einstein, E. Meyer-Peter und R. Müller) versuchten schon in den dreißiger Jahren eine Unterteilung der Sohlrauhigkeit in einen Betrag infolge der Kornrauhigkeit und der Formrauhigkeit. Dieser Ansatz wurde in späteren Untersuchungen weiterentwickelt (z. B. Leopold 1964 et al.). Bei steilen Wildbächen zeigt die Verwendung dieses Verfahrens jedoch nur ungenügende Ergebnisse, da besonders die größeren Kornfraktionen in ihrer Wirkung nicht eindeutig als Formrauhigkeit oder Kornrauhigkeit zuzuordnen sind. Typische Mikroformen der Flußsohle, wie sie bei Flüssen mit Sand- und Kiessohlen zu beobachten sind (Dünen, Rippel), sind bei Wildbächen nicht vorhanden.

Messungen an grobgeschiebeführenden Flüssen zeigen, daß sich bei Sedimenttransport im Hochwasserfall zudem die Zusammensetzung des Korngrößenspektrums (Bunte 1990, 1992) ändert. Somit ändern sich während des Hochwassers auch die Korngrößenverteilungen der Deckschichten der Sohlen und damit die Rauhigkeiten. Zur Erfassung dieser dynamischen Prozesse muß die Rauhigkeit als veränderliche Größe gemessen werden. Die Verwendung einer maßgeblichen Korngröße ist deshalb zur Charakterisierung der Rauhigkeit in einem Flußquerprofil nicht ausreichend.

Beim Durchgang einer Hochwasserwelle ist wegen der hohen Schwebstoffkonzentration das Wasser stark getrübt. Visuelle oder photographische Bestimmungen von Rauhigkeitsvariationen durch Änderungen der oberflächlichen Partikel sind unmöglich. Die Ermittlung repräsentativer Korngrößenparameter, wie D_{50} oder D_{84}, ist nicht durchführbar. Speziell unter diesen unstetigen Bedingungen werden Beobachtungen und Messungen der Veränderungen der Flußbettgeometrie und Sohlrauhigkeit dringend benötigt. Eine erfolgversprechende einfache Meßmethode zur Bestimmung beider Parameter sind mikromorphologische Aufnahmen in einem Querprofil nach dem von Ergenzinger entwickelten Konzept des „Tausendfüßlers" (vgl. Ergenzinger und Stüve 1989). Das Konzept wurde im Mai 1988 am Squaw Creek in Montana/USA das erste Mal erprobt und am Lainbach in Oberbayern im Rahmen des von der Deutschen Forschungsgemeinschaft unterstützten Projektes „Grobgeschiebetransport und Flußbettanpassung" weiterentwickelt.

3 Das Meßverfahren „Tausendfüßler"

Das Prinzip des Tausendfüßlers besteht darin, die Sohlverhältnisse durch eine dichte Folge von Lotungen aufzunehmen (s. Abb. 1). Dazu wird ein Plastikrohr mit 15 cm Durchmesser und vertikalen Bohrungen im Abstand von 10 cm horizontal über dem Fluß eingebaut. Mit Hilfe einer Peilstange werden die Differenzen zwischen Flußsohle und dem horizontalen Rohr gemessen. Durch die Messungen ist das Querprofil unterhalb des Tausendfüßlers bestimmt; die Rauhigkeit läßt sich durch gemessene Höhendifferenzen zwischen den Meßpunkten erfassen. An einem grobkörnigen Flußbett kann beispielsweise mit Hilfe der gleitenden Höhendifferenz über 30 cm, d. h. der maximale Höhenunterschied zwischen drei Lotungen, eine Maßzahl k_3 für die Sohlrauhigkeit bestimmt werden. Durch diese Methode können Rauhigkeiten und Flußbettgeometrien bzw. deren Veränderungen auch beim Durchgang einer Hochwasserwelle erfaßt werden (siehe Abb. 2).

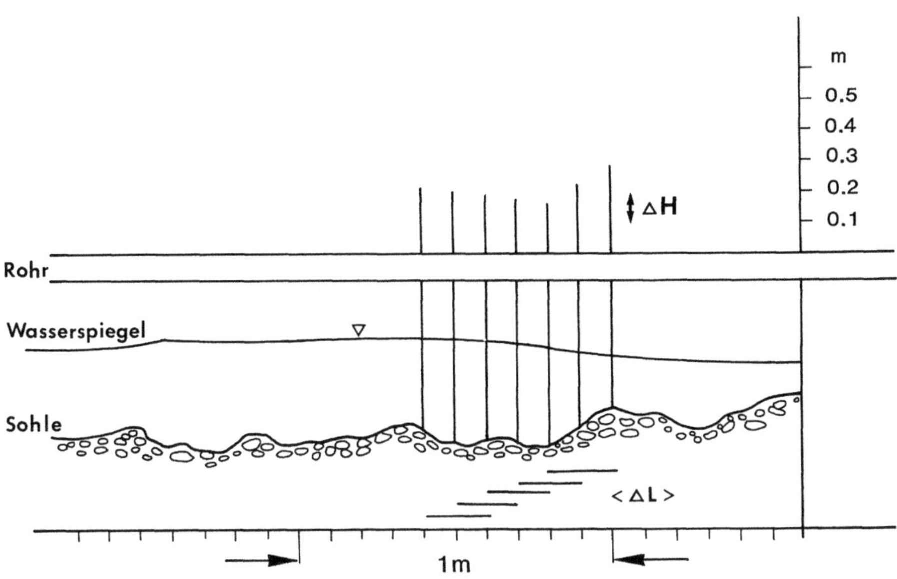

Gleitende Höhendifferenz über 3 Dezimeter $k_3 = \Delta H$ (cm)

Abb. 1. Meßanordnung des Tausendfüßlers am Lainbach

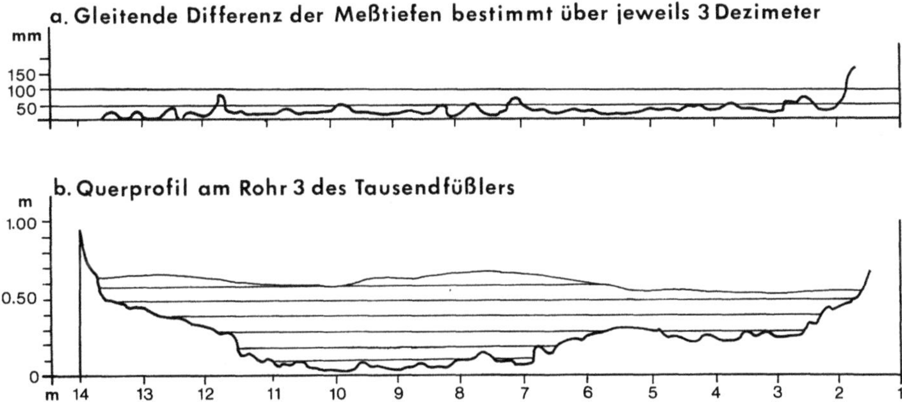

Abb. 2. Querprofil und Rauhigkeitshöhen für den Lainbach um Mitternacht 29.–30.7.1988

4 Erfahrungen und Ergebnisse

Der Tausendfüßler wurde bisher im Sommer 1988, 1989 und 1991 am Lainbach eingesetzt. Dabei wurden kleine bis mittlere Hochwässer erfaßt. Schon die bisher vorliegenden Ergebnisse (u. a. Ergenzinger 1992) belegen, daß mit Hilfe des Tausendfüßlers Veränderungen der Sohlrauhigkeit und der Flußbettgeometrie während des Durchgangs einer Hochwasserwelle beschrieben wer-

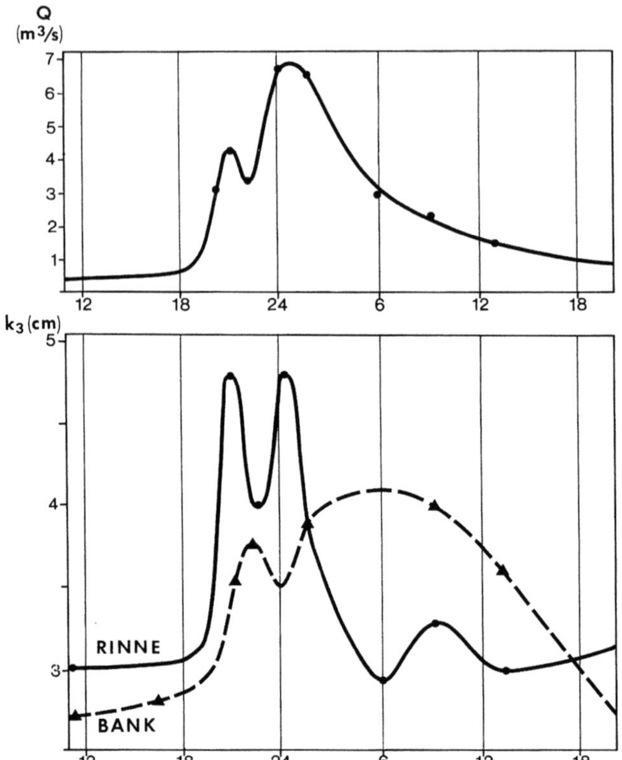

Abb. 3. Hochwasserwelle und Rauhigkeitshöhen vom 29.–30. 7. 1988

den können. So konnte durch parallele Messung des Wasserspiegels in einem Querprofil bei mittlerem Hochwasser eine Aufhöhung des Wasserspiegels in der Flußmitte von mehr als 10 cm gegenüber dem Rand infolge des Quergefälles festgestellt werden.

Durch die Erfassung der Rauhigkeit mit Hilfe von k_3-Werten kann das unterschiedliche Verhalten verschiedener Flußbereiche (z. B. Flußrinne, Schotterbank) detaillierter aufgenommen werden (siehe Abb. 3). Vergleiche mit anderen Rauhigkeitswerten, wie z. B. der Darcy-Weißbach Rauhigkeit, zeigen eine ähnliche Tendenz: bei steigendem Abfluß erhöht sich die Rauhigkeit der Flußsohle, nähert sich jedoch einem bestimmten Wert an.

Die am Lainbach auftretenden Fehler resultieren vorrangig aus der Schwierigkeit, ohne Meßsteg während des Hochwassers eine exakte Messung aufzunehmen. Geschiebetrieb, Wellenbildung und nicht zuletzt der Messende selbst beeinflussen die Lotung am Tausendfüßler. Zur Bestimmung der abflußspezifischen Rauhigkeit werden Mittelwerte für Flußrinne, Kiesbank bzw. den gesamten Querschnitt berechnet. Die derart errechneten k_3-Werte sind aus einer Vielzahl von Messungen gewonnen, einzelne Fehler lassen sich so relativieren.

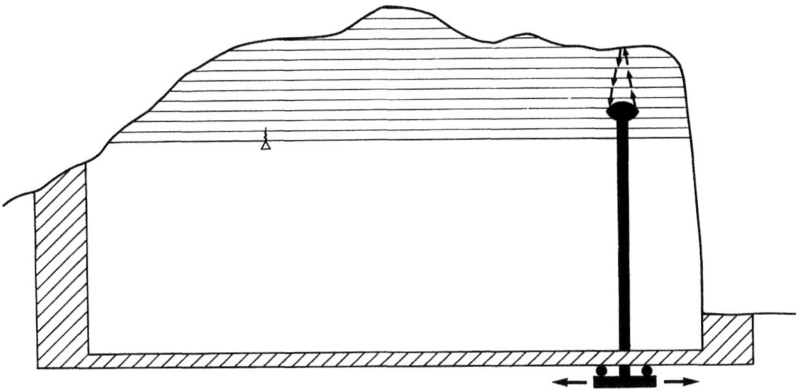

Abb. 4. Geplanter Einsatz des Flachwasserechographen auf einem Meßsteg

5 Weiterentwicklung

Nachteilig bei dieser Meßmethode ist, daß die Querprofilaufnahme eines Flusses von 14 m Breite, 140 Lotungen erfordert. Zusammen mit begleitenden Geschwindigkeitsmessungen sind dafür drei Personen etwa 45 Minuten beschäftigt. Der Zeitaufwand ist zu groß, wenn beispielsweise die Hochwasserwelle einen sehr steilen Verlauf nimmt. Außerdem kann bei einer Lotung im Flußbett die Sohle durch die Meßpersonen beeinflußt werden. Um die Lotungen zu beschleunigen und um die Einflüsse bei der Arbeit auf der Flußsohle zu beseitigen, wurden im Sommer 1989 am Lainbach zwei begehbare Stege eingebaut. Ferner ist geplant, die Messungen durch Einsatz eines Echographen weiter zu verbessern. Ein spezieller Flachwasser-Echograph (Fa. Fahrentholz – Kiel) soll am Meßsteg auf einer Schiene fahrbar angeordnet werden, um im Querprofil des Flusses die Sohlgeometrie kontinuierlich zu messen (Abb. 4). Mit dieser Methode wird eine genauere und zeitlich höher aufgelöste Messung von Flußbettgeometrie und Sohlrauhigkeiten ermöglicht.

Literatur

Bathurst JC (1985) Flow resistance estimation in mountain rivers. J Hydraul Engin ASCE 111; 4, 1985:625–643
Bunte K (1990) Experiences and results from using a big-frame bed load sampler for coarse material bed load. In: Lang H, Musy A (eds) Hydrology in mountainous regions, vol I. IAHS Publ 193. IAHS Press Walling ford, pp 223–230
Bunte K (1992) Counting instead of weighing: grainz-size composition of coarse material bedload in a mountain stream expressed in particle number transport rates. In: Billi P, Hey RD, Thorne CR, Tacconi P (eds) Gravel-bed rivers. Wiley, Chichester, pp 55–68
Ergenzinger P (1992) River bed adjustments in a step-pool system (Lainbach, Upper Bavaria). In: Billi P, Hey RD, Thorne CR, Tacconi P (ed) Gravel-bed rivers. Wiley, Chichester, pp 415–429

Ergenzinger P, Stüve P (1989) Räumliche und zeitliche Variabilität der Fließwiderstände in einem Wildbach: Der Lainbach in Benediktbeuern. Gött Geogr Abh 86:61−79

Hey RD (1979) Flow resistance in gravel-bed rivers. J Hydraul Div ASCE 105; HY4, Proc Pap 4500:365−379

Leopold LP, Wolman MG, Miller JP (1964) Fluvial processes in geomorphology. Freeman, San Francisco

Robert A (1990) Boundary roughness in coarse-grained channels. Prog Phys Geogr 14/1:42−70

Whiting PJ, Dietrich WE (1990) Boundary shear stress and roughness over mobile alluvial beds. J Hydraul Engin ASCE 116; 12:1495−1511

9 Geschiebefrachterfassung
mit Hilfe von Tracern in einem Wildbach (Lainbach, Oberbayern)

Ralf Bußkamp und Dorothea Gintz

1 Einleitung

Die Mechanismen des Geschiebetransportes sind noch weitgehend ungeklärt. Einer der Gründe besteht sicherlich darin, daß sich der Transportvorgang dem menschlichen Auge entzieht. Durch Suspensionsstoffe getrübte Gewässer verwehren den Blick auf die Vorgänge der Erosion, des Transports und der Deposition von Sedimenten an der Gewässersohle.

Zur Simulation natürlicher Bedingungen erweisen sich Experimente im Laborgerinne als problematisch. Nicht alle die Transportprozesse beeinflussenden Parameter sind bekannt und meßbar. Es gibt bisher nur sehr unbefriedigende Erkenntnisse über das Zusammenwirken der Einflußfaktoren Korngröße, Kornform, Sohlmaterialzusammensetzung, hydraulische Bedingungen usw. Das dynamische Verhalten des Abflusses und der Gewässersohle erschwert die Erfassung der effektiven Randbedingungen während des Transportgeschehens. Da sich insbesondere der Grobgeschiebetransport im Labor nicht naturgetreu im Maßstab 1 : 1 simulieren läßt, müssen die Ergebnisse aus Laborexperimenten unter Vorbehalt interpretiert werden. Sie können die Erkenntnisse aus Naturmessungen zwar stützen, sie jedoch nicht ersetzen.

Besondere Bedeutung zur Erfassung des Geschiebetransportes in natürlichen Gerinnen gewinnt somit der Einsatz von innovativen Meßtechniken. Über die klassischen Meßmethoden zur Erfassung des Geschiebetransportes mit Fanggeräten (z. B.: Mühlhofer- od. Helley-Smith-Fangkorb) hinaus sind hier insbesondere die Tracertechniken zu nennen. Informationen über das Transportverhalten individueller Geschiebeexemplare lassen sich mittels sogenannter „passiver" Markierungsobjekte wie Eisen-, Magnet- und radioaktiven Tracern gewinnen (Bunte und Ergenzinger 1990; Gintz 1990; Gintz und Schmidt 1991). Sie geben Aufschluß über die Transportweiten, die Transportselektion und die Transportwahrscheinlichkeit in Abhängigkeit von den Geschiebeeigenschaften und der Gerinnemorphologie. Als vorteilhaft erweisen sich die geringen Kosten dieser Tracermethoden. Durch den Einsatz großer Individuenzahlen gelangt man schnell zu einem statistisch auswertbaren Stichprobenumfang.

Weitergehende Einsichten in die Prozesse des Grobgeschiebetransportes lassen sich mit „aktiven" Tracern erzielen. Dieses Meßprinzip ist durch die Entwicklung des Tracersystems PETSY (*Pebble Transmitter System*) realisiert worden. PETSY wurde von der Arbeitsgruppe Ergenzinger/Schmidt entwickelt und getestet (Ergenzinger et al. 1989). Unabhängig von dieser Entwicklung wurde zur selben Zeit durch die Arbeitsgruppe Emmett vom U. S. Geological Survey ein ähnliches Meßsystem vorgestellt (Chacho et al. 1989).

PETSY ermöglicht es, die Position einzelner Testgeschiebe während des laufenden Transportvorgangs zu erfassen. Durch diese hoch aufgelösten Informationen über die Geschiebebewegungen lassen sich unter anderem Gesetzmäßigkeiten im Transportverhalten der Grobgeschiebe bestimmen (Busskamp und Ergenzinger 1991).

Passive wie auch aktive Tracer konnten in den Jahren 1988 und 1989 im Rahmem des von der Deutschen Forschungsgemeinschaft (DFG) geförderten Teilprojektes „Geschiebetransport und Flußbettdynamik im Lainbachgebiet" eingesetzt und erprobt werden. Das Projekt der Arbeitsgruppe Ergenzinger/Schmidt (Berlin) ist ein Teil des Schwerpunktprogramms zur „Fluvialen Geomorphodynamik im jüngeren Quartär". Im folgenden werden die verschiedenen Tracertechniken vorgestellt, um die problemgerechte Auswahl einer Meßtechnik zu erleichtern.

2 Die Tracertechniken mit „passiven" Tracern

Die Geschiebetracer werden bei Niedrigwasserabfluß an ausgewählten Gerinneabschnitten in die Sohle eingebettet. Um einem Transportvorteil der Tracer während eines Hochwasserereignisses gegenüber dem natürlich abgelagerten Material entgegenzuwirken, werden die markierten Steine gegen das Sohlmaterial ausgetauscht. Nach einem Hochwasserereignis werden die Tracer relokalisiert.

Bei dem Einsatz von gefärbten natürlichen Geschieben wird die Gerinnesohle nach einem Hochwasserereignis optisch nach den sedimentierten Tracern abgesucht. Da ein Teil der Farbtracer sich nach einem Hochwasser im Sedimentkörper befindet, sind die Wiederfindraten oft gering (< 50 %) (vgl. Hassan et al. 1984). Durch die Abrasion der Gesteinsmarkierung wird die Identifizierung der transportierten Tracer erschwert. Als vorteilhaft erweisen sich jedoch die geringen Materialkosten sowie die schnelle Versuchsvorbereitung dieser Methode.

Eine deutliche Erhöhung der Wiederfindraten (nahe 100 %) ist durch den Einsatz von Metall- oder Magnettracern zu erreichen. Zur Herstellung dieser Tracer werden natürliche Geschiebe aufgebohrt. In das Bohrloch wird das Tracermaterial eingesetzt. Die so markierten Geschiebe lassen sich mit den entsprechenden Detektoren lokalisieren. Diese Technik ermöglicht es, auch tief im Sediment abgelagerte Tracer zu orten. Eine zusätzliche Farbmarkierung der Tracer erleichtert die Suche, da die Tracer sich dann besser von dem Sohlmaterial unterscheiden lassen.

2.1 Meßprinzip der Detektoren

2.1.1 Metalldetektor

Der Metalldetektor arbeitet nach dem faradayischen Induktionsprinzip. Das elektromagnetische Feld um eine Detektorspule wird durch den Kontakt mit Metall gestört. Durch diese Störung wird eine Spannung induziert, die in ein akustisches Signal umgewandelt wird. Die Geräusche fließenden Wassers beeinträchtigen die Wahrnehmung der Signale. Aus diesem Grund empfiehlt sich die Verwendung von Kopfhörern. Die Metalltracermethode führt jedoch oft zu zeitaufwendigen Fehlgrabungen. Die handelsüblichen Metalldetektoren reagieren auf alle Arten von Metallen, daher ist die Anzeige von Drähten, Nägeln, Kabeln, Kronenkorken u. ä. nicht auszuschließen. Bei einigen Geräten ist es möglich, deren Empfindlichkeit zu regulieren. In der Praxis hat sich dieses jedoch nicht bewährt, da sich die Anzeigetiefe für die Eisentracer erheblich verringert.

2.1.2 Magnetdetektor

Der Magnetdetektor (HELIFLUX SONDE, Preis ca. 3500 DM) reagiert auf das magnetische Feld eines ferromagnetischen Objektes. Das akustische Meßsignal wird durch die Differenz der Feldstärke eines magnetischen Feldes zwischen den beiden etwa 58 cm entfernten Sensoren des Detektorstabes ausge-

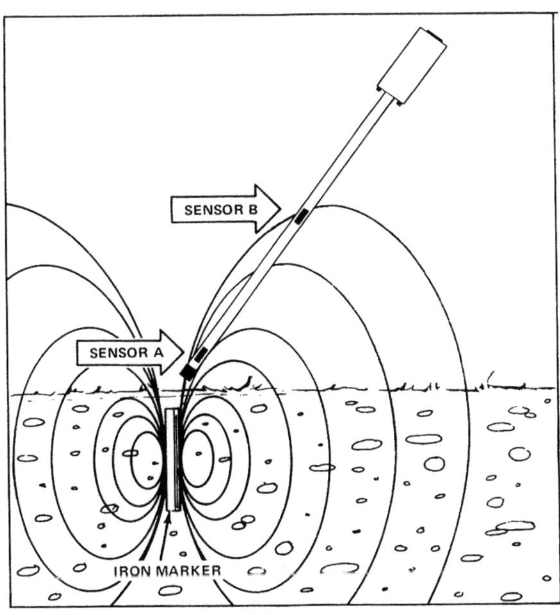

Abb. 1. Funktionsweise des Magnetdetektors Modell GA-52B nach Angaben des Herstellers (Schonstedt Instrument Company, Reston, Virginia 22090 USA)

löst. Wird ein ferromagnetisches Objekt lokalisiert, erhöht sich der Grundton des Gerätelautsprechers (Betriebsfrequenz: 40 Hertz). Abbildung 1 zeigt die Funktionsweise des Detektors.

Aufgrund der Vergleichsmessung können auch Magnetfeldstärken, die nur geringfügig größer sind als die natürliche Erdmagnetfeldstärke, erfaßt werden. Dadurch wird das Auffinden von tief (> 1 m) im Sediment befindlichen Magnettracern ermöglicht. Der Einsatz von Magnettracern hat den Vorteil, daß die Magnetdetektoren nur auf das magnetisch getracerte Geschiebe reagieren.

2.2 Herstellung von Geschiebetracern

2.2.1 Herstellung von Farbtracern

Natürliche Geschiebe werden mit Signalfarben markiert. Zur weiteren Differenzierung können die Geschiebe mit wasserfesten Farben numeriert werden.

2.2.2 Herstellung von Eisen- oder Magnettracern mit natürlichem Gesteinsmaterial

Geschiebe werden mit Eisen oder Magneten bestückt. Diese Methode erfordert eine aufwendigere Vorbereitung. In die ausgewählten Steine wird ein Loch gebohrt. Die Bohrung sollte einen etwas größeren Durchmesser als der Tracer aufweisen. Das Bohrloch wird mit dem gewünschten Tracermaterial ausgefüllt und mit einem Kleber fixiert. Um Unwuchten zu vermeiden, sollte die Bohrtiefe so gewählt werden, daß der Eisen- oder Magnetkern im Schwerpunkt des Geschiebes liegt. Das Anbohren der natürlichen Gesteine wirft je nach Gesteinsart und Korngröße erhebliche Probleme auf. Kalksteine sind nicht besonders geeignet, da sie der Belastung durch das Bohren selten standhalten. Generell ist die Erfolgsquote höher, je kleiner der Durchmesser des Bohrloches und je größer das zu markierende Geschiebe ist. Die kleinste verwendbare Korngröße bei dem Einsatz eines Tracers von $25 \cdot 4 \cdot 4$ mm liegt etwa bei 50 mm Siebgröße des Geschiebes.

2.2.3 Herstellung von künstlichen Tracern mit Eisen- oder Magnetkernen

Künstliche Geschiebe können z. B. aus Beton hergestellt werden. Ein Vorteil der künstlichen Geschiebe liegt darin, die Korngröße bzw. das Gewicht und die Form der Tracer selbst bestimmen zu können. Jedoch erfordert diese Methode einen hohen Zeitaufwand. Zur Herstellung bedarf es mehrerer Arbeitsschritte.

Herstellung des Gerschiebemodelles

Zur Modellherstellung eignet sich Töpferton. Aus einer vorgegebenen Menge Ton wird die gewünschte Geschiebeform modelliert. Die Geschiebeform läßt sich anhand des Achsenverhältnisdreiecks nach Sneed und Folk (1958) eindeutig definieren (Abb. 2). Das Gewicht des Kunstgeschiebes wird über die verwendete Menge Ton festgelegt. Die Dichte des feuchten Tons entspricht der Dichte des ausgehärteten Betons.

Herstellung der Negativform

Mit dem noch feuchten Tonmodell wird eine Negativform, z. B. aus Beton, hergestellt. In zwei Arbeitsschritten werden in einer Verschalung aus Holz die Ober- und Unterseite der Form gegossen. Zwischen das schon ausgehärtete Unterteil und nachfolgend anzufertigende Oberteil wird ein Trennmittel aufgebracht. Zur besseren Handhabung der Negativform sind an beiden Längsseiten Griffschalen eingearbeitet. An den Eckpunkten der Formenhälften sollten Arretierungen angebracht werden (Abb. 3).

Herstellung der künstlichen Geschiebe

Mit Hilfe der Betonform lassen sich die Geschiebetracer anfertigen. Der Beton wird im Mischungsverhältnis 2 Teile Sand : 1 Teil Zement und wenig Wasser angerührt und mit zementverträglicher Farbe vermischt (etwa 10 g Farbe auf ca. 1 Liter Beton). Der Beton sollte erdfeucht sein. In eine der angefeuchteten Formenhälften wird ein Metallnagel (z. B. Markierungsnägel für Telegraphenmasten) mit eingeschlagener Nummer eingelegt und anschließend mit Beton randvoll aufgefüllt. In die gefüllte Formhälfte kann nun der Tracer und eine Armierung aus Draht zur Stabilisierung des Kunstgeschiebes eingebettet werden. Die andere Hälfte wird nur mit Beton gefüllt. Die beiden Formhälften werden ohne

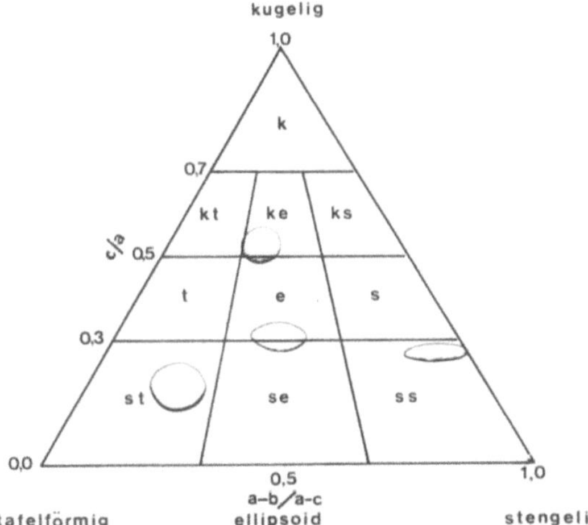

Abb. 2. Achsenverhältnisdreieck nach Sneed und Folk (1958) mit der Lage der Kunstgeschiebe

Abb. 3. Eine Negativform mit Magnet, Nummer und Armierung

Trennmittel zusammengefügt. Kräftiges Aufklopfen der Form gewährleistet eine gute Verbindung des Betons. Die noch verformbaren Geschiebetracer werden entformt und zur Aushärtung in Sandbetten gelagert. Nach ca. 6 Stunden hat der Beton so gut angezogen, daß eine Formveränderung der Kunstgeschiebe nicht mehr zu befürchten ist. Nach ein bis zwei Tagen sind die Kunstgeschiebe einsatzbereit. An einem Tag lassen sich mit einiger Übung 40–60 Kunstgeschiebe herstellen.

Die Kosten dieses Verfahrens hängen zum größten Teil von den verwendeten Magneten ab. Ein Magnetkern aus Bariumferrit kostet je nach Größe zwischen 0,70 DM und 2,30 DM, Magnetkerne aus Samarium-Cobalt, mit wesentlich höherer Remanenz (G) und Koerzitivfeldstärke (Oe), kosten pro Stück ca. 4,20 DM.

2.3 Durchführung der Tracerversuche

2.3.1 Eisentracer

In einem Versuch im Jahre 1988 kamen 128 Eisentracer zum Einsatz. Die b-Achsen der Eisentracer lagen zwischen 50 mm und 170 mm. Die Tracergewichte lagen im Bereich von 300 g bis 5000 g. Die Geschiebe wurden mit einem 6 mm Bohrer aufgebohrt. Die eingesetzten zylinderförmigen Eisenstäbchen hatten folgende Maße: 4 · 25 mm und ein Gewicht von 8 g. Die Dichteverände-

rung der Geschiebe durch die Eisenmarkierung war vernachlässigbar gering.
Die mit Farbe numerierten Tracer wurden in einem ca. 1 m breiten Band über
die gesamte Bachbreite ausgelegt. Nach jedem Hochwasserereignis ist die Position der Tracer erfaßt worden. Durch diesen Versuchsaufbau konnte die Transportdistanz nach einem Hochwaser und die kumulierte Transportweite nach
mehreren Hochwasserereignissen ermittelt werden. Die Numerierung durch
Farbe erwies sich als wenig brauchbar. Durch den Transport wurden die meisten Nummern abgerieben und eine Identifizierung der Tracer erschwert. Eine
eindeutige Identifikation konnte dennoch erfolgen, da das Gewicht der Tracer
bekannt war und auch eine Fotografie der Eingabepopulation vorlag. Zur Bestimmung der Transportdistanz ist die Erkennung des einzelnen Geschiebes
unerläßlich. Die Gewichtsreduzierung der Geschiebe durch den Abrieb lag
unter 1% auf ca. 1 km Transportdistanz.

2.3.2 Magnettracer

Versuchsaufbau: Zur Durchführung des Versuches wurden nach der oben beschriebenen Methode 480 Magnettracer hergestellt. Vier unterschiedliche
Kunstgeschiebeformen, stengelig, ellipsoid, kugelig und plattig mit gleichem
Gewicht (1000 g) kamen zum Einsatz (vgl. Abb. 4). Jede Formengruppe umfaß-
te 120 Exemplare.

Abb. 4. Die vier Kunstgeschiebeformen

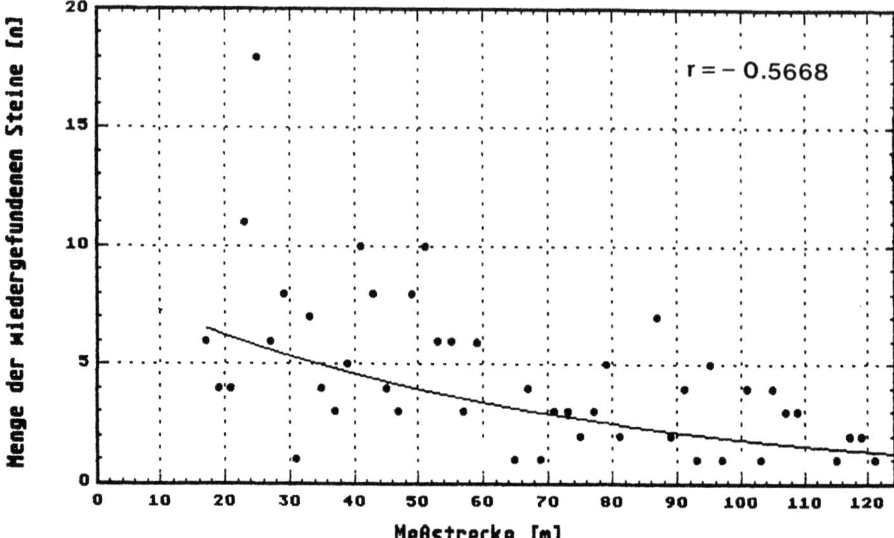

Abb. 5. Die Häufigkeitsverteilung der lokalisierten Magnettracer über die ersten 120 m der Meßstrecke

Die Kunstgeschiebe sind in vier unterschiedlichen gerinnemorphologischen Bereichen der Meßstrecke ausgelegt worden. Nach jedem Hochwasserereignis sollten die Tracer aus dem Gerinne entfernt und wieder am Ausgangsort deponiert werden. Durch den Einsatz unterschiedlicher Kunstgeschiebeformen mit einheitlichem Gewicht konnte die Abhängigkeit der Transportwahrscheinlichkeit und Transportdistanz von der Geschiebeform untersucht werden (Schmidt und Ergenzinger 1990; Gintz und Schmidt 1991). Die unterschiedlichen Startpositionen der Kunstgeschiebe geben über die Erosionsanfälligkeit bzw. Stabilität der gerinnetypischen Bereiche Aufschluß.

Ergebnisse: Nach zwei aufeinanderfolgenden Hochwassern mit transportrelevantem Abfluß von 8,8 $m^3 s^{-1}$ am 11.07.89 und 12.2 $m^3 s^{-1}$ am 14.07.89 wurden die Kunstgeschiebe gesucht. Die räumliche Verteilung der transportierten und lokalisierten Tracer in den ersten 120 Metern der Meßstrecke ist in Abb. 5 dargestellt. Mit zunehmender Transportdistanz zeigt sich eine abnehmende Tracerdichte. Es treten jedoch einige Unregelmäßigkeiten in der Verteilung auf, die durch die Stufen-Tiefen-Gliederung der Teststrecke bedingt sind (Ergenzinger und Schmidt 1990). Die Morphometrie und die Startposition der Tracer haben einen signifikanten Einfluß auf die Transportdistanz der Geschiebe im Verlauf von Hochwassern mittlerer Größenordnung. Durch die beiden beobachteten Hochwasser wurden die stengeligen Tracer im Mittel am weitesten transportiert, die tafelförmigen Tracer wurden im Mittel nur wenige Meter weit transportiert (vgl. Tabelle 1). Aus der Kolk- und Stufenposition wurden die weitesten Transportdistanzen erreicht. Für die Tracer auf der Schotterbank reichten die Abflüsse der Hochwasser zur Erosion nicht aus (vgl. Tabelle 2).

Tabelle 1. Mittlere Transportweiten der Magnettracer in Abhängigkeit von der Tracerform

Datum	Stengelig [m]	Kugelig [m]	Ellipsoid [m]	Tafelförmig [m]
11.7.89	38	33	28	13
14.7.89	76	61	66	19

Tabelle 2. Mittlere Transportweiten der Magnettracer in Abhängigkeit von der Auslageposition im Gerinnebett

Datum	Kolk [m]	Stufe [m]	Luvfahne [m]	Schotterbank [m]
11.7.89	49	35	4	0
14.7.89	86	55	27	0

3 Die Tracertechnik PETSY mit „aktiven" Tracern

Im Vordergrund der Entwicklung der Radiogeschiebe-Tracertechnik stand das Ziel, die Bewegung einzelner Geschiebeexemplare zeitlich und räumlich hoch aufgelöst zu erfassen. Um dieses Ziel zu erreichen, wurde die Hochfrequenztechnik genutzt. Sie erlaubt eine kontaktfreie, ungestörte und schnelle Übertragung von Informationen.

Das Meßsystem wurde in Zusammenarbeit mit der Firma Wagener aus Köln im Jahre 1988 entwickelt. Zunächst entstand ein Minisender mit einem Quecksilberschalter. Der Sender arbeitet im Frequenzbereich von 150 MHz. Trotz relativ hoher Dämpfung und Reflexion im Wasserkörper genügt eine Sendeleistung von etwa einem Milliwatt, um den Sender auch über größere Distanzen (>100 m) anpeilen zu können. Eine Lithiumbatterie ($18 \cdot 22$ mm, 120 mAh) gewährleistet eine Sendedauer von mindestens 4 Monaten. In einen starken Kunststoffmantel wasserdicht verschweißt nimmt die gesamte zylinderförmige Sendeeinheit einen Raum von $55 \cdot 20 \cdot 20$ mm ein. Mit diesem Sender ist es möglich, natürliche Geschiebe mit einer b-Achse von über 75 mm zu bestücken. Bei einer maximalen Sendedauer von zwei Monaten läßt sich der Sender bis unter die 2-Zentimeter-Grenze verkürzen und in entsprechend kleinere Geschiebe einsetzen.

Zum Einbau der Sender muß dem Stein ein 20 mm starker Bohrkern entnommen werden. Das Bohrloch wird mit Sand ausgekleidet und der Implantsender eingesetzt. Die Öffnung läßt sich durch einen Holzpfropfen verschließen.

Das Sendersignal entspricht einem Impuls mit einer Taktfrequenz von einem Hertz. Durch den Quecksilberschalter gesteuert, ändert sich die Impulsfolge bei einer 180-Grad-Drehung des Senders um seine Längsachse auf zwei Hertz. Der Öffnungswinkel für diese beschleunigte Impulsfolge beträgt ca.

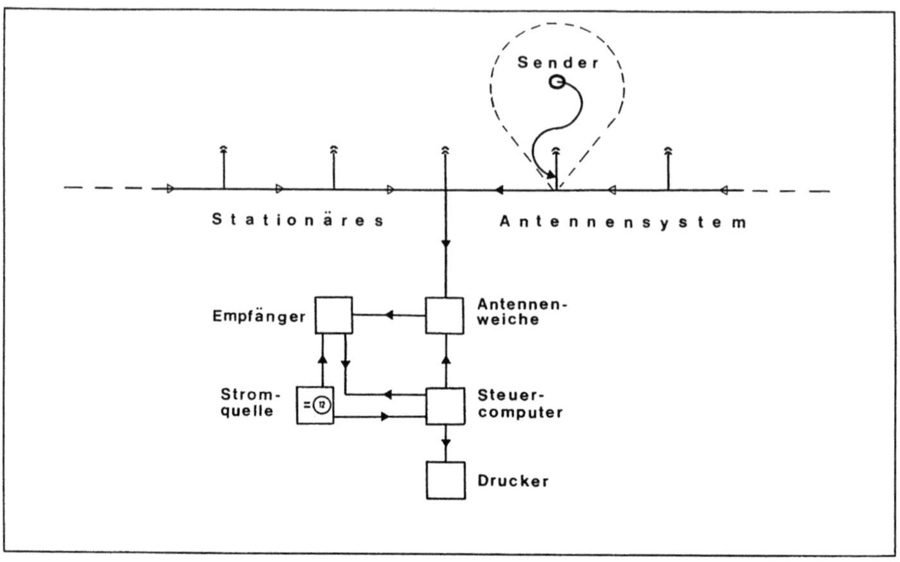

Abb. 6. Funktionsskizze des Meßsystems PETSY

20 Grad. Ein Reedschalter innerhalb der Sendeeinheit ermöglicht es, den Sender ein- und auszuschalten. Die Aufhängung des schwingenden Quarzes macht den Sender stoßunempfindlich.

Zum Empfang der Signale dient ein serienmäßiges Funkgerät (Abb. 6), an dem einige bauliche Veränderungen vorgenommen werden. Das Frequenzband muß auf den 150 Megahertz-Bereich verlagert werden. Die Sendeeinheit wird aus dem Gerät entfernt, um Raum für spezielle Filter und Regler zu schaffen. Durch diese Umbauten verbessert sich die Empfindlichkeit des Empfängers entscheidend, so daß eine Maximumpeilung zum exakten Orten der Sender auch bei schwachen Signalen möglich ist. Um die Trennung verschiedener Sender zu gewährleisten, sind 10 Kilohertz zwischen den Sendefrequenzen notwendig. Der Empfänger arbeitet mit einer integrierten 12-Volt-Gleichstromquelle und ist somit mobil.

Zur Peilung des Senders wird eine Richtantenne (siehe Abb. 6) aus dem Zwei-Meter-Band eingesetzt. Bei einer Ortungsdistanz von 5–8 m, läßt sich eine Ortungsgenauigkeit von ± 0.5 m erzielen. Da die Bewegung von Geschieben für einzelne Exemplare sehr differenziert verläuft, ist es nicht möglich, mehrere Steine zeitlich hoch aufgelöst zu beobachten. Der Zeitaufwand beim Ablaufen des Gerinnelängsprofils während eines Hochwassers ist zu groß, als daß mehrere Sender „gleichzeitig" beobachtet werden können.

Zur Bergung der mit Sendern versehenen Geschiebe müssen sie exakt geortet werden. Eine spezielle Suchantenne (siehe Abb. 7) ermöglicht eine lotrechte, auf 10 cm^2 genaue Peilung des Steines. Dieser Suchvorgang nimmt etwa 5 Minuten in Anspruch, verspricht jedoch eine Wiederfindrate von 100%. Liegt das

Testgeschiebe sehr tief im Schotterpaket (50 cm und tiefer), kann sich die Bergung als sehr mühsam und zeitaufwendig erweisen.

Um mehrere mit PETSY markierte Geschiebe während eines Hochwassers möglichst gleichzeitig zu beobachten, wurde das Empfangssystem weiterentwickelt. Über eine vom Computer angesteuerte elektronische Antennenweiche ist die schnelle Positionserfassung mehrerer Sender mit verschiederner Frequenzen möglich (Abb. 6). Im Uferbereich des Gerinnes wird ein stationäres Antennensystem aufgebaut und mit der Antennenweiche verkabelt. An den Antennen werden die benutzten Frequenzen abgefragt und für jede einzelne Antenne eine Protokollzeile mit Echtzeitangabe durch einen Drucker aufgezeichnet.

Der formelle Aufbau der Protokollzeile stellt sich wie folgt dar:
(Uhrzeit) (Antenne):(Kanal:n) (Zustand) (Kanal:n_i) (Zustand)
Die dem Kanal zugeordneten Zustände können −PA, −AK, −TO und −SO lauten.

Die Bedeutung der codierten Zustandskürzel:

−PA: Signal voll im Empfangsbereich der Antenne, passiv
−AK: Signal voll im Empfangsbereich der Antenne, aktiv
−TO: Signal nicht voll im Empfangsbereich der Antenne
−SO: Signal nicht im Empfangsbereich der Antenne

Das am Lainbach eingesetzte Meßsystem erlaubt die Benutzung von 8 verschiedenen Frequenzen. Dies ist durch die Speicherkapazität des Empfängers bedingt. Die Suchdauer der einzelnen Frequenzen an den Antennen läßt sich

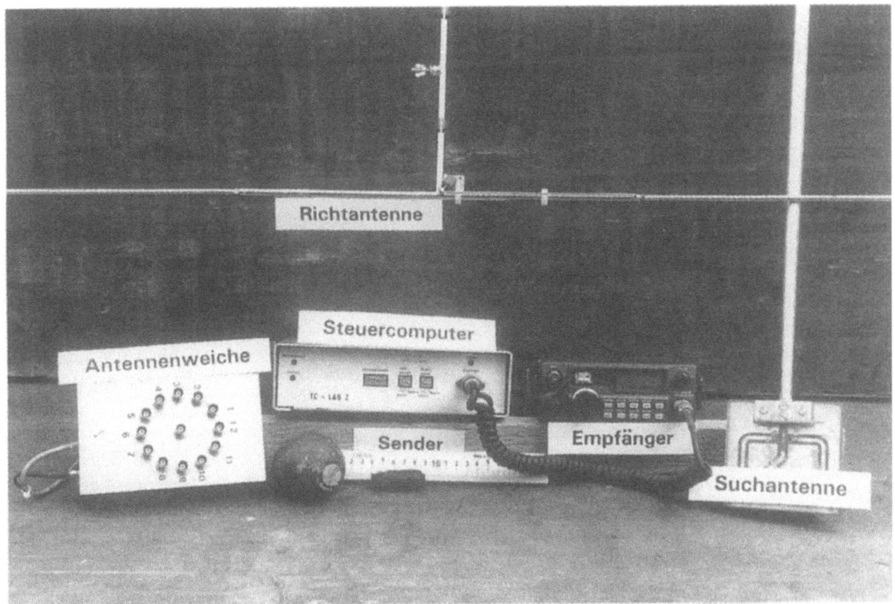

Abb. 7. Die Komponenten des Meßsystems PETSY

von 2 – 16 Sekunden stufenweise vorwählen. Unter Verwendung von qualitativ hochwertigem Koaxialkabel lassen sich ohne Antennenverstärker bis zu 300 Meter Fließstrecke erfassen. Im gegenwärtigen Zustand (Frequenzbereich 150 MHz, Sendeleistung ca. 1 mW) läßt sich das System nur im Flachwasserbereich (bis etwa 150 cm Wassertiefe) einsetzen. Alle Komponenten des Meßsystems sind batteriebetrieben und damit für den Geländeeinsatz geeignet (Abb. 7).

3.1 Technische Daten

Die technischen Daten des Tracersystem PETSY sind in der Tabelle 3 zusammengefaßt. Das räumliche Auflösungsvermögen, sowie die Positionssicherheit sind von der Konstellation des Antennensystems abhängig. Die Meßgenauigkeit der Anlage resultiert somit aus dem Abstand zwischen den Peilantennen.

Tabelle 3. Technische Daten des Tracersystems PETSY

Implantsender:	Frequenz	150,0 MHz
	Sendeleistung	1 mW
	Reichweite	200 m
	Lebensdauer	4 Monate
	Abmessungen	$55 \cdot 20 \cdot 20$ mm
	Gewicht	20 g
	Stückpreis	ca. 350, – DM
Empfänger:	Abmessungen	$21 \cdot 15 \cdot 6$ cm
	Versorgungsspannung	10 bei 15 V DC
	Speicherkapazität	9 Frequenzen
	Preis	ca. 1800, – DM
Antennen:	Richtantennen-Typ	HB 9CV
	Stückpreis	ca. 110, – DM
	Suchantenne	
	Preis	ca. 130, – DM
Computer:	Abmessungen	$22 \cdot 17 \cdot 7$ cm
	Betriebstemperatur	0 bis 55 °C
	Betriebshöhe	max. 3000 m über NN
	Rel. Luftfeuchte	max. 90% bis 25 °C
	Versorgungsspannung	10 bis 15 V DC
	Stromaufnahme	typ. 150 mA
	Objektüberwachung	8 h
	Antennenüberwachung	8 h
	Suchdauer	2 bis 16 Sekunden
	Druckerschnittstelle	Centronics parallel; IBM-komp.
	Preis	ca. 1900, – DM
Antennenweiche:	elektronisch	
	max. 12 Antennen	
	Preis	ca. 1500, – DM

3.2 Aufbereitung eines Datensatzes

Der hier vorgestellte Datensatz wurde am 11. 7. 1989 bei einem Hochwasser im Lainbach (Oberbayern) aufgezeichnet. Das Meßsystem arbeitet computergesteuert unter Verwendung des stationären Antennensystems. Die Positionierung der Antennen wurde so gewählt, daß eine Versuchsstrecke von 120 m Länge mit 8 Antennen, angebracht in regelmäßigen Abständen, erfaßt werden konnte (Abb. 8). Aus dieser Antennenkonstellation, sowie dem in der Protokollzeile festgehaltenen Zustand, ist die Position des Testgeschiebes mit einer Meßgenauigkeit von ± 2 m zu bestimmen. In Tabelle 4 sind die Eigenschaften des Testgeschiebes aufgelistet.

Das Transportverhalten der Geschiebe läßt sich dem Protokoll entnehmen. Als Eckwerte erweisen sich die Daten, die entweder den letzten Zeitpunkt wiedergeben, zu dem ein Stein auf einer bestimmten „Antennenhöhe" war, oder aber den ersten Zeitpunkt anzeigen, zu dem der Stein in die anschließende Ruhephase übergeht. Innerhalb des Protokolls belegt das Testgeschiebe einen definierten Kanal. Verfolgt man den Zustand dieses Kanals über die Zeit, läßt sich bei 5 arbeitenden Kanälen mit 90-sekündiger Auflösung die Position eines bestimmten Geschiebes erfassen.

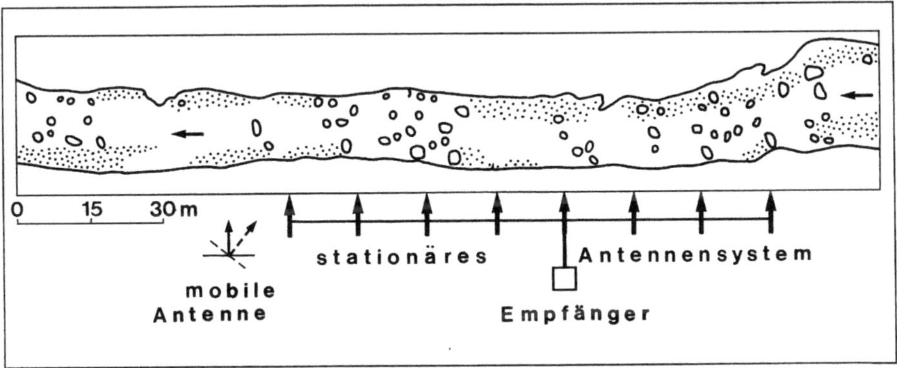

Abb. 8. Die Versuchsstrecke mit dem Antennensystem

Tabelle 4. Characteristica des Testgeschiebes

Masse [g]:	3205
Achsen a:	158
[mm] b:	130
c:	115
Volumen [cm^3]:	1200
Sphärizität[a]:	.86
Formkategorie[a]:	C (compact)
Gesteinsart:	Kalkstein

[a] Berechnung der Sphärizität und der Formkategorie nach Sneed und Folk (1958)

Tabelle 5. Eckdaten des Transportvorganges

Zeitpunkt/Ortungspunkt (m-Längsprofil)
17^{56}/ 6
18^{01}/ 10
18^{04}/ 15
18^{10}/ 15
18^{15}/ 30
18^{35}/ 30
18^{40}/ 45
18^{43}/ 50
18^{47}/ 50
18^{50}/ 55
18^{54}/ 55
18^{59}/ 65
19^{10}/ 65
19^{19}/100
19^{34}/100
19^{39}/108

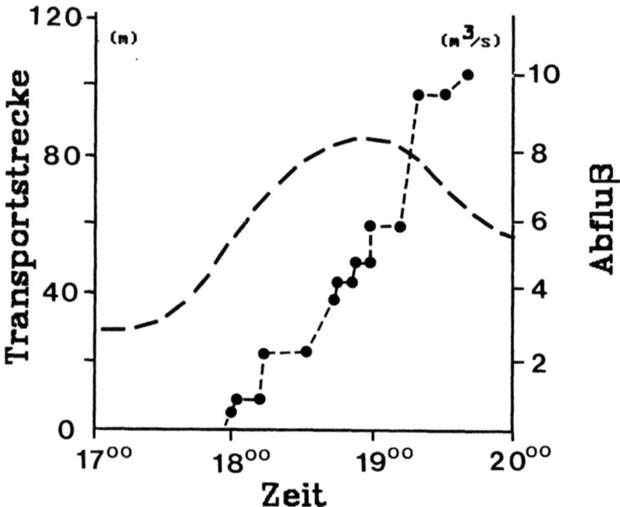

Abb. 9. Zeit-Weg-Diagramm eines Radiogeschiebes während des Hochwassers am 11.07.1989 im Lainbach

Während des Hochwassers am 11.7.1989 im Lainbach stellten sich für das zuvor charakterisierte Geschiebe folgende, in Tabelle 5 aufgelistete Eckdaten ein.

Die Graphik (Abb. 9) zeigt sehr deutlich, daß der Grobgeschiebetransport keineswegs ein kontinuierlicher Vorgang ist. Vielmehr setzt sich der Transportprozeß aus einer Folge von Einzellaufwegen und Ruhepausen zusammen. Diese beiden den Transportvorgang charakterisierenden Parameter lassen sich direkt aus den Versuchsergebnissen quantifizieren. Zudem läßt sich die gesamte Transportstrecke (102 m) errechnen. Weiterführende Auswertungsmöglichkeiten erfordern die Messung von zusätzlichen Einflußfaktoren (z. B.: Sohlrauhigkeit, Korngrößenverhältnisse, hydraulische Bedingungen etc.; vgl. Bußkamp 1990).

Literatur

Bunte K, Ergenzinger P (1990) New tracer techniques for particles in gravel bed rivers. Bull Soc Geogr Liège 25:85−90

Bußkamp R (1990) Messung der Bewegung von Grobgeschieben mit Radiotracern am Lainbach (Oberbayern). Institut für Geogr. Wissenschaften, FU Berlin

Bußkamp R, Ergenzinger P (1991) Neue Analysen zum Transport von Grobgeschiebe: Messung Lagrangscher Parameter mit der Radiotracertechnik (PETSY). DGM 35/2:57−63

Chacho EF Jr, Burrows RL, Emmett WW (1989) Detection of coarse sediment movement using radio transmitters. In: Proc XXIII Congr Hydraulics and the Environment. International Association for Hydraulic Research, Ottawa, Canada, pp B-367−373

Ergenzinger P, Schmidt K-H (1990) Stochastic elements of bed load transport in a step-pool mountain river. In: Sinninger RO, Monbason M (Hrsg) Hydrology in mountainous regions II, IAHS Publ 194. Wallingford, pp 39−46

Ergenzinger P, Schmidt K-H, Bußkamp R (1989) The Pebble Transmitter System (PETS): first results of a technique for studying coarse material erosion, transport and deposition. Z Geomorphol NF 33:503−508

Gintz D (1990) Die Messung der Grobgeschiebebewegung mit Hilfe von Eisen- und Magnettracern am Lainbach/Oberbayern. Institut für Geogr Wissenschaften, FU Berlin

Gintz D, Schmidt K-H (1991) Grobgeschiebetransport in einem Gebirgsbach als Funktion von Gerinnebett und Geschiebemorphometrie. Z Geomorphol Suppl 89:63−72

Hassan MA, Schick A, Laronne J (1984) The recovery of flood-dispersed coarse sediment particles. − A three dimensional magnetic tracing method. Catenea Suppl 5:153−162

Schmidt K-H, Ergenzinger P (1990) Radiotracer und Magnettracer: Die Leistungen neuer Meßsysteme für die fluviale Dynamik. Geowissenschaften 8:96−102

Schmidt K-H, Bley D, Bußkamp R, Gintz D (1989) Die Verwendung der Trübungsmessung, Eisentracern und Radiogeschieben bei der Erfassung des Feststofftransportes im Lainbach, Oberbayern. Gött Geogr Abh 86:123−135

Sneed ED, Folk RL (1958) Pebbles in lower Colorado river, Texas: a study in partical morphogenesis. J Geol 66:114−150

10 Erfassung des fluvialen Sedimenttransfers
in der zentralalpinen Periglazialstufe
(Glatzbach/südliche Hohe Tauern)

Thomas Höfner

1 Fragestellung

Im Rahmen des DFG-Schwerpunktprogramms „Fluviale Morphodynamik im jüngeren Quartär" werden von der Bamberger Arbeitsgruppe im Glatzbachgebiet (südliche Hohe Tauern, Osttirol) Aspekte des fluvialen Sedimenttransfers in der zentralalpinen Periglazialstufe untersucht (Abb. 1). Die Notwendigkeit solcher Untersuchungen ergibt sich einerseits aus der Tatsache, daß der aquatische Materialabtrag in dieser Höhenstufe maßgeblichen Anteil am Erosionsgeschehen hat, andererseits aber bisher keine Meßdaten zur Kennzeichnung der raumzeitlichen Variabilität des Feststoffaustrags aus den verschiedenen geoökologischen Teilbereichen dieser Höhenstufe vorliegen. Somit fehlt bis jetzt auch jegliche Datengrundlage, um Vorstellungen über die durch holozäne Klimaschwankungen ausgelösten geoökologischen Veränderungen in erste einfache Modelle umzusetzen.

Zur Erhebung der Basisdaten gelangt aufgrund der rauhen Betriebsbedingungen vor allem konventionelle Meßtechnik zum Einsatz. Einfachheit und Robustheit sind hierbei die maßgeblichen Auswahlkriterien. Im einzelnen werden die Meßwerte durch Abflußmessungen mit stumpfkantigen V-Wehren ohne Ausbau des Stau- bzw. Anströmraumes, einfache Geschieberückhaltebecken und automatische Wasserprobennahme zur Bestimmung der Suspensions- und Lösungsfracht erhoben. Der Schwerpunkt des Arbeitsansatzes liegt dabei auf der Entwicklung und Prüfung von Verfahren zur längerfristigen Extrapolation von Abtragungsraten, so daß bei der Datenerfassung die Gewinnung summarischer Jahreswerte im Vordergrund steht. Ergänzt werden diese Meßreihen durch geomorphologische, pedologische und Vegetationskartierungen, mit dem Ziel der Rekonstruktion vorzeitlicher geoökologischer Verhältnisse und ihrer Verknüpfung mit den steuernden klimatischen Rahmenbedingungen.

In diesem Zusammenhang werden die Forschungsziele der Periglazialforschung u. a. von Washburn (1979) sehr klar formuliert. Danach sollen in einem ersten Schritt die exakten Mechanismen periglazialer Prozesse bestimmt und erklärt werden. Weiterhin ist die relative Bedeutung der untersuchten Prozesse im gesamten Prozeßgefüge festzulegen. Schließlich sollen die so gewonnenen Ergebnisse bei paläoökologischen Rekonstruktionen Anwendung finden. Diese Kombination der historisch-genetischen mit der prozeßorientierten Arbeitsweise kann sodann für die Vorhersage künftiger Umweltveränderungen heran-

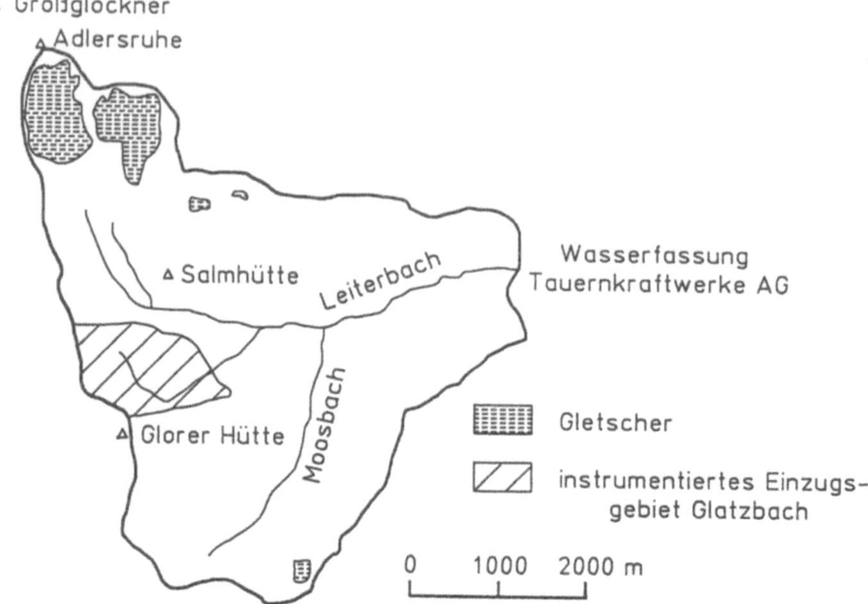

Abb. 1. Lage des Untersuchungsgebietes

gezogen werden, wobei hier insbesondere Klimaschwankungen und deren geoökologische Auswirkungen gemeint sind.

Ausgehend von diesen allgemeinen Forschungszielen stellt sich das Arbeitsprogramm des Projekts wie folgt dar:

1. Messung des Abflußverhaltens und des fluvialen Sedimenttransfers in verschiedenen geoökologisch differenzierten Teilräumen der periglazialen Höhenstufe der Zentralalpen. Dabei sollen aufgrund der spezifischen Fragestellung mit Schwerpunkt auf langfristiger Bilanzierung und Extrapolation
zunächst einmal Jahresfrachten im Vordergrund stehen.
2. Ermittlung der relativen Bedeutung des fluvialen Sedimenttransfers im Vergleich mit den in dieser Höhenstufe sehr intensiven Massenbewegungen am
Hang, d. h. insbesondere mit der Solifluktion und verwandten Prozessen.
3. Modellbildung zur Abschätzung der morphodynamischen bzw. geoökologischen Effekte holozäner Klimaschwankungen in bezug auf den fluvialen
Sedimenttransfer.
4. Entwicklung von Computersimulationen zur Prognostizierung morphodynamischer bzw. geoökologischer Veränderungen z. B. unter einer wärmer
werdenden Atmosphäre.

2 Instrumentierung

Ausgehend von der geoökologischen Differenzierung des Einzugsgebietes und dem oben vorgestellten Arbeitsprogramm ist das in Abb. 2 dargestellte Meßnetz aufgebaut worden. Von den ausgegliederten Teileinzugsgebieten (gerissene Linien) hat das Testgebiet in der Rasen- bzw. Mattenstufe oberhalb Pegel 2 eine Fläche von 79985 m^2. Die Vegetationsbedeckung, in der Hauptsache Curvuletum, beträgt 95,2%. Die vegetationsfreien Areale von insgesamt 4,8% beschränken sich auf Bacheinschnitte und einzelne Barflecken im Kammbereich der Wasserscheide, die keinen Anschluß an das Gerinnenetz haben. Die Meßwerte aus diesem Einzugsgebiet können als typisch für die alpine Rasenstufe angesehen werden.

Das Teileinzugsgebiet oberhalb Pegel 3 mit einer Fläche von 164343 m^2, wovon 85,9% vegetationsfrei und 14,1% vegetationsbedeckt sind, kann als typisch für die Verhältnisse in der subnivalen Frostschuttstufe gelten. Die geringe Vegetationsbedeckung wird in der Nähe der Pegelmeßstelle hauptsächlich von Schneebodengesellschaften sowie im Wasserscheidenbereich von Rasenfragmenten gebildet.

Das Gesamtgebiet oberhalb Pegel 1 (durchgezogene Linie) hat eine Fläche von 1,324322 km^2 und ist zu 63,1% vegetationsbedeckt (in Abb. 3 schwarz dargestellt) bzw. 36,9% vegetationsfrei. Morphodynamisch aktive Solifluktionsschuttdecken machen 18,9% der Fläche aus (Abb. 4). Die Meßdaten des Gesamtgebiets dienen vor allem zur Kontrolle der aus den Daten der homogenen Teilgebiete flächengewichtet berechneten Materialausträge bzw. zur Abschätzung einer eventuellen Zwischendeposition von Feststoffen im Hauptge-

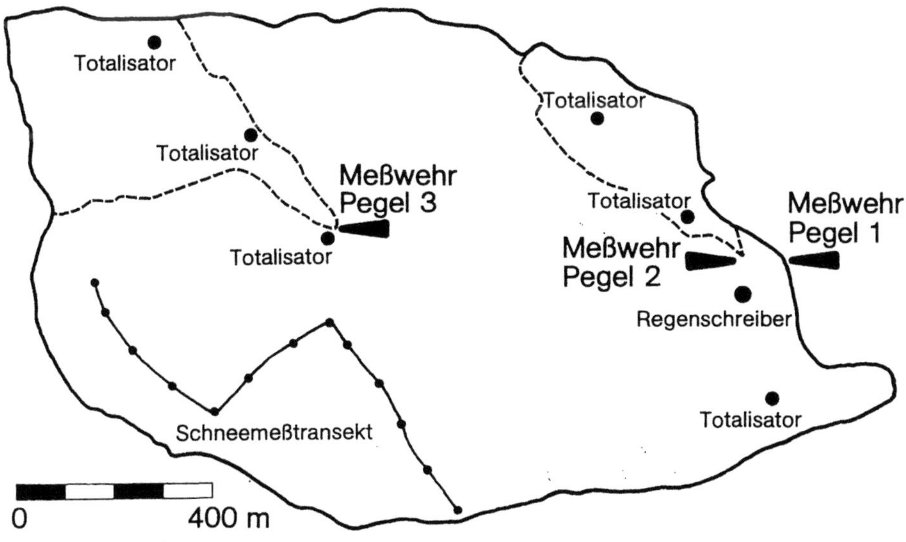

Abb. 2. Instrumentierung

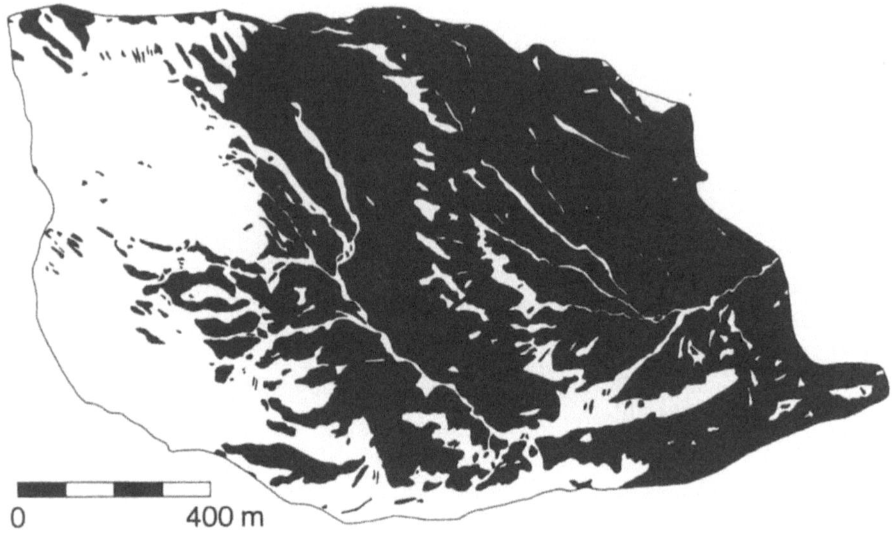

Abb. 3. Vegetationsbedeckung

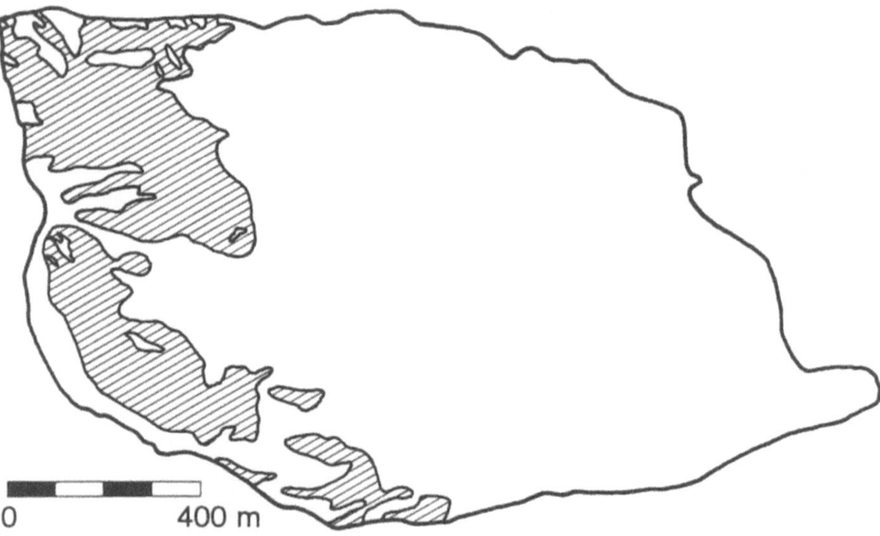

Abb. 4. Morphodynamisch aktive Solifluktionsschuttdecken

rinne. Alle Pegelmeßstellen sind mit V-Wehren, Pegelschreibern, Geschiebefängen und automatischen Wasserprobennehmern ausgestattet. Zusätzliche Informationen liefert das Niederschlagsmeßnetz mit einem Schreiber und sechs Sammlern sowie die alljährlichen Messungen der Wasserrücklage zu Beginn der Abflußsaison längs des Schneemeßtransekts (Abb. 2).

3 Geschiebemessung

Das Problem der kontinuierlichen Messung des Geschiebetriebs, eines der schwierigsten meßtechnischen Probleme überhaupt, konnte mit unserer vorrangig auf Jahresfrachten ausgerichteten Fragestellung umgangen werden. Gleichwohl muß die quasi-kontinuierliche Erfassung dieses Parameters keine Utopie bleiben, wie die bei Leopold und Emmett (1976, 1977), Reid et al. (1980), Reid und Frostick (1986) und Fattorelli et al. (1988) beschriebenen Anlagen beweisen. Eine Zusammenfassung der derzeit möglichen Meßtechnik wurde zuletzt u. a. von Ergenzinger (1985) vorgelegt. Grundsätzlich besteht auch bei den u. a. in Drobir (1977) und Tschada (1979) beschriebenen Wasserfassungen der Kraftwerksbetreiber die Möglichkeit einer, allerdings im Vergleich mit den oben genannten Stationen etwas gröberen, zeitlichen Auflösung des Geschiebetriebs, indem die Spülvorgänge der Entsanderkammern registriert werden (Sommer 1984, Gurnell et al. 1988). Können also die grundsätzlichen meßtechnischen Probleme i. W. als gelöst angesehen werden, so verhindern doch die enormen Kosten eine Anwendung auf breiterer Basis, so auch im Untersuchungsgebiet der Universität Bamberg. Neben dem Kostenfaktor sind im Glatzbachgebiet aber hauptsächlich Aspekte des Landschaftsschutzes dafür verantwortlich, daß von größeren Einbauten abgesehen werden mußte.

Die Meßanordnung ist deshalb an unseren Anlagen technisch sehr einfach gehalten. Die Messung der Geschiebefracht erfolgt wegen der teilweise recht hohen anfallenden Mengen an den Pegeln 1 und 3 mittels maschendrahtverstärkter Trockensteinmauern mit Grundablaß, die etwa 20 m oberhalb der Meßwehre die Bachbetten absperren. Dies schafft in beiden Fällen Rückhaltebecken von ca. 20 m^3 Fassungsvermögen, die durch Vermessen bzw. Ausschaufeln eine summarische Erfassung der jährlichen Transportmengen erlauben. Da die Trockensteinmauern wasserdurchlässig sind, wird auch ein Teil der Geschiebefracht nicht von ihnen zurückgehalten. Dieser Anteil setzt sich jedoch in den Staubecken der Meßwehre ab und kann so ebenfalls erfaßt werden. Die Stauräume der Wehre erfüllen also auch eine wichtige Rolle als Geschiebefang. Nicht zuletzt deshalb wurde den Wehren der Vorzug vor Strömungskanälen gegeben. Durch die vorgeschalteten Rückhaltemauern bleiben die in den Staubecken anfallenden Materialmengen in einem für den/die Betreuer bewältigbaren Rahmen und beeinträchtigen im allgemeinen die Durchflußmessung nicht; allerdings muß das Pegelrohr am Pegel 1 zusätzlich durch eine Plastiktonne geschützt werden. Am Pegel 2 in der mittel- bzw. oberalpinen Mattenstufe sind schließlich wegen des etwa um zwei Zehnerpotenzen niedrigeren Geschiebetriebs keine derart aufwendigen Vorkehrungen erforderlich. Hier genügen zur Erfassung der Materialmengen einfache, in das Bachbett eingelassene Plastikwannen.

Nichtsdestoweniger liefert nach unserer Einschätzung selbst diese einfache summarische Bilanzierung für unsere Fragestellung bessere Ergebnisse als jede noch so ausgefeilte Geschiebetriebformel, obwohl solche Funktionen mittlerweile auch für Steilgerinne bis 20% Gefälle vorliegen (Smart und Jäggi 1983; Jäggi 1984; Smart 1984). Dies liegt daran, daß die alleinige Berücksichtigung

der hydraulischen Bedingungen häufig unbefriedigende Ergebnisse bei der
Schätzung des Bewegungsbeginns und der Transportmenge liefert (Schmidt et
al. 1989). Die wichtigsten Formeln bzw. Probleme ihrer Anwendbarkeit wurden
zuletzt u. a. von Gomez (1987) zusammengefaßt. Danach bestehen bei Hoch-
gebirgsgerinnen die Hauptprobleme in einer zu großen Variabilität des Korngrößenspektrums und der Bettrauhigkeit, sowie in der starken Abhängigkeit
der Fracht von der Materialzufuhr ins Gerinne, d. h. von der Materialbereitstel-
lung in den Liefergebieten.

Auf die Meßtechnik für Schwebstoffe und Gelöstes (Höfner 1992) soll in
diesem kurzen Abriß nicht näher eingegangen werden, da dieser Problemkreis
von anderen Arbeitsgruppen in diesem Band ausführlich erörtert wird.

4 Mobilisierung des Materials auf der Fläche

Zur Abschätzung der Hangprozesse im Einzugsgebiet kann auf umfangreiches
Material der Bayreuther Kollegen bezüglich Schuttdeckenmächtigkeit und -ver-
breitung, Tiefgang und Geschwindigkeit von Solifluktionsbewegungen sowie
Verbreitung diskontinuierlichen Permafrostes zurückgegriffen werden (Stingl
und Veit 1988; Veit 1988; Emmerich 1990; Rennert 1991). Unsere eigenen Beobachtungen beschränken sich dagegen mit Ausnahme einiger einfacher Sedimentfallen auf traditionelle Verfahren der Beobachtung, Kartierung und Vermessung, wobei u. a. auch Hohl- und Vollraumvolumina den Prozeßdaten gegenübergestellt werden, um so zu besser abgesicherten längerfristigen Mittelwerten zu gelangen. Eine direkte Vergleichsmöglichkeit aktueller Hangprozesse
mit fluvialen Prozessen bietet ferner die Berechnung der jeweiligen geomorphologischen Arbeit bzw. Leistung (Caine 1976).

Besonderes Augenmerk muß dabei auf die vegetationsfreien Bereiche oberhalb der Rasengrenze gerichtet werden (Abb. 3 und 4), aus denen die Haupt-
masse der am Pegel 1 anfallenden Feststoffe stammt. Die Mobilisierung des
Materials und der Transport in die Gerinne vollzieht sich dabei vorrangig
durch Spülprozesse auf, in und unter der Schneedecke während der Schneeschmelze. Demgegenüber erreichen die Solifluktionsloben im allgemeinen die
Gerinne nicht. Meist werden sie durch Spülvorgänge zerschnitten, d. h. der Materialtransport zu den Gerinnen erfolgt nur in geringem Maße unmittelbar
durch Solifluktion. Die frostdynamischen Prozesse in dieser Höhenstufe spielen aber dennoch eine wichtige Rolle bei der Materialaufbereitung für den an-
schließenden fluvialen Abtransport.

5 Modellbildung

Wie mit Hilfe der bisher vorliegenden Meßreihen gezeigt werden konnte, unterscheiden sich die alpine Rasen- bzw. Mattenstufe und die subnivale Frostschuttstufe hinsichtlich des aquatischen Materialabtrags um mehr als eine Zeh-
nerpotenz (Höfner 1992). Die räumliche Verbreitung dieser Prozesse wird vor-

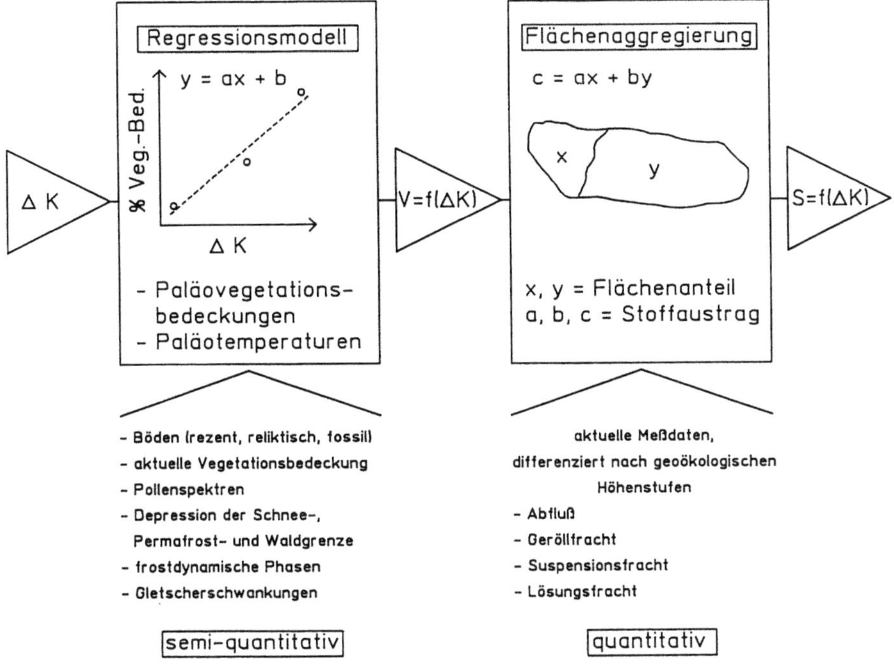

Abb. 5. Modellkonzeption

rangig von der Vegetationsbedeckung gesteuert, wobei die Rasengrenze die in diesem Bereich wohl markanteste geomorphologisch-geoökologische Grenze darstellt, deren Lage i. W. von den klimatischen Rahmenbedingungen abhängt.

Somit ist die langfristig räumliche Verbreitung der morphodynamischen Prozesse in der zentralalpinen Periglazialstufe über die Steuervariable Vegetationsbedeckung vor allem eine Funktion des Klimas. Dabei wirken die klimatischen Bedingungen einerseits unmittelbar auf die Morphodynamik bzw. den fluvialen Sedimenttransfer; andererseits steuern sie langfristig die Vegetationsbedeckung, die über das resultierende Verbreitungsmuster ihrerseits wiederum auf Art und Intensität des Materialabtrags zurückwirkt.

Dies eröffnet Chancen zur Erarbeitung eines Modells auf geoökoloigscher Basis, das auch geomorphologisch-morphodynamische Parameter, speziell den Materialab- und -austrag mit einschließt (Abb. 5).

Bei der Formulierung einer solchen Modellkonzeption spielen Paläodaten eine wichtige Rolle. Insbesondere müssen dabei über Boden- und Vegetationskartierungen sowie über sedimentologische und palynologische Untersuchungen erstellte Rekonstruktionen des Paläo-Environments mit den aus vorzeitlichen Gletscherständen bzw. Depressionen der Untergrenze diskontinuierlichen Permafrostes abschätzbaren klimatischen Parametern (Patzelt und Bortenschlager 1973; Patzelt 1977; Haeberli 1982; Kerschner 1985; Gamper 1987; Veit 1988, 1989; Buchenauer 1990) in Beziehung gesetzt werden. Aufgrund der damit zusammenhängenden Unsicherheitsfaktoren muß deshalb die linke Hälfte des in Abb. 5 vorgestellten Modells als semi-quantitativ eingestuft werden.

Die Eingabevariable Delta K ist dabei die Abweichung der längerfristigen (10^2 bis 10^3 Jahre) Klimawerte vom status quo. Aus diesem Faktorenkomplex ist bisher die Temperaturveränderung am besten faßbar und wird deshalb dem Modell ersatzweise als Einzelindikator für diese klimatischen Veränderungen zugrunde gelegt. Die Ausgabevariable ist der Grad der Vegetationsbedeckung als Funktion von Delta K. Die gefundene Vegetationsbedeckung bildet in einem zweiten Schritt die Eingabevariable für das quantitative Flächenaggregierungsmodell auf der rechten Seite, mit dessen Hilfe die für die Rasen- bzw. Mattenstufe und die morphodynamisch aktive Periglazialstufe charakteristischen Materialfrachten flächengewichtet in den jeweiligen Stoffaustrag des Gesamtgebietes umgerechnet werden. Der Materialabtrag S erscheint so letztlich als eine Funktion der Klimaänderung Delta K. Der Einfluß der Niederschlagsänderung auf die langfristig mittleren Austragsraten geht dabei über die Veränderung der Mittelwerte bzw. Standardabweichung der Prozeßdaten in das Modell mit ein.

Längerfristige Extrapolationen von Prozeßdaten aus kurzen Meßreihen sind in diesem Zusammenhang aufgrund des sog. „Hurst-Effekts" zunächst einmal kritisch einzuschätzen. Der Hurst-Effekt ist eine Form der Langzeit-Persistenz in klimatischen, hydrologischen und geophysikalischen Datenreihen (Kirkby 1987). Dies äußert sich z. B. darin, daß trockene und feuchte Jahre nicht isoliert, sondern meistens in Serien auftreten, so daß kurze Meßreihen von 3 – 4 Jahren Dauer den längerfristigen Mittelwert bzw. die mögliche Standardabweichung im Zeitraum von 10^1 Jahren kaum erfassen können. Dieser längerfristige Mittelwert wiederum unterliegt im Zeitraum von 10^2 bis 10^3 Jahren ebenfalls einem Persistenz-Effekt. Hier erfolgt die Steuerung der Persistenz vor allem durch langfristige Klimaänderungen, die vorrangig über paläopedologische und palöobotanische Verfahren faßbar werden. Eine Modellkombination dieser so rekonstruierten Klimaänderungen mit aktuellen Prozeßdaten könnte nach Kirkby (1987) folglich die Zuverlässigkeit von längerfristigen Extrapolationen wesentlich verbessern, da solche Datensätze mit voneinander unabhängigen Methoden gewonnen werden. Die im vorliegenden Modell durchgeführte Kombination der klimatisch bedingten Steuervariablen Vegetationsbedeckung mit aktuellen Prozeßdaten zum Feststoffaustrag trägt diesen Überlegungen Rechnung. Begünstigend kommt im Fall des Glatzbachgebietes hinzu, daß die Unterschiede im Feststoffaustrag zwischen den geoökologischen Höhenstufen im Mittel wesentlich größer sind als die interannuellen Schwankungen innerhalb der jeweiligen Höhenstufen, so daß eine die langfristigen Mittelwerte möglicherweise verschleiernde Persistenz in den aktuellen Prozeßdatenreihen bei einer Extrapolation erheblich an Gewicht verliert.

6 Offene Fragen und Probleme

In der alpinen Kampfzone geschlossener Vegetationsbedeckung bietet die inhaltliche bzw. räumliche Veränderung der beteiligten Höhenstufen als Reaktion auf Klimaänderungen über die Methode der flächengewichteten Aggregierung homogener Teilgebiete („unit source areas") gute Chancen für die Modellierung vorzeitlicher Abtragungsraten. Hauptprobleme sind dabei die Rekonstruktion vorzeitlicher Vegetationsbedeckungen und das Auffinden bzw. zeitliche und klimatische Einordnen von Stabilitäts- und Aktivitätsphasen, wobei absoluten Datierungen in hinreichender Anzahl eine überragende Bedeutung zukommt. Hier bestehen allenthalben noch große Defizite. Allerdings sind im Abtragungsraum Hochgebirge entsprechend auswertbare und die komplette Abfolge wiedergebende korrelate terrestrische Sedimente eher selten anzutreffen. Die Analyse und Datierung von Bohrkernen aus Seen bzw. geschlossenen Hohlformen kann hier sowohl über die sedimentologische als auch über die palynologische Auswertung wichtige ergänzende Hinweise liefern. Die logistischen Probleme bei der Gewinnung beispielsweise von Seekernen sind jedoch im Hochgebirge, ähnlich wie bei allen anderen Meß- und Arbeitsmethoden, aufgrund der schlechten Zugänglichkeit und der Beschränkung der Geländesaison auf 2 bis 3 Monate gegenüber normalem Terrain um ein Vielfaches potenziert.

Bei den Prozeßmessungen in dieser Höhenstufe schließlich klaffen noch größere Lücken. Einerseits fehlen bisher immer noch hinreichend lange Meßreihen, um die geschätzten langfristigen Mittelwerte bzw. Standardabweichungen besser abzusichern, andererseits werden dringend ergänzende Daten ähnlicher (bisher leider noch nicht existierender) Meßstationen aus anderen Gebirgsgruppen benötigt, um die Einflüsse unterschiedlicher Lithologie und Niederschlagsmenge beurteilen zu können. Hier wird auch in Zukunft noch ein erheblicher Zeit- und Kostenaufwand nötig sein.

Literatur

Buchenauer HW (1990) Gletscher- und Blockgletschergeschichte der westlichen Schobergruppe (Osttirol). Marb Geogr Schr 117. Selbstverlag der Marburger Geographischen Gesellschaft

Caine N (1976) A uniform measure of subaerial erosion. Bull Geol Soc Am 87. Geol Soc Am, Boulder, pp 137−140

Drobir H (1977) Entwurf und Betrieb von Beobachtungsnetzen. 9. DVWK-Lehrgang zur Hydrologie. Murnau (unveröffentlicht)

Emmerich K-H (1990) Die Hochgebirgslandschaft um die Glorer Hütte. 7. Das Meßfeld für Bodenbewegungen. Mitteilungen der Sektion Eichstätt des Deutschen Alpenvereins, Jan. '90, S 14−23

Ergenzinger P (1985) Messung der Geschiebebewegung und des Geschiebetransportes unter Naturbedingungen. Selbstverlag TU Braunschweig, Abt. Physische Geographie u. Landschaftsökologie. Landschaftsökologisches Messen und Auswerten 1(2/3):141−157, Braunschweig

Fattorelli S, Lenzi M, Marchi L, Keller HM (1988) An experimental station for the automatic recording of water and sediment discharge in a small alpine watershed. Hydrol Sci J, 33(6):607−617

Gamper M (1987) Postglaziale Schwankungen der geomorphologischen Aktivität in den Alpen. In: Furrer G, Burga C, Gamper M, Holzhauer H-P, Maisch M (Hrsg) Zur Gletscher-Vegetations- und Klimageschichte der Schweiz seit der Späteiszeit. Geogr Helv 2:77−80

Gomez B (1987) Bedload. In: Gurnell AM, Clark MJ (Hrsg) Glacio-fluvial sediment transfer. Wiley, Chichester, pp 355–376

Gurnell AM, Warburton J, Clark MJ (1988) A comparison of the sediment transport and yield characteristics of two adjacent glacier basins, Val d'Hérens, Switzerland. IAHS Publ 174:431–441

Haeberli W (1982) Klimarekonstruktionen mit Gletscher – Permafrost – Beziehungen. Materialien zur Physiogeographie, 4. Verlag Wept, Basel, S 9–17

Höfner T (1992) Fluvialer Sedimenttransfer in der periglazialen Höhenstufe der Zentralalpen, südliche Hohe Tauern, Osttirol. Bestandsaufnahme und Versuch einer Rekonstruktion der mittel- bis jungholozänen Dynamik. Bamb Geogr Schr Selbstverlag Fach Geographie and der Universität Bamberg (im Druck)

Jäggi M (1984) Bestimmung der Feststofftransportkapazität in Steilgerinnen. Int Symp Vymp Interpraevent 1. Selbstverlag Forschungsgesellschaft für vorbeugende Hochwasserbekämpfung, Klagenfurt; S 113–121

Kerschner H (1985) Quantitative palaeoclimatic inferences from lateglacial snowline, timberline and rock glacier data, Tyrolean Alps, Austria. Z Gletscherk Glazialgeol 21. Universitätsverlag Wagner, Innsbruck, S 363–369

Kirkby MJ (1987) The Hurst effect and its implications for extrapolating process rates. Earth surface processes and landforms 12. Wiley, Chichester, pp 57–67

Leopold LB, Emmet WW (1976) Bedload measurements, East Fork River, Wyoming. Proc Nat Acad Sci 73(4):1000–1004

Leopold LB, Emmet WW (1977) 1976 bedload measurements, East Fork River, Wyoming. Proc Nat Acad Sci 74(7):2644–2648

Patzelt G (1977) Der zeitliche Ablauf und das Ausmaß postglazialer Klimaschwankungen in den Alpen. In: Frenzel B (Hrsg) Dendrochronologie und postglaziale Klimaschwankungen in Europa. Steiner Verlag, Wiesbaden, S 248–259

Patzelt G, Bortenschlager S (1973) Die postglazialen Gletscher- und Klimaschwankungen in der Venedigergruppe (Hohe Tauern, Ostalpen). Z Geomorphol NF Suppl 16:25–72

Reid I, Frostick LE (1986) Dynamics of bedload transport in Turkey Brook, a coarse-grained, alluvial channel. Earth surface processes and landforms 11. Wiley, Chichester, pp 143–155

Reid I, Layman JT, Frostick LE (1980). The continuous measurement of bedload discharge. J Hydraul Res 18(3):243–249

Rennert R (1991) Geoökologische Untersuchungen zur Bodengefrornis an der Untergrenze des alpinen Permafrostes unter Einsatz von Hammerschlagseismik, Geoelektrik und Bodentemperaturmessungen. Diplomarbeit, Universität Bayreuth, Bayreuth

Schmidt K-H, Bley D, Busskamp R, Gintz D (1989) Die Verwendung von Trübungsmessung, Eisentracern und Radiogeschieben bei der Erfassung des Feststofftransports im Lainbach, Oberbayern. Goltze Verlag, Göttingen. Gött Geogr Abh 86:123–135

Smart GM (1984) Sediment transport formula for steep channels. J Hydraul Engin 110(3):267–276

Smart GM, Jäggi M (1983) Sedimenttransport in steilen Gerinnen. Mitteilungen der Versuchsanstalt für Wasserbau, Hydrologie und Glaziologie. Selbstverlag Eidgen TH, Zürich

Sommer N (1984) Untersuchungen über die Geschiebe- und Schwebstofführung und den Transport von gelösten Stoffen in Gebirgsbächen. Int Symp Interpraevent 2. Selbstverlag Forschungsgesellschaft für vorbeugende Hochwasserbekämpfung, Klagenfurt, S 69–94

Stingl H, Veit H (1988) Fluviale und solifluidale Morphodynamik des Spät- und Postglazials in den Südlichen Hohen Tauern im Raum um Kals/Osttirol. 15. Tagung Deutscher Arbeitskreis für Geomorphologie, Exkursionsführer Osttirol-Dolomiten. Bayreuth, S 5–69 (unveröffentlicht)

Tschada H (1979) Betriebserfahrungen mit den Bachfassungen des Kaunertalkraftwerkes. Österr Wasserwirtsch 31(5/6):210–214

Veit H (1988) Fluviale und solifluidale Morphodynamik des Spät- und Postglazials in einem zentralalpinen Flußeinzugsgebiet (südliche Hohe Tauern, Osttirol). Bayreuther Geowiss Arb 13. Verlag Naturwissenschaftliche Gesellschaft Bayreuth e. V.

Veit H (1989) Geoökologische Veränderungen in der periglazialen Höhenstufe der südlichen Hohen Tauern und ihre Auswirkungen auf die postglaziale fluviale Talbodenentwicklung. Bayreuther Geowiss Arb 14:59–66. Verlag Naturwissenschaftliche Gesellschaft Bayreuth e. V.

Washburn AL (1979) Geocryology – a survey of periglacial processes and environments. Edward Arnold, London

11 Stofftransport in Hochgebirgstälern
(Stubaital/Langental)

Regine Blättler, Horst Hagedorn und Roland Baumhauer

1 Einleitung

Im Sommer 1987 kam es in zahlreichen Alpentälern zu schweren Hochwasser-
und Murkatastrophen. Im Tiroler Stubaital (Abb. 1) südwestlich Innsbruck
verursachten im Abstand von nur sechs Wochen gleich zwei Hochwasserereignisse ähnlichen Ausmaßes schwere Schäden. Die Auswirkungen dieser Hochwasser bildeten die Ansatzpunkte einer Reihe von Untersuchungen, die im
Rahmen des DFG-Schwerpunktprogrammes „Fluviale Morphodynamik im
jüngeren Quartär" von Mitte 1988 bis Ende 1991 im Stubaital und einem seiner
Seitentäler liefen.

2 Untersuchungen zur rezenten Geomorphodynamik

Das Hauptinteresse der einzelnen Untersuchungen und Geländearbeiten galt
den Ursachen, Zusammenhängen und Auswirkungen einzelner morphodynamisch wirksamer Prozesse. Darüber hinaus stellte die erst in jüngster Zeit erfolgte anthropogene Überformung im inneren Stubaital eine genauere Abschätzung derartiger Eingriffe auf die Morphodynamik in Aussicht.

- Aufbauend auf eine 1988 durchgeführte Schadenskartierung und mit Hilfe
  älterer und neuerer Luftbilder wurde für das gesamte Stubaital eine Karte
  im Maßstab 1 : 15000 ausgearbeitet, die die Schäden der 87er Hochwasser
  beinhaltet, die Grob-Morphologie des Tales aufzeigt, die Schuttzulieferer
  und Hochwassergefahrenbereiche in unmittelbarer Bachnähe verzeichnet
  und die anthropogenen, die einzelnen Hochwasser beeinflussenden Eingriffe verdeutlicht.
- Parallel dazu wurde das Untersuchungsgebiet während der einzelnen Geländearbeiten 1988 und 1989 gezielt beprobt, um Aufschluß über das bei
  Hochwasserabflüssen transportierte Lockermaterial zu erhalten.
- Um Näheres über die Auswirkungen anthrophogener Maßnahmen im Zuge
  des touristischen Ausbaues des Stubaitales zu erfahren, wurden im Aue-

---

[1] Für die freundliche Unterstützung mehrerer Forschungsreisen sei der Deutschen Forschungsgemeinschaft herzlich gedankt.

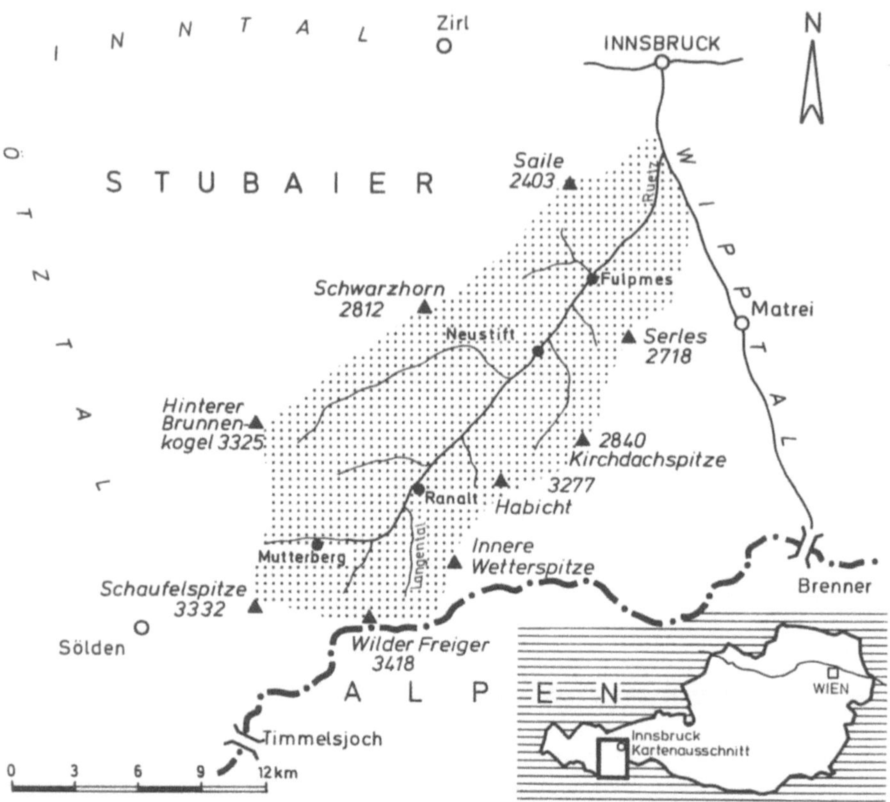

Abb. 1. Lageskizze Stubaier Alpen − Stubaital/Tirol

bereich der Ruetz bei Neustift während zweier Bohrkampagnien mehrere Kernbohrungen abgeteuft.

Die Probenahme erfolgte mit einem modifizierten Kullenberg-Lot nach Schultze und Niederreiter („Hydraulischer Core Catcher"), das Kerne von 1 Meter Länge und 36 Millimeter Durchmesser lieferte (vgl. Abb. 2).

Die einzelnen Kernproben wurden sedimentanalytisch (Farbe, Feuchte, Körnung, Anteil organischer Substanz, Kalkgehalt) und statistisch ausgewertet. Geborgenes Torfmaterial wurde pollenanalytisch untersucht und soweit möglich ^{14}C-datiert.

Die Auswertung und Interpretation der Bohrprofile erlaubte u. a. mit Hilfe der ^{14}C-datierten in situ gewachsenen Torfe und speziell unter Berücksichtigung des unterschiedlichen Grades der Sortierung einzelner Sedimentschichten Rückschlüsse auf das Hochwassersedimentationsverhalten der Ruetz innerhalb der letzten zwei Jahrtausende.

Abb. 2. Kernbohrung in der Ruetzaue bei Neustift/Stubaital

3 Untersuchungen zur aktuellen Fluvial-/Hangdynamik

Für Untersuchungen der speziell im Kontaktbereich Hang/Bach ablaufenden morphodynamisch wirksamen Prozesse bot sich das 1987 und 1988 durch den jeweils murartig abgehenden Langenbach verwüstete Langental an (vgl. Abb. 3). Von April 1989 bis Oktober 1991 liefen in diesem Seitental des Stubaitales parallel zu den Geländearbeiten im Haupttal verschiedene Felduntersuchungen:

- Im Kontaktbereich Hang/Bach wurden zur Beobachtung aktueller Hangprozesse Profile, eine Versuchsfläche und eine Hangrunse eingemessen und mit Meßmarken (Farbmarkierungen, Denudationspegel) versehen.
- Im Langenbach wurden zur Beobachtung des Geschiebetransportes neben Farbmarkierungen, Farb- und Radiogeschiebe ausgebracht und für Abflußmessungen ein Lattenpegel installiert.
- Im Bereich der B'such Alm (1580 m) wurde Mitte Mai 1990 in Zusammenarbeit mit dem Hydrographischen Dienst Österreich eine Meßstation für Niederschlag und Lufttemperatur errichtet.

In der Zusammenschau mit Abflußdaten, Niederschlags- und Temperaturwerten sollten die eingemessenen Profile und die im Hang und im Bach ausge-

Abb. 3. Stubaier Langental nach den Murgängen 1987

brachten Farb- und Radiogeschiebe aufzeigen, wie, v. a. in welchem Zeitraum einzelne morphodynamisch wirksame Prozesse im Bachbett bzw. im Kontaktbereich Hang/Bach ablaufen.

4 Meßgeräte und Meßmethodik

4.1 Abtragsmessung am Hang

Neben Geländebeobachtung und Photodokumentation im Einzugsgebiet des Langenbaches, wurde der Hangab- bzw. -austrag punktuell mit direkt im Hang ausgebrachten Farbmarkierungen, anhand eingemessener Hangrunsen, sowie mit Hilfe von Farbmarkierungen und Denudationspegeln innerhalb einer ebenfalls eingemessenen Hangversuchsfläche ermittelt.

Bei den Denudationspegeln kamen normale Baustahl-Eisenstäbe zum Einsatz. Versehen mit einer eingeritzten Zentimeterskala wurden diese innerhalb der Hangversuchsfläche soweit senkrecht in den Boden eingeschlagen (40 cm), daß einerseits oberflächlicher Zu- und Abtrag im Hang, andererseits aber auch solifluidale Hangbewegungen registriert werden konnten.

Die zwei Jahre hindurch regelmäßig erfolgte Beobachtung der Hänge und die Vermessung der Hangrunse und der Hangversuchsfläche bestätigten, daß die aktuellen geomorphologischen Formungsprozesse überwiegend phasenhaft eintreten und dabei mehr oder weniger von Einzelereignissen gesteuert werden.

Eine kurze, intensive Aktivitätsphase, ein Starkregen induziertes Hochwasser oder Murereignis, leitet eine mehr oder weniger ausgeprägte Reaktionsphase morphologischer Stabilisierung ein, die entweder von einer erneuten Aktivitätsphase unterbrochen wird oder in eine längere Stabilitätsphase mehr oder weniger morphologischer Formungsruhe übergeht.

Dieses event-gesteuerte Zusammenspiel aktueller Formungsprozesse ließ sich besonders gut an den in spätglazialen Moränen ausgebildeten Einhängen des unteren Langenbaches beobachten: Während der letzten Hochwasserereignisse kam es hier durch den Langenbach zu umfangreichen Uferanbrüchen.

— Am linken Ufer setzte durch nachträgliche Abbrüche und kleinere Rutschungen ein langsamer Gefällsausgleich der unterschnittenen Hänge ein. Das nachgerutschte Material sammelte sich am jeweiligen Hangfuß im Hochflutbereich an und bildete eine Art „Ersatz-Widerlager“.
— Langsame Wiederbegrünung, bei der oft abgerutschtes Pflanzenmaterial Pionierarbeit leistete, konnte einsetzen und die Hangstabilisierung fortsetzen.
— Am rechten Ufer verläuft die Zufahrt zur B'such Alm. Nach jedem Hochwasser mußten unterschnittene Bereiche des Weges neu angelegt werden. Um die Zufahrt freizuhalten, wurde das nachrutschende Lockermaterial ständig weggeschoben. Da so ein ausreichend stützendes Widerlager am Hangfuß fehlte, bildeten sich im Oberhang Zugrisse. Ausgelöst durch Starkregen bzw. durch starke Vernässung zur Zeit der Schneeschmelze, kam es während des Beobachtungszeitraumes immer wieder zu kleineren Rotationsanbrüchen. Die betroffenen Hangbereiche kamen nicht zur Ruhe, da die natürliche Selbststabilisierung des Hanges in diesem Fall anthropogen bedingt nicht greifen konnte.

Im Bereich der B'such Alm läuft die Materialzufuhr aus den Hängen verstärkt im Spätwinter, zur Zeit der Schneeschmelze und bei sommerlichen Starkniederschlägen ab. Zur Situation im Versuchshang:

— Im Spätwinter nehmen abgehende Grundlawinen einen Teil des durch Frostverwitterung und Steinschlag ganzjährig bereitgestellten Schutts auf und transportieren ihn über zwei im Mittel 3.50 m tiefe Runsen weiter zu

Tal. Überbordende und außerhalb der Hangrunsen abgehende Schneemassen kommen im unteren Hang bzw. am Hangfuß im Uferbereich des Vorfluters flächig zur Ablagerung. Dort und im mittleren bis unteren Abschnitt der episodisch wasserführenden Runsen wird der ausgeaperte Schutt zwischengelagert und bis zu seinem weiteren Abtransport angesammelt.

Im Frühjahr 1989, 1990 und 1991 war in beiden noch durch Lawinenschnee verlegten Hangrunsen zu beobachten, daß die abgegangenen Schneemassen Schuttmaterial in großer Menge und bis ca. 80 cm Durchmesser aufgenommen und teilweise bis fast zum Vorfluter hin abtransportiert hatten. Um mehr Auskunft darüber zu erhalten, wie schnell und weit Schuttmaterial auf diese Weise innerhalb eines Jahres hangab transportiert wird, wurden 1989 im oberen Abschnitt des Versuchshanges mehrere Steine farbig markiert und ihre genaue Lage photographisch festgehalten und in regelmäßigen Abständen überprüft.

Eine 1990 abgehende Grundlawine transportierte einige dieser Steine über 200 m diagonal hangabwärts, wo sie in einer der beiden Runsen vorläufig zur Ablagerung kamen. Im Frühjahr 1991 fand sich ein Teil der markierten Steine fast am Hangfuß, kurz vor der Mündung der Hangrunsen in den Vorfluter.

Eine zweimalige kurze Formungsaktivität reichte also aus, den markierten Hangschutt über ca. 150 Höhenmeter in den unmittelbaren Zugriffsbereich des Langenbaches zu transportieren.

— Neben dieser linearen Materialzufuhr über Lawinen- bzw. Murabgänge in Hangrunsen erfolgt zur Zeit der Schneeschmelze und bei sommerlichen Starkregen auch flächenhafter Stofftransport: Während der Schneeschmelze kommt es in den oberflächlich stark durchnäßten unteren Hangbereichen zu leichtem Bodenfließen, wie Ansätze einer Lobenbildung und die Schrägstellung einzelner eingemessener Denudationspegel verdeutlichen.

Der zur Zeit der Schneeschmelze und bei Starkregen auftretende Oberflächenabfluß folgt mehr oder weniger gut ausgebildeten kleinen Rinnen und hat bei kleineren Gefällssprüngen Erosion bzw. Akkumulation zur Folge. Einige der ausgebrachten Denudationspegel wiesen bereits nach 4 Wochen einen Denudationsbetrag von 3 – 4 cm auf. Mit Ende der Schneeschmelze änderte sich an den gemessenen Werten im weiteren Verlauf des Jahres so gut wie nichts mehr.

Eine im Winter 90/91 wahrscheinlich durch Wild ausgelöste Staublawine und zwei im Spätwinter abgehende Grundlawinen verlegten den ganzen unteren Abschnitt des Versuchshanges mit Hangschutt und zerstörten dabei die Denudationspegel. Ab Frühjahr 1991 waren deshalb im Versuchshang keine weiteren Vergleichsmessungen mehr möglich.

Derart bereitgestellt liegt das Schuttmaterial während der Sommermonate für Hochwasser bzw. Murgänge abfuhrbereit in den Hangrunsen, Seitenbächen und, für den Vorfluter jederzeit durch Lateralerosion erreichbar, am etwas höheren Ufer.

4.2 Geschiebetransport

Wie rasch und umfangreich die Materialzufuhr aus den Hängen abläuft, verdeutlichte eine orographisch rechts mündende Hangrunse etwas weiter talaus. Während des Untersuchungszeitraumes wurden zwei Querprofile im mittleren Hangbereich mehrmals eingemessen. Die Profile (vgl. Abb. 4) zeigen den Wechsel und Umfang von Schuttansammlung und -abtransport. Am 17. Juni 1991 fielen im Langental 110 mm Niederschlag (Station B'such Alm). Der kurzfristig stark erhöhte Abfluß räumte die Hangrunse und transportierte das über zwei Jahre angesammelte und zwischengelagerte Material dem Langenbach zu.

Um Auskunft darüber zu erhalten, wie schnell aufgenommenes Material weitertransportiert und dem Vorfluter zugeführt wird, wurden im Bett des Langenbaches zum einen, durch Markieren einzelner natürlich abgelagerter Geschiebe, zwei Farblinien, zum anderen fünf senderbestückte Geschiebe ausgebracht. Zum Einsatz kamen Radiogeschiebe, wie sie von der Arbeitsgruppe Ergenzinger/Schmidt/Stüve/Busskamp für den Lainbach bei Benediktbeuren entwickelt wurden (zur Methode s. Kap. 9).

Mehrere Versuche erbrachten, daß die Radiogeschiebe durch die begrenzte Batteriekapazität ihrer Sender im Langenbach, den stark turbulenter Abfluß

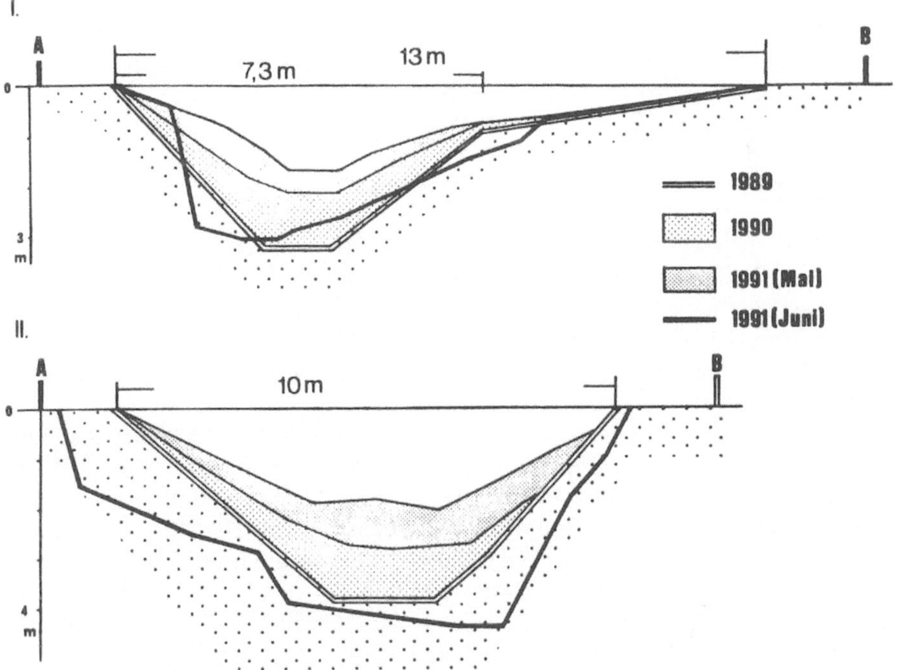

Abb. 4. Hangrunse im Stubaier Langental

und häufige Kolkbildung kennzeichnen, nur bedingt einsetzbar sind. Lagen die Radiogeschiebe erst einmal in einem der oft bis zu einen Meter tiefen Kolke fest, konnte der wegen der niedrigen Wassertemperaturen alle 3–4 Monate fällige Batteriewechsel der Sender nicht durchgeführt werden. Nur bei extremem Niedrigwasser, im Spätherbst oder vor Einsetzen der Schneeschmelze, war dann an die bestückten Geschiebe heranzukommen. Radiogeschiebe, deren Sender auf diese Weise ausfielen, konnten nur durch Zufall und enormen Zeitaufwand wiedergefunden werden. Im Langenbach wurde deshalb auf die Farbgeschiebe-Methode zurückgegriffen, doch auch dies brachte keine brauchbaren Ergebnisse. Bereits nach dem kurzfristig erhöhten Abfluß vom 17. Juni 1991 konnte keines der abtransportierten Farbgeschiebe relokalisiert werden.

Das markierte Geschiebe einer der ausgebrachten Farblinien wurde ebenfalls zu einem Teil ausgehoben und abtransportiert. Zwei der markierten Blöcke mit über bzw. bis zu 50 cm Kantenlänge fanden sich 20 bis 30 m weiter unterhalb der ursprünglichen Farblinie, fast vollständig in den Murdiamiktit eingebacken. Die zweite Farblinie wurde im Zuge von Räumarbeiten bereits im Frühjahr 1991 vollständig beseitigt.

In welchem Umfang durch den Langenbach Geschiebe transportiert wird, läßt sich dennoch, wenn auch nur sehr ungenau, mit Hilfe des 1987 als Sofortschutzmaßnahme oberhalb der B'such Alm erstellten Geschiebeauffangbeckens und der Kubatur des darin abgelagerten Geschiebes ermitteln. Wird das Becken geräumt, kann durch Wiegen und Zählen der den Schutt abtransportierenden Lastwagen zumindest die durch das Becken zurückgehaltene Geschiebemenge bestimmt werden, was dann Rückschlüsse auf das ca. insgesamt im Langenbach transportierte Lockermaterial zuläßt.

4.3 Messung von Niederschlag und Temperatur

Mitte Mai 1990 wurde im Bereich der B'such Alm eine Meßstation für Niederschlag und Lufttemperatur errichtet und im Rahmen der finanziellen Möglichkeiten gegen Blitzschlag und Weidevieh abgesichert.

Die Messung des flüssigen Niederschlags erfolgte mit einem Niederschlagsmeßgerät der Marke „ARG 100-Raingauge" der Firma Environmental Measurements Limited.

Dieses Gerät mißt den Niederschlag über einen Trichter (500 cm^2 Auffangfläche), der das Niederschlagswasser zu einer Wippe weiterleitet. Einem Wippvorgang (tip) entsprechen 0.199 mm (Kalibrationsfaktor 0.199) Niederschlag. Die einzelnen „tips" der Wippe wurden in Form von Impulsen von einem angeschlossenen Data-Logger vom Typ „Squirrel 1203" von Grant Instruments aufgezeichnet. Die gespeicherten Daten konnten bei den einzelnen Meßfahrten entweder über Display abgefragt, oder mittels Computer (Laptop) abgelesen und später als Graphik oder Lotus-Datei ausgedruckt werden.

Zur Messung der Lufttemperatur wurde an der Meßstation ein Temperaturfühler installiert, der ebenfalls einen Anschluß zum Data-Logger hatte.

Der Logger war während der gesamten Meßkampagne so programmiert, daß er in einem 15-minütigen Meßintervall Temperatur und Niederschlag aufzeichnete.

Zur Kontrolle wurde an anderer Stelle ein einfacher Hellmann-Totalisator aufgestellt, der die Richtwerte des „ARG 100" bestätigte.

Die Meßstation wurde nur von Anfang Mai bis Ende Oktober betrieben. Kontinuierliche Messungen über das ganze Jahr waren wegen fehlender Beheizung der Geräte (Mehrkosten!) nicht möglich, von der Fragestellung her aber auch nicht unbedingt nötig.

4.4 Abflußmessungen

Für Abflußmessungen wurde im Langenbach ein Lattenpegel installiert. Der Aufbau einer festen Pegelstation (z. B. eines Druckpegels) war aufgrund des starken Geschiebetriebes im Ereignisfall am Langenbach nicht möglich.

Die Abflußmessungen wurden deshalb mit einem Ott-Meßflügel bzw. nach der Salzverdünnungsmethode durchgeführt.

Bei Wasserständen ≥ 25 cm, aber noch ohne erkennbaren Geschiebetrieb, der die Flügelschaufel hätte beschädigen können, kam ein Ott-C31 Meßflügel zum Einsatz.

In Absprache mit dem Hydrographischen Dienst Innsbruck wurde bei den einzelnen Messungen die in Österreich verwendete „Zweipunktmethode nach Kreps" angewandt:

Dabei werden pro Meßlotrechte des Meßprofils zwei Messungen vorgenommen, eine im Wasserspiegel (v_0), so daß der Meßflügel gerade vom Wasser bedeckt ist, und eine zweite im Abstand von 0,38 der Wassertiefe von der Sohle gemessen ($v_{0,38}$).

Aus der Umdrehungszahl der Flügelschaufel wird die Fließgeschwindigkeit des Wassers (v_{max}) bestimmt. Die mittlere Geschwindigkeit in der jeweiligen Meßlotrechten ergibt sich aus $v_m = 0,31\ v_0 + 0,634\ v_{0,38}$.

Im Meßprofil des Langenbaches lagen die einzelnen Meßlotrechten in der Regel in einem Abstand von ca. 20 cm; im Uferbereich in etwas näheren, in der Bachmitte, bei höheren Wasserständen, oft in weiteren Abständen.

Ist in jeder Meßlotrechten die mittlere Profilgeschwindigkeit bekannt, läßt sich der Gesamtabfluß Q m^3/s berechnen.

Die über die Zweipunktmethode ermittelten Resultate weichen von den Ergebnissen der klassischen Vielpunktmethode nur geringfügig ab. Die Zeitersparnis bei der Messung und Auswertung ist dagegen bedeutend (Kreps 1975).

Im Prinzip ließe sich so der Gesamtabfluß bei allen Wasserständen über 25 cm messen, aber in stark geschiebeführenden und murfähigen Wildbächen, wie dem Langenbach, scheiden Flügelmessungen aus, sobald der Geschiebetrieb einsetzt.

Für Abflußmessungen in diesem Grenzbereich und bei Wasserständen unter 25 cm wurde auf die Salzverdünnungsmethode nach Bird and Walsh (1986) zurückgegriffen (zur Methode s. Kap. 6).

Wurde anfangs davon ausgegangen, durch Zusammenschau der Radio-/ Farbgeschiebe-, Niederschlags- und Abflußwerte Näheres über den Geschiebetransport im Ereignisfall zu erfahren, fehlten gerade dafür die notwendigen Abflußmeßwerte. Da auf einen Druckpegel und damit auch auf eine kontinuierliche Meßwertaufzeichnung verzichtet werden mußte, wurden nur stichpunktartige Abflußmessungen zu unterschiedlichen Tages- und Jahreszeiten durchgeführt. Abflußwerte im nicht genau vorhersagbaren Ereignisfall konnten nicht erhoben werden.

Literatur

Bird SC, Walsh RPD (1986) Catchment instrumentation for the Llyn Brianne Acid Water Study, Wales. UCS Acid Waters Series 1. University College, Swansea Department of Geography

Blättler R, Hagedorn H, Baumhauer R (1990) Naturkatastrophen − Unwetterereignisse 1987 und 1988 im Stubaital. In: Berichte der Akademie für Naturschutz u. Landschaftspflege 14, S 47−56

Kreps H (1975) Praktische Arbeit in der Hydrographie (Hrsg) Bundesministerium f. Land- u. Forstwirtschaft, Hydrographisches Zentralbüro, Wien, 227 S

Littlewood IG (1989) Analysis of streamflow spot gaugings by dilution and current meter methods for two small mountain catchments draining into Llyn Brianne, Wales. UCS Acid Waters Series 4, University College, Swansea Department of Geography

Sachverzeichnis